U0214285

黄河十大孔兑水土保持减沙效益评价

陈正新 等 著

科学出版社

北 京

内容简介

本书是在内蒙古自治区“十三五”水利科技重大专项“黄河流域鄂尔多斯十大孔兑水土保持综合治理减沙效益评价”（213-03-10-303002-NSK2017-M2）（2017～2020年）等研究成果的基础上提炼总结而成的。采用遥感解译、野外调查与实地测量核实、模拟试验与实地观测、水沙定位观测资料分析、数学模型与模拟反演等多种手段，对黄河内蒙古河段右岸十大孔兑区域在1986～2018年实施的水土保持综合治理及2000年以来实施禁牧工程的拦沙减沙效果进行了定量分析评价，确定了水土保持单项治理工程单位减沙指标，定量提出了流域面上治理、沟道治理与天然林草地（禁牧修复后）减沙贡献率；通过水文学移植原理并结合河道水沙动力学模型反演，推算出十大孔兑在水土保持综合治理前后的入黄泥沙量；基于水土保持综合治理减沙效益评价结果，提出推进区域水土流失高质量治理的建议。

本书可供水土保持、生态环境、水文与水资源、河流泥沙及防洪减灾等领域的科研、规划与设计、管理人员，以及高等院校相关专业的师生参考。

图书在版编目(CIP)数据

黄河十大孔兑水土保持减沙效益评价／陈正新等著．—北京：科学出版社，2021.11

ISBN 978-7-03-070017-9

Ⅰ.①黄… Ⅱ.①陈… Ⅲ.①黄河流域-水土保持-研究 Ⅳ.①TV882.1

中国版本图书馆CIP数据核字（2021）第204855号

责任编辑：李晓娟 祁惠惠／责任校对：胡小洁

责任印制：吴兆东／封面设计：无极书装

科学出版社 出版

北京东黄城根北街16号

邮政编码：100717

http://www.sciencep.com

北京虎彩文化传播有限公司 印刷

科学出版社发行 各地新华书店经销

*

2021年11月第 一 版 开本：787×1092 1/16

2023年 1 月第二次印刷 印张：15 1/2

字数：400 000

定价：208.00元

（如有印装质量问题，我社负责调换）

序

十大孔兑是黄河内蒙古河段右岸十条具有季节性高含沙洪水的一级支流，其流域面积约1万 km^2，拥有丘陵沟壑、风沙与平原3种地貌，为水力、风力、冻融复合侵蚀区，生态脆弱，水土流失剧烈，1985年之前，多年平均向黄河输沙3133.6万t，曾出现入黄泥沙导致黄河主槽萎缩、河床抬高，形成沙坝淤堵黄河干流等泥沙灾害，对孔兑自身、黄河内蒙古河段及其下游河段造成极大的危害。

十大孔兑是黄河流域的关键生态带，是黄河高含沙洪水的主要来源区，也是我国重要的能源基地，在黄河流域生态保护和黄河泥沙治理中具有重要的地位，长期以来一直是国家治理水土流失的重点地区。自20世纪80年代以来，在国家和地方政府的重视下，十大孔兑流域先后实施了小流域综合治理、退耕还林还草、防沙治沙植树种草、封山育林育草、全域禁牧、治沟坝库工程、砒砂岩沙棘生态减沙等一系列水土保持生态建设工程，截至2018年底累计实施林草及整地等综合治理面积2845.66km^2，平均植被盖度由14%提高到35%左右；建设淤地坝382座、谷坊1839座、小型水库19座、引洪淤地工程119处；林业草原部门累计实施林草及封育面积约2954km^2，使区域生态环境得到逐步改善，对减少区域水土流失起到了重要作用，同时也减少了由孔兑洪水输入黄河的泥沙量，年入黄泥沙量降至2204.6万t。

该书是作者多年来对十大孔兑水土流失综合治理与水沙变化研究成果的系统总结。该书综合应用遥感解译、野外调查与实地量测核实、模拟试验与实地观测、水沙定位观测资料分析、数学模型与模拟反演等多种手段，基于黄河干流典型水文站及十大孔兑水文站的水沙定位测验、气象站点的雨量气温蒸发观测、水土保持治理工程建设规模统计、典型小流域水土保持监测站土壤侵蚀监测等系列的多元数据资料，以1985年为基准年，首次系统地开展了十大孔兑区域1986～2018年不同时段（5年为1个时段）水土保持综合治理工程、2000年以来禁牧工程的减沙效益分析与评价。通过理论推导和室内试验相结合，分析了十大孔兑泥沙输送时空特征，研究并建立了十大孔兑高含沙洪水演进输送模式，建立了符合孔兑季节性河流特点的脉冲式输沙形态的泥沙模块，构建了能够实现高含沙水流与一般含沙水流相统一的水沙输送过程数学模型；提出了以小流域为判定单元，沟壑长度和流域面积与土壤水蚀模数之间的数量化关系；明确了十大孔兑以水力侵蚀为主的砒砂岩丘陵沟壑区土壤侵蚀过程变化的主要驱动力是人类活动，主要因子是梯田和人工整地后的乔灌林建设，其合成贡献率为68.92%，其次是降雨等自然因素，其合成贡献率为18.09%，其他为12.99%；明确了风沙区土壤侵蚀过程变化的主要驱动力以降雨气温风速等自然因素作用为主并叠加了人类活动干扰，其合成贡献率为45.66%；其次是气候干燥度、植物固沙面积和风力状况的合成作用，其贡献率为32.72%；其他因子贡献率为21.62%。

近几十年来，黄河水沙发生了显著变化，洪水泥沙成为事关黄河治理开发和管理保护的基础性战略性问题，也是我国水土保持、生态环境、水文泥沙等科研领域的重大问题，引起了多方高度关注。该书针对黄河高含沙洪水主要来源区十大孔兑综合治理的减沙作用开展系统分析评价，对进一步明晰黄河水沙变化成因、揭示黄河水沙变化机理具有重要意义。该书的基础数据丰富翔实，分析方法先进，技术路线合理，研究成果及主要认识对于十大孔兑水土保持生态建设的生产实践具有重要的参考价值。该书出版为相关部门掌握十大孔兑区域土壤侵蚀现状、科学认识水土保持生态建设与小流域综合治理的生态效益、制定水土流失综合治理对策方案及防灾减灾的科学决策、改善生态环境均提供了有力的科技支撑。

2021年7月

前　言

十大孔兑（“孔兑”为蒙古语，意为“山洪沟”）是黄河内蒙古河段右岸由南向北直接流入黄河干流的十条山洪沟。十大孔兑流域地形地貌复杂，地质与气候条件独特，坡面植被少，生态环境脆弱，水土流失十分严重。十大孔兑河长短，比降陡，坡面植被少，强降雨引发的洪水挟带上中游大量泥沙下泄至下游河道，致使黄河干流河道淤积形成沙坝，堵塞河道，造成严重灾害，使干支流水沙极不协调，成为黄河下游“地上悬河”中泥沙的主要来源地之一。

国家及地方政府从20世纪80年代开始陆续实施了小流域综合治理、退耕还林还草、防沙治沙植树造林种草、封山育林育草、砒砂岩沙棘生态减沙治沟坝库工程，以及全面禁牧等一系列水土保持生态治理工程，经过30多年综合治理，区域林草植被覆盖率大幅提高，坡面径流泥沙和沟道水沙状况，以及生态环境得到改善，它对区域侵蚀产沙环节具有重要的拦截作用，对黄河中下游干流河床演变、水利工程和环境变化产生了积极的影响。了解区域水土保持综合治理现状与拦泥减沙作用及其后续减沙能力，促进区域水土流失高质量、精准治理，定量评价不同治理工程的减沙效益，成为当前亟待解决的问题。

为此，在内蒙古自治区水利科技重大专项资助下，内蒙古自治区水利科学研究院于2017年主持开展了“黄河流域鄂尔多斯十大孔兑水土保持综合治理减沙效益评价”项目（213-03-10-303002-NSK2017-M2）的研究工作。本项目研究以1985年为基准年（1985年之前为基准期），以1986～2018年区域水土保持综合治理效果为研究对象，采用遥感解译、野外调查与实地测量核实、模拟试验与实地观测、水沙定位观测资料分析、数字模型与模拟反演等手段，依托区域现有水文站、雨量站、气象站、典型小流域水土保持监测站等系列观测资料，对1986～2018年实施的水土保持综合治理工程，以及2000年以来实施的禁牧工程的减沙效果进行分析评价。

经过4年研究，完成了区域1985年基准年、1986～2018年不同时段、不同地貌类型区和不同孔兑的土地利用、地形坡度、植被盖度、土壤侵蚀类型与侵蚀强度值、水土保持综合治理保存数等遥感数据解译，建立了水土保持综合治理效益评价基础数据库；给出了不同类型区不同时段土壤侵蚀类型和侵蚀强度值，以及不同土壤侵蚀强度的植被盖度阈值；攻克了土壤风水复合侵蚀模型、流域产沙与河道输沙模型的参数率定及验证的关键性技术；明确了水土保持生态综合治理减沙量，面上治理措施、沟道治理工程与禁牧修复的天然林草地等不同治理类型的减沙贡献率，推算确定了水土保持坡面治理与沟道治理单项工程减沙指标，即区域水土保持综合治理减沙量与治理前后入黄泥沙量；制定了“鄂尔多斯丘陵区基于遥感数据的土壤水蚀简易计算技术规程”“鄂尔多斯丘陵区基于沟壑长度与流域面积土壤水蚀分级规程”2个地方标准，发明了《耦合不同时空尺度模型的流域侵蚀产沙量预测方法》《一种多空间尺度流域产流产沙预测方法及装置》2项专利。这些成果为各级决策部门掌握区域治理前后土壤侵蚀时空变化、现状治理规模与成效、制定水土流失治理方案等提供了重要的基础数据和依据，同时对进一步科学评价水土保持生态治理与小流域综合治理效果，以及调控生态环境治理措施、高质量精准治理和可持续发展决策等具有现实意义。

本书由陈正新、张晓华、刘殿君、常学礼、张炜、姚文艺负责编审与统稿。全书共分8章，各章撰写人员如下：第1章绪论，由陈正新、李宁执笔；第2章区域水沙变化特征分析，由郭彦、胡恬执笔；第3章土壤侵蚀时空变化及其驱动力分析，由常学礼、柴志福、奇晓霞执笔；第4章水土保持治理空间格局变化分析，由刘殿君、丁玉龙、武海霞、孟庆东、刘军执笔；第5章基于水保法的水土保持单项治理工程减沙效益评价，由刘殿君、高志强、马连彬、韩琐垠执笔；第6章基于数学模型的水土保持综合治理减沙效益评价，由王玲玲、丰青、焦鹏执笔，第7章十大孔兑综合治理减沙效益分析，由张晓华、郑艳爽、马东方执笔；第8章成果应用与展望，由陈正新、张炜、姚文艺执笔。

本书的研究成果是由数十名研究人员历经4年时间共同完成，参加研究的人员有：陈正新、张晓华、刘殿君、常学礼、张炜、姚文艺、李宁、王玲玲、郭彦、丁玉龙、高峰、丰青、柴志福、武海霞、郑艳爽、焦鹏、宋日升、孟庆东、马连彬、韩琐垠、刘军（准格尔旗）、奇晓霞、高志强、郝婧、闫双荣、刘胜前、王普、胡恬、王弋、马东方、吴丽萍、冯学武、斯琴、李海光、刘军（东胜区）、张引菊、白文艺、赵晓燕、尚红霞、王志慧、杨吉山、肖培青、郭凯、申震洲、付卫平、王铁军、王卫红、项元和、武志强、冯立、王继文、吴国玺、李凤云、高琦、李静薇、张慧艳、吕玮、王利军、生亚玲、温树春、魏莉、董红霞、李霞、张云飞、刘二润、刘科、祁宽、董永旺、白雪莲、赵赫、乔荣荣、王理想、季树新、高军凯、董春媛等，在研究过程中，全体研究人员本着科学认真的态度，密切配合，相互支持，圆满完成了研究任务，在此对他们的辛勤劳动表示感谢！

在项目研究和本书编写过程中，内蒙古自治区水利科学研究院、黄河水利委员会黄河水利科学研究院、鲁东大学、鄂尔多斯市水利局、达拉特旗水利局、鄂尔多斯市东胜区水利局、准格尔旗水利局、杭锦旗水利局、内蒙古自治区鄂尔多斯水文勘测局等单位领导和相关专家给予了大力支持，在此一并表示衷心感谢！

由于作者水平有限，加之研究问题的复杂性，书中难免存在欠妥之处，敬请读者批评指正。

作　者

2021年6月

目　录

第1章　绪　论

1.1　研究区基本概况

1.1.1　地理位置

十大孔兑（以下简称研究区）位于内蒙古自治区鄂尔多斯高原北部、黄河内蒙古河段右岸，总面积10 767km²，地理坐标为东经108°48′37″～110°56′29″，北纬39°47′54″～40°33′18″。黄河从西向东流经研究区北部边界，长度约210km，区域位置见图1-1。涉及内蒙古自治区鄂尔多斯市达拉特旗，以及杭锦旗、东胜区、准格尔旗的部分地区（表1-1）。研究区内地势南高北低、西高东低，由西向东并行排列着直接流入黄河的十条一级支流，依次为毛不拉孔兑、布日嘎斯太沟、黑赖沟、西柳沟、罕台川、壕庆河、哈什拉川、母花沟、东柳沟、呼斯太河，均发源于鄂尔多斯高原台地，从南向北依次流经础砂岩丘陵沟壑、库布齐沙漠风沙、黄河冲洪积平原三个侵蚀地貌类型。

表1-1　行政区划及面积表　（单位：km²）

旗（区）	土地总面积/km²	研究区在该旗（区）的面积/km²	占该旗（区）总土地面积比例/%	占研究区总面积比例/%
杭锦旗	18 903	1 289.66	6.82	11.98
达拉特旗	8 192	8 192.00	100.00	76.08
东胜区	2 137	879.34	41.15	8.17
准格尔旗	7 535	406.00	5.39	3.77
合计	36 767	10 767.0	—	100.00

1.1.2　地质与地貌

1.1.2.1　地质

研究区地质属鄂尔多斯沉降构造盆地的中部，中上游处于鄂尔多斯高原础砂岩区。础

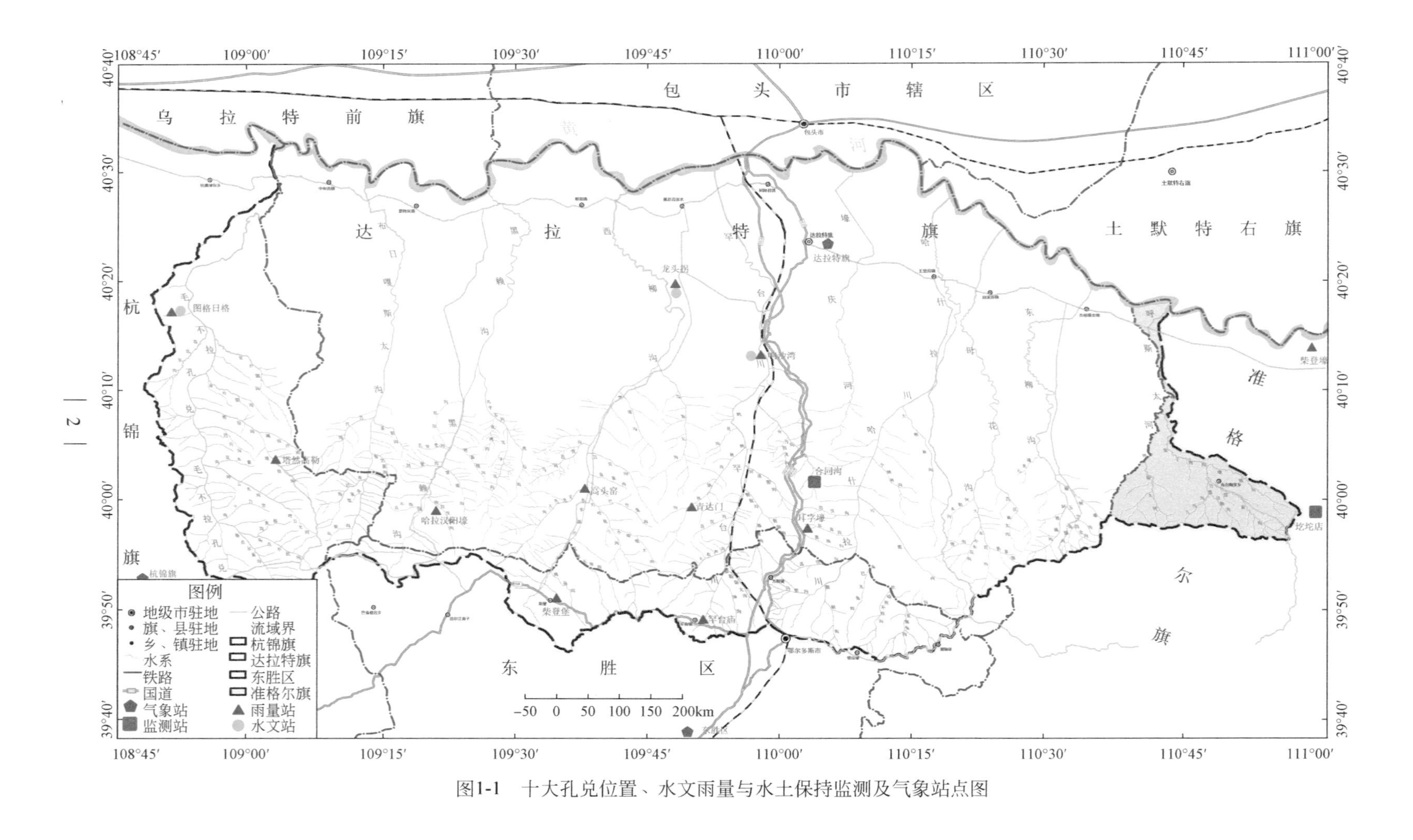

图1-1 十大孔兑位置、水文雨量与水土保持监测及气象站点图

砂岩区按表面覆盖物质不同分为上游裸露础砂岩、覆土础砂岩和中游覆沙础砂岩3个地质地貌区。础砂岩是一种由松散岩层，具体指古生界二叠系（约2.5亿年）和中生界三叠系、侏罗系和白垩系的厚层砂岩、砂页岩和泥质砂岩组成的松散岩石互层，具有“无水坚如磐石、遇水烂如稀泥”的特性，是世界上特有的一种地质构造。础砂岩为陆相碎屑岩系，由于其上覆岩层厚度小、压力低，其成岩程度低、砂粒间胶结程度差、结构强度低，交错层理发育，且颜色混杂，通常以粉红色、红色、灰色、灰白色互层相间而存在，也叫“五花肉”。因其成岩程度低、沙粒间胶结程度差，无水如石、遇水如泥、见风成砂，导致础砂岩区水土流失非常严重，群众深受其害，视害毒如础霜，故称其为“础砂岩”。础砂岩砂粒粒径以大于0.05mm的粗泥沙为主，础砂岩典型样方颗粒筛分结果显示，红色础砂岩颗粒粒径最大，粉色础砂岩颗粒粒径次之，白色与灰色础砂岩粉粒、黏粒最多，不同类型础砂岩颗粒粒径组成见表1-2。

表1-2　不同类型础砂岩颗粒粒径组成

础砂岩类型	础砂岩性状	颗粒粒径组成/%					
		砂粒				粉粒	黏粒
		>0.5mm	0.25~0.5mm	0.1~0.25mm	0.075~0.1mm	0.005~0.075mm	≤0.005mm
红色	红色散状	4.3	19.6	41.8	5.6	24.7	4.0
粉色	粉色散状	7.5	23.1	27.3	4.1	32.7	5.3
灰色	灰色散状	5.6	16.7	25.2	8.7	36.8	7.0
白色	白色散状	0.0	0.6	6.5	7.8	64.1	21.0

注：表中数据来源于39个样方颗粒筛分结果

础砂岩区生态环境极度脆弱、土壤侵蚀剧烈，是黄河粗泥沙集中来源区的主要区域，土壤侵蚀模数可高达1.1万~1.5万t/(km^2·a)，黄河下游淤积的颗粒粒径大于0.05mm的粗泥沙约有1亿t来自该区，占黄河下游河道每年平均淤积量的25%，成为黄河安全的首害。另外，础砂岩区剧烈的水土流失，使该区域整体呈现出植被稀疏、千沟万壑和荒漠化景观，导致该区的生态环境和工农业生产环境严重恶化。

（1）础砂岩丘陵沟壑区与库布齐沙漠风沙区

础砂岩丘陵沟壑区（简称丘陵区）在构造上是多种构造系的内陆新华夏系沉降带的一个沉降构造盆地；母岩松散，系由中生界的侏罗系和白垩系地层的杂色砂岩、页岩及新近系的红色砂岩、砂质黏土等松散母岩组成。现代地貌过程以流水侵蚀、风积及风蚀占主要地位，成土母质的第四系中更新统沉积物以残积相为主。沟谷阶地也有冲积和风积物。

库布齐沙漠风沙区（简称风沙区）为风沙沉积区，以固定、半固定和流动沙丘形式覆盖于每条孔兑上中部础砂岩基面上，这类沙丘大多是就地起沙形成，沙源主要来自下伏物质，以及邻近地区风化物（沙粒多为中细沙）。

（2）黄河冲洪积平原区

黄河冲洪积平原区（简称平原区）属于现代地貌，主要由孔兑洪积和黄河挟带的泥沙

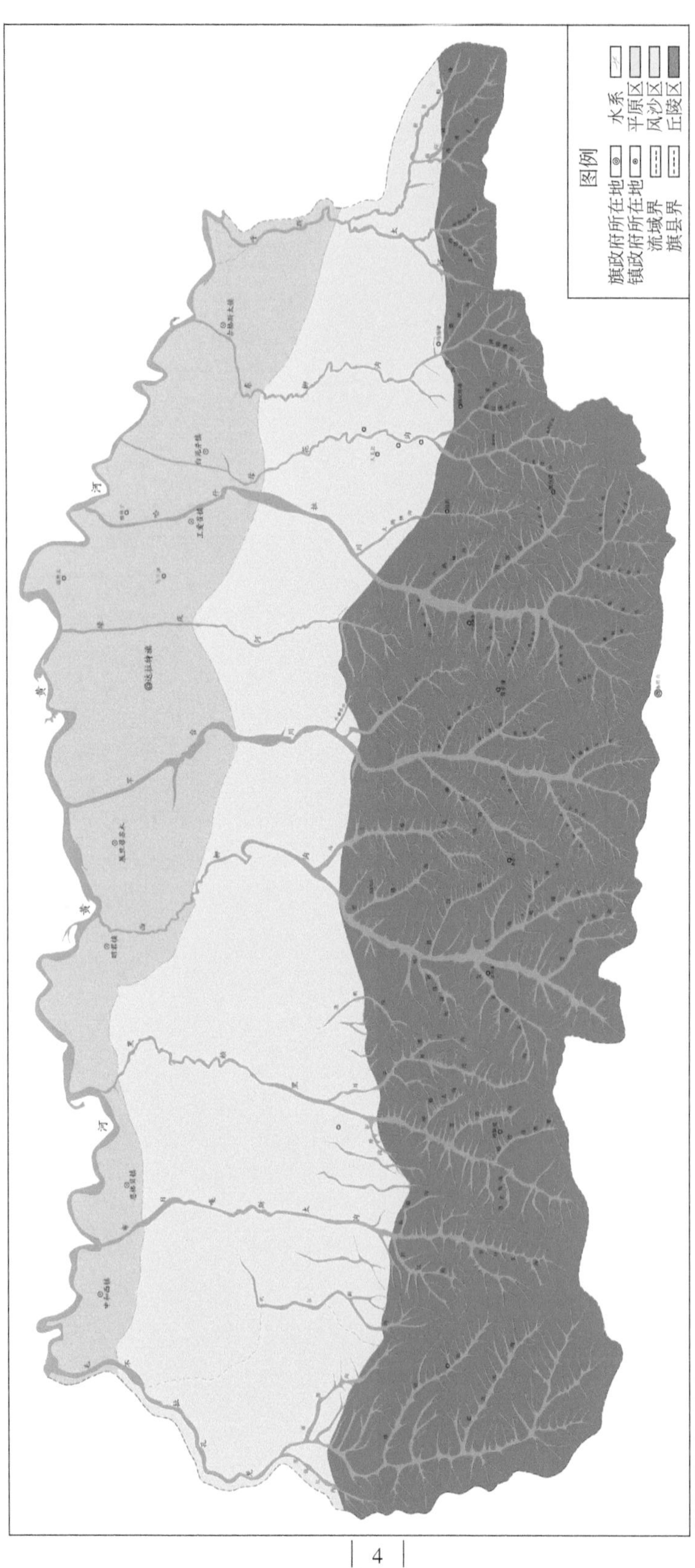

图1-2　十大孔兑地貌示意图

等沉积而成，属沉降型窄长地堑盆地。靠近黄河右岸的为河漫滩，其是河套现代冲积平原上的新冲积物，剖面构造复杂多样，由不同质地组成不同层次，沙、壤、黏相间、层次交错明显。随着地形由西而东缓慢倾斜，黄河河床左右摆动，河漫滩弯曲甚多。在原始的河漫滩泛滥沉积时，冲积物在弯曲内缘沉积下来，为黄河冲积物的大量沉积和沼泽地的发育提供了条件，该区灌淤草甸土、盐土、沼泽土就是在这种冲积母质上受地下水影响而发育起来的，质地以粗砂、粉砂和黏土为主。

处于河漫滩南缘的为冲洪积区，该区是发源于鄂尔多斯高原的十条孔兑纵穿库布齐沙漠出沟口后的区域，地势变缓，大量泥沙迅速沉积，从而形成了形态很不规则的平缓冲积扇现代地貌。这一地带往往又是黄河冲积沉积物与“孔兑”洪积沉积物交错沉积的地带，剖面更为复杂，其岩屑母质广泛来自上游丘陵沟壑区表土侵蚀层，养分含量比较高。

1.1.2.2　地形地貌

研究区整体地势为南高北低、西高东低，地形呈阶梯状，为不规则长方形，东西最长185km、南北最宽85km。海拔1000～1576m，相对高差500m左右。由南向北包括了3种东西向带状分布的自然地貌（图1-2），上游丘陵区，海拔1300～1576m，约占区域总面积的45.12%；中部风沙区，海拔1100～1300m，约占区域总面积的37.04%，为新月形沙丘链或格状沙丘地貌。下游平原区，海拔1000～1100m，约占区域总面积的17.84%，由孔兑洪水出口形成的洪积扇与黄河冲积平原组成。区域不同地貌分布范围见表1-3，不同地貌基本情况见表1-4与表1-5。

表1-3　不同地貌类型带状分布范围

地貌类型	东西长/km	南北宽/km
丘陵区	120～181	3～43
风沙区	140～156	1.5～33
平原区	135～143	3～25
研究区域	120～185	6～85

表1-4　不同地貌类型基本情况

类型	位置	面积/km^2	占区域/%	其中水土流失面积/km^2	占该区域/%	涉及行政区	备注
丘陵区	上游	4858.01	45.12	4438.22	91.36	准格尔旗、东胜区、达拉特旗、杭锦旗	沟壑密度5km/km^2，梁峁有黄土与片沙覆盖，河谷多呈“V”形，沟沿线以下砒砂岩裸露，侵蚀为强烈以上，并以水蚀为主

续表

类型	位置	面积/km²	占区域/%	其中水土流失面积/km²	占该区域/%	涉及行政区	备注
风沙区	中部	3988.12	37.04	3925.02	98.42	杭锦旗、达拉特旗	库布齐沙漠带自西向东逐渐减弱，罕台川以西沙带最宽可达33km，多为流动沙丘，占80%以上。沙丘高度3～20m，以10m居多；罕台川以东沙带宽一般10～20km，多为半流动、半固定与固定沙地
平原区	下游	1920.88	17.84	713.07	37.12	准格尔旗、达拉特旗、杭锦旗	属于现代地貌，主要由孔兑洪积和黄河挟带泥沙物沉积而成。东西长143km，南北宽25km，由西向东逐渐增宽；十条孔兑在该区域以流水线河槽通过，河道比降变缓；水土流失为轻度，有潜在风沙危害
合计		10767.01	100.00	9076.31	84.30		

注：表中数据来源于2018年遥感解译数据

表1-5　各孔兑地貌类型占土地面积比例

孔兑名称	土地面积/km²	丘陵区占比/%	风沙区占比/%	平原区占比/%
毛不拉孔兑	1 141.74	59.09	38.07	2.84
布日嘎斯太沟	1 434.45	23.87	62.23	13.90
黑赖沟	1 133.04	47.77	47.56	4.67
西柳沟	2 107.05	43.42	29.70	26.88
罕台川	1 025.47	74.30	9.66	16.04
壕庆河	891.04	8.24	31.92	59.83
哈什拉川	1 229.85	74.83	17.98	7.19
母花沟	450.36	53.53	36.28	10.17
东柳沟	856.85	21.25	54.17	24.58
呼斯太河	497.16	41.44	53.06	5.51
合计或平均值	10 767.01	45.12	37.04	17.84

1.1.3　气候特征

研究区为典型半干旱大陆性气候，气候干燥、寒冷、多风，植物生长的重要季节为4～8月。多年平均风速2.3～3.3m/s，最大风速达19.0～19.7m/s，全年8级（17m/s）以上大风日数在10.8～34.0d，最多达40d，出现每年中的4～6月，风速大、大风日数多为区域的风沙土发育提供了动力。年平均气温5.7～7.3℃，1月最低、7月最高，极端最高气温36.5～40.22℃，极端最低气温-34.5～-28.4℃，年日照时数3058.4～3193.9h，

表 1-6 研究区气象特征值(源于3个气象站)

站名	序列	气温/℃			≥10℃积温/℃	年日照时数/h	无霜期/d	降水量/mm				蒸发量/mm	年大风日数/d	最大风速/(m/s)	年平均风速/(m/s)
		年最高	年最低	年平均				最大年降水量	最小年降水量	年降水量	6~9月				
达拉特旗站	1956年~1985年	40.2(1975年)	-34.5(1971年)	6.1		3140	145	525.1(1964年)	141.9(1980年)	252.1	231.6	2130	22	22.7	3.3
	1986~2018年	37.7(出现于2017年)	-30.3(2000年)	7.8	3155.3	3059	149	506.4(2003年)	151.2(1987年)	317.4	237.9		10.8	19.7	2.3
东胜区站	1956~1985年	最高35.8(出现于1979年)	-29.8(1957年)	6.2	2542.8	3095.9	139	709.7(1971年)	198.5(1962年)	410	317.3	2201	40	24	3.1
	1986~2018年	36.7(出现于2005年)	-28.4(1987年)	6.8	2840.6	3063.6	146	673.1(2012年)	181(2000年)	374.4	283.4		34	19	2.3
杭锦旗站	1956~1985年	36.5(出现于1975年)	-32.1(1960年)	5.7	2715.9	3193.9	159.5	511.8(1967年)	103.3(1965)	283.9	248.4	2506.3	22	20.7	3.3
	1986~2018年	38.1(出现于2007年)	-32.3(2004年)	7.0	1432.1	3058.4	148	468.1(2018年)	152.2(1986年)	286.9	216.4		21.6	19.2	3.3

注:达拉特旗站1956年建站

≥10℃积温为1432.1~3155.3℃，全年无霜期145.0~159.5d。多年平均水面蒸发量2200~2506.3mm，以5~7月为最大。多年平均降水272.5~336.8mm，降水的年内与年际变化大，时空分布不均，由东（呼斯太河）向西（毛不拉孔兑）递减，年内降水高度集中，6~9月降水量占年降水量80%左右（其中7~9月占70%左右），且暴雨季节性强，一般发生在7~8月，如“89·7·21”暴雨，暴雨中心最大3h降水量73mm，最大6h降水量144mm，最大24h降水量186.3mm（青达门站），最大24h降水量占年降水量48.2%。降水年际变率大，据区域内各雨量站点统计，最大年降水量是最小年降水量的3~6倍。项目区为内蒙古中西部三个暴雨中心地区之一，据实测资料，日降水量>50mm的暴雨一般3~4年发生一次，日降水量>100mm的暴雨一般14年以上发生一次。依据研究区与周边气象站系列（1986~2018年）资料统计，与基准期相比，研究区在评价期内气温变高、风速降低，降雨呈不显著增加，气象特征值详见表1-6。

1.1.3.1 气温特征及其变化

1986~2018年，研究区年平均气温6.8~7.8℃，极端最高气温38.1℃，出现在2007年；极端最低气温-32.3℃，出现在2004年。以杭锦旗1986~2018年气温变化为例，年平均气温在1986~2018年呈逐渐上升的趋势，见图1-3。1986~2018年，多年平均气温为(7.01±0.11)℃。方差分析表明，1986~1999年、2000~2009年、2010~2018年三个时段的多年平均气温分别为（6.72±0.21）m/s、(7.21±0.14）m/s、(7.23±0.15）m/s，三个时段的多年平均气温无显著性变化（$P>0.05$），见表1-7。

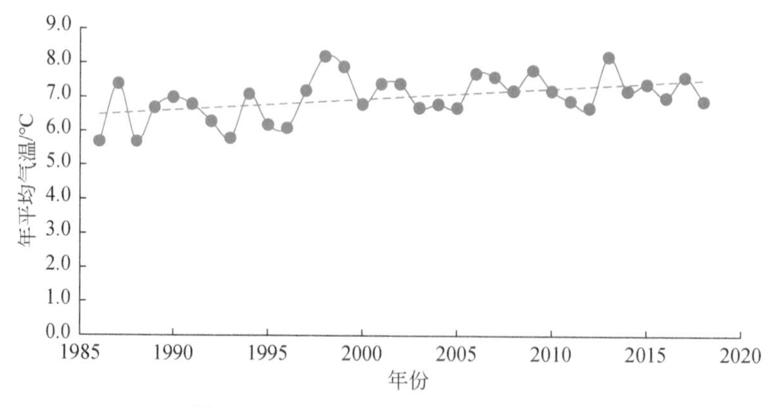

图1-3 1986~2018年年平均气温变化

表1-7 不同时段多年平均气温

时段	均值/℃	样本数/个	标准误/℃
1986~1999年	6.72	14	0.21
2000~2009年	7.21	10	0.14
2010~2018年	7.23	9	0.15
1986~2018年	7.01	33	0.11

1.1.3.2 风日特征及其变化

研究区起沙风速的天数与年平均风速在 1986～2013 年呈逐渐下降的趋势，从年平均最高的 3.8m/s 下降至 2.3m/s，见图 1-4。1986～2013 年，多年平均风速为（3.12±0.08）m/s。2014～2018 年，多年平均风速达到（4.52±0.06）m/s，方差分析表明，与 1986～2013 年相比，多年平均风速显著增加（$P<0.001$），见表 1-8。不同时期 4～6 月平均风速变化与风速大于 5m/s 的天数变化过程见图 1-5 与图 1-6。

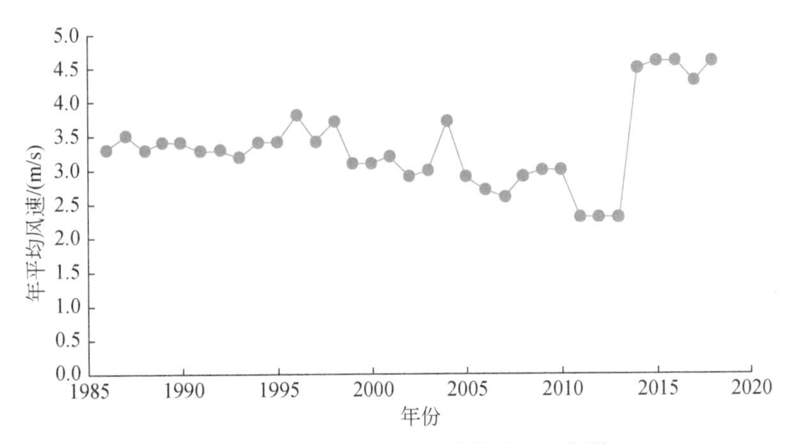

图 1-4　1986～2018 年年平均风速变化图

表 1-8　不同时段多年平均风速

时段	均值/(m/s)	样本数/个	标准误/(m/s)
1986～2013 年	3.12	28	0.08
2014～2018 年	4.52	5	0.06
1986～2018 年	3.33	33	0.11

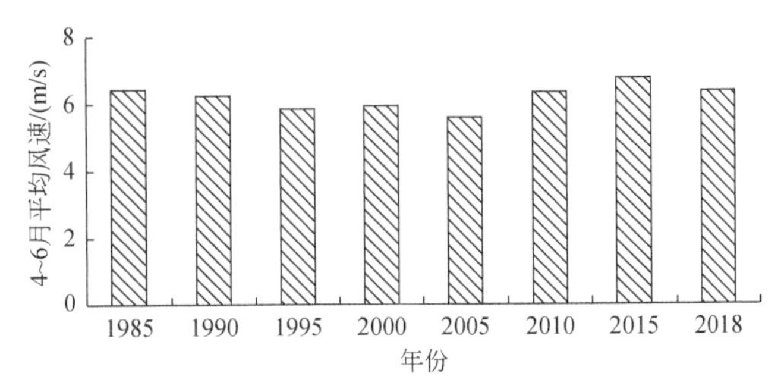

图 1-5　不同时期 4～6 月平均风速变化图

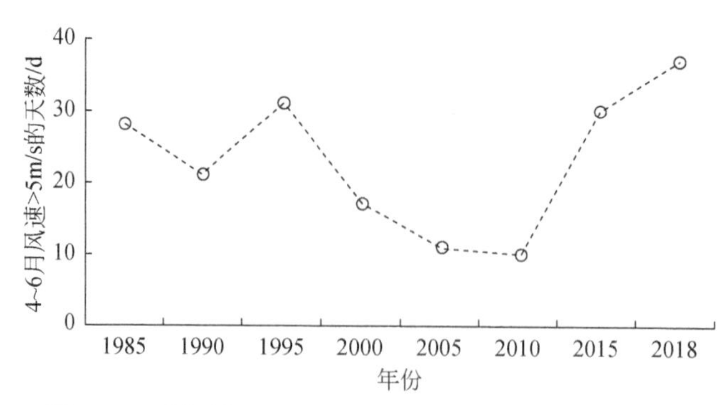

图 1-6　不同时期 4 ~6 月风速大于 5m/s 的天数变化过程

1.1.4　土壤类型

研究区土壤类型主要为栗钙土、黄土、风沙土、草甸土、灌淤土等，土壤地带性分布特征明显。由于降水量由东南部向西北部逐渐减少，东南部的淋溶作用及腐殖质积累过程较强，向西北逐渐减弱，从东南向西北形成了栗钙土-淡栗钙土 2 个亚地带，还有隐域性土壤——草甸土、灌淤土、沼泽土、风沙土、盐土、碱土等。

南部丘陵区以黄土、栗钙土为主，砂岩、砂砾岩、泥质砂岩等残积、坡积物为成土母质，土质多为沙壤、轻壤和少数中壤，通常表层还覆盖有薄的沙层；其基岩富含石炭，属于碱性强土壤。由于强烈的风蚀、水蚀作用，丘陵顶部多为粗骨性栗钙土和砒砂石土；丘陵中下部多为侵蚀黄土、风沙土和栗钙土；一些平缓低凹的坡梁地为覆沙栗钙土，部分地段有砂岩、砂砾岩、泥质砂岩出露，该区土壤有机质含量低，约为 0.61%，生产性能不良，土壤属性见表 1-9。

表 1-9　丘陵区不同孔兑土壤属性

孔兑名称	平均土壤容重/(g/cm^3)	平均田间持水量/%	饱和含水量/%	土壤孔隙度	备注
毛不拉孔兑	1.474	0.264	0.300	0.426	0 ~ 10cm、10 ~ 20cm、20 ~ 30cm 土壤剖面的平均值。每个孔兑选择15 ~ 25 个典型样地
布日嘎斯太沟	1.596	0.258	0.292	0.411	
黑赖沟	1.487	0.262	0.296	0.409	
西柳沟	1.481	0.261	0.299	0.450	
罕台川	1.509	0.254	0.288	0.431	
壕庆河	1.478	0.260	0.288	0.435	
哈什拉川	1.474	0.262	0.300	0.443	
母花沟	1.477	0.262	0.305	0.425	
东柳沟	1.494	0.266	0.293	0.405	
呼斯太河	1.478	0.263	0.293	0.409	

中部风沙区分为流动沙丘与半流动沙丘风沙土、固定沙丘与半固定沙丘风沙土，其有机质平均含量仅0.36%。各类沙丘土壤属性见表1-10。

表 1-10　风沙区土壤属性情况

沙丘名称	土壤容重平均/(g/cm^3)	田间持水量平均/%	饱和含水量/%	土壤孔隙度	备注
固定沙丘	1.492	0.273	0.300	0.414	0～30cm 土壤剖面平均值。不同类型沙丘选择8～10个典型样地
半固定沙丘	1.535	0.242	0.273	0.404	
半流动沙丘	1.585	0.273	0.301	0.414	
流动沙丘	1.620	0.242	0.273	0.404	

北部平原区土壤主要有草甸土、灌淤土、沼泽土、风沙土、盐土、碱土等，其中以草甸土为主。草甸土有机质含量0.79%～0.82%，盐土有机质含量0.31%～1.14%。

1.1.5　植被特征

受降雨与土壤分布特征的影响，研究区植被类型属于温带草原，栗钙土草原植被得到充分广泛的发育，由旱生多年生草本组成。植被类型从东南部典型草原（俗称干草原）逐渐向西北部的荒漠草原过渡，昭君坟—稽亥图—四十里梁—苏米图—吉拉—北大池一线是一条分界线，该线以东属典型草原，以西属荒漠草原。典型草原的草类多以丛生禾本科为主，其次是蒿属和豆科等杂草，草原灌木和半灌木占较大比例，与地带性栗钙土壤分布相一致。另外，受非地带性生境条件的影响，风沙区的沙生植被，以及平原区的低平地草甸植被、盐生植被和沼泽植被，往往与地带性植被相间分布。

南部丘陵区内植被以旱生与半旱生灌丛和草原植被为主，稀疏、低矮、覆盖度较低、分布不均匀，平均高度10～20cm，盖度为10%～30%。植物种主要有长芒草、小叶锦鸡儿、兴安胡枝子、百里香、蒙古虫实、猪毛菜、冷蒿、沙柳、柽柳、柠条和狼毒等。区域天然森林稀少，现有林地几乎为人工林。

中部风沙区主要植被有沙蒿、黑沙蒿、大籽蒿、沙鞭等沙生植被，植被高度45～60cm，盖度为12%～30%。

北部平原区土壤以灌淤土、盐土、碱土、草甸土等为主，草群生长茂密。非盐渍土植被以中生、湿生的根茎性丛生禾草、苔草、芨芨草和羊草为主；盐渍地植被以盐生植物为主。植被高度10～150cm，盖度为30%～50%。该区属于农业区，植被盖度好，农作物主要是小麦、稷（黍）、谷类、豆类、马铃薯、油料等。

人工植被在丘陵缓坡、风沙滩地和河谷地带均有分布，树种主要有油松、杨树、旱柳、沙柳、乌柳、榆树、沙棘、柠条等，草种主要有紫苜蓿、草木犀、沙打旺（又名直立黄耆）、羊柴（又名杨柴、蒙古岩黄耆）等。

1.1.6 水文特征

十条孔兑水文特点相似，在枯水期，降水补给少，河流断流，河床裸露，为干河；在丰水期，降水补给较多，尤其进入汛期，遇到暴雨，易引发山洪，上游河道比降大，洪水陡涨陡落，洪水历时短，峰高量大，泥沙含量大，是造成水沙关系极不协调的重要根源，故鄂尔多斯市“十大孔兑”素以高含沙著称。孔兑水文特征详见表 1-11。

表 1-11 孔兑水文特征

孔兑名称	流域面积/km^2	其中，产流面积/km^2	河流长度/km	河道平均比降/‰	多年平均径流量/(m^3/s)	平均年径流量/万 m^3	最大洪峰流量/(m^3/s)	年输沙量/万 t	侵蚀模数/[t/(km^2·a)]	平均径流深/mm
毛不拉孔兑	1 141.7	674.6	113.0	4.4	0.452	1 425	5 600	210	3 112	21.13
布日嘎斯太沟	1 434.4	342.4	76.0	6.16	0.17	545	4 780	150	1 680	15.2
黑赖沟	1 133.0	541.3	95.0	4.37	0.45	1 416	4 040	360	3 800	26.16
西柳沟	2 107.1	914.8	112.0	3.32	0.95	2 985	6 940	582	4 870	28.7
罕台川	1 025.5	761.9	90.0	3.92	0.69	2 185	3 090	450	5 150	27.7
壕庆河	891.0	73.5	42.0	3.93	0.17	533	800	100	5 150	13.5
哈什拉川	1 229.8	920.3	94.0	3.36	1.04	2 367	2 250	590	5 430	30.9
母花沟	450.4	241.1	78.0	6.0	0.39	1 221	1 610	200	5 430	24.7
东柳沟	856.9	182.1	77.0	2.51	0.43	1 353	2 300	260	5 710	20.4
呼斯太河	497.2	206.0	69.0	3.02	0.39	1 230	1 600	240	5 990	19.5
合计	10 767.0	4 858.0	846.0							

注：毛不拉孔兑、西柳沟、罕台川的流量来源于 3 个水文站，其他孔兑数据均来源于《内蒙古自治区河流湖泊特征值手册（鄂尔多斯卷）》及十大孔兑洪水调查报告

(1) 呼斯太河

呼斯太河上游称公益盖沟，为季节性河流，河流流经准格尔旗、达拉特旗，下游为两旗的界河（界河段河长 16.8km）。发源于鄂尔多斯市准格尔旗布尔陶亥苏木尔圪壕嘎查，入黄河河口位于准格尔旗十二连城乡卅倾地村。干流由河源向西北流至堡尤昌，转向北至丑人圪旦东从右侧汇入黄河，海拔 992.9 ~ 1341.1m，高差 348.2m。全河除河源以下约 5km 为干河外，其他河段均有清水。流域面积 50km^2 以上支流有：黑召赖沟、壕赖沟、鸡沟和呼斯太河左支沟，呼斯太河一级支流基本情况见表 1-12。

表 1-12　呼斯太河一级支流基本情况表

序号	支流名称	位于干沟	流域面积/km^2	沟长/km	沟宽/m	沟道比降/%	主要土壤类型	地貌类型	实施治理工程	1985～2018 年发生洪水时间（年.月.日）	备注
1	呼斯太左支沟	主沟	406	70.43	29.38～412.13	0.17～0.74	栗钙土、风沙土	丘陵、风沙	水土保持世行治理一期项目	—	准格尔旗
2	东卜尔洞沟	右	42.29	13.15	47～130	0.42	栗钙土、风沙土	丘陵		—	
3	前昌汉依勒沟	左	15.85	5.09	99～323	1.61	栗钙土	丘陵		—	
4	黑召赖沟	左	52.46	13.78	44～139	0.87	栗钙土、棕钙土	丘陵-风沙		—	
5	壕赖沟	右	68.42	17.77	79～152	0.87	栗钙土、风沙土	风沙		—	
6	鸡沟	左	150.18	23.40	62～138	0.82	棕钙土、风沙土	风沙		—	

（2）东柳沟

东柳沟（又称柳沟河）为季节性河流，全流域均在达拉特旗，发源于鄂尔多斯市达拉特旗吉格斯太镇王家壕村，河口位于达拉特旗吉格斯太镇大红奎村，干流由河源向北流至石拉塔，转向东北至北九股地北从右侧汇入黄河，海拔 994.8～1353.0m，高差 358.2m。在阿路慢沟村以下约 8km 及榆树壕以下有清水或间歇水，其他均为干河。其支流较少，只有 3 条流域面积 20～50km^2的支流，在枯水期，降水补给少，河流断流，河床裸露，为干河；在丰水期，降水补给较多，尤其进入汛期，遇到暴雨，易引发山洪，由于河道比降大，洪水陡涨陡落，洪水历时短，峰高量大，泥沙含量大，2003 年"7·29"洪峰流量为 2300m^3/s。受洪水泥沙淤积影响，下游河床逐渐抬高，目前已经基本形成"地上悬河"。东柳沟一级支流基本情况见表 1-13。

表 1-13　东柳沟一级支流基本情况

序号	支流名称	位于孔兑干沟	流域面积/km^2	沟长/km	沟宽/m	沟道比降/%	土壤类型	地貌类型	实施治理工程	1985～2018 年发生洪水时间（年.月.日）	备注
1	阿楼满沟	主沟	40.97	11.93	20～200	0.6～2.0	栗钙土	丘陵	退耕还林、沙棘治理	1989.7.21；1996.8.13；1998.7.12；2003.7.29；2016.8.16	达拉特旗
2	武当沟	右	35.6	8.1	20～200	0.6～2.0	栗钙土	丘陵			
3	榆树壕	右	26.3	9.1	15～120	0.8～1.5	风沙土	风沙			

(3) 母花沟

母花沟为季节性河流，全河流域均在达拉特旗。河流发源于鄂尔多斯市达拉特旗白泥井镇母哈日沟村，河口位于达拉特旗白泥井镇唐公营子村。干流由河源向北流至永龙泉东从右侧汇入黄河，海拔994.2～1377.2m，高差383m。该河从河源下约5km至孟段沟入口处和三眼井至永龙泉南两段有清水或间歇水，其他均为干河。其流域面积在50km^{2}以上的一级支流有昌汗麻太沟、流域面积在30～50km^{2}的支流有小母花沟和大母花沟。在枯水期，降水补给少，河流断流，河床裸露，为干河。在丰水期，降水补给较多，尤其进入汛期，遇到暴雨，易引发山洪，由于河道比降大，洪水陡涨陡落，洪水历时短，峰高量大，泥沙含量大。母花沟一级支流基本情况见表1-14。

表1-14 母花沟一级支流情况

<table>
<tr><th>序号</th><th>支流名称</th><th>位于孔兑干沟</th><th>流域面积/km²</th><th>沟长/km</th><th>沟宽/m</th><th>沟道比降/%</th><th>土壤类型</th><th>地貌类型</th><th>实施治理工程</th><th>1985～2018年发生洪水时间（年.月.日）</th><th>备注</th></tr>
<tr><td>1</td><td>小母花沟</td><td>左</td><td>35.9</td><td>10.4</td><td>20～300</td><td>0.6～2.0</td><td>栗钙土</td><td>丘陵</td><td>退耕还林、沙棘治理</td><td rowspan="4">1989.7.21；1996.8.13；1998.7.12；2003.7.29；2016.8.16</td><td rowspan="4">达拉特旗</td></tr>
<tr><td>2</td><td>阿勒笨沟</td><td>左</td><td>16.63</td><td>7.24</td><td>20～250</td><td>0.6～2.0</td><td>栗钙土</td><td>丘陵</td><td>国债治理、退耕还林、沙棘治理</td></tr>
<tr><td>3</td><td>昌汗麻太沟</td><td>右</td><td>57.02</td><td>15.36</td><td>20～250</td><td>0.6～2.0</td><td>栗钙土</td><td>丘陵</td><td rowspan="2">退耕还林、沙棘治理</td></tr>
<tr><td>4</td><td>大母花沟</td><td>主沟</td><td>32.5</td><td>11.2</td><td>20～250</td><td>0.6～2.0</td><td>栗钙土</td><td>丘陵</td></tr>
</table>

(4) 哈什拉川

哈什拉川上游称北神山沟，为季节性河流，干流流经东胜区和达拉特旗。发源于鄂尔多斯市东胜区铜川镇神山村，河口位于达拉特旗王爱召镇宋五营子村，干流由河源向东北流至中库伦沟入口处转向西北至达拉特旗曼兔沟门，又向东北至白庙子西北汇入公三壕退水，然后在白庙子东北从右侧汇入黄河。海拔999.1～1501.4m，高差502.3m。全河在巴龙图沟入口处（杜家格楞）至垚垚店、纳林沟门至新民堡及白庙子附近有清水，其余段均为干河。受洪水泥沙淤积影响，下游河床逐渐抬高，目前基本形成“地上悬河”。流域面积在50km^{2}以上的一级支流有3条：大纳林沟、可图沟和碾盘梁沟；流域面积在30～50km^{2}的一支级流有8条（亚麻图沟、中库伦沟、哈拉不拉格、小纳林沟、沟心召、耳折哥沟、巴德麻袋、耳呼沟）。哈什拉川一级支流基本情况见表1-15。

表 1-15　哈什拉川一级支流情况

序号	支流名称	位于孔兑干沟	流域面积/km²	沟长/km	沟宽/m	沟道比降/%	土壤类型	地貌类型	实施治理工程名称	1985～2018 年发生洪水时间（年.月.日）	备注
1	亚麻图沟	主沟	42.2	8.7	350	1.4	栗钙土	丘陵	水保世行治理、沙棘治理	1989.7.21；1996.8.13；1998.7.12；2003.7.29；2016.8.16	东胜区
2	中库伦沟	右岸	32.5	5.8	186	1/108	栗钙土	丘陵			
3	哈拉不拉沟	左岸	37	9.2	319	1/113	栗钙土	丘陵			
4	巴龙图沟	左岸	29	10.2	356	1/69	栗钙土	丘陵			
5	碾盘梁沟	左岸	138.9	14.9	855	1/162	栗钙土	丘陵			
6	昌汗沟	左岸	27.8	8.7	495	1/108	栗钙土	丘陵	水保世行治理、退耕还林、沙棘治理		达拉特旗
7	可图沟	右	126	29	50～250	0.6～2.5	栗钙土	丘陵			
8	小纳林沟	右	35.2	13.3	50～230	0.6～2.5	栗钙土	丘陵			
9	大纳林沟	右	116	27	50～230	0.6～2.5	栗钙土、风沙土	丘陵			
10	沟心召	左	32.56	7.41	50～150	0.6～2.5	栗钙土、风沙土	丘陵			
11	耳折哥沟	左	41.9	7.46	50～150	0.6～2.5	栗钙土、风沙土	丘陵			
12	巴德麻袋	左	31.3	9.02	50～150	0.6～2.5	栗钙土	丘陵			
13	达尔汉沟	左	28.7	9.69	50～150	0.6～2.3	栗钙土	丘陵			
14	耳呼沟	左	41.48	8.91	50～150	0.6～2.6	栗钙土	丘陵			

（5）壕庆河

壕庆河为季节性河流，全河流域位于达拉特旗。河流发源于鄂尔多斯市达拉特旗树林召镇什拉台村，河口位置在达拉特旗树林召镇张铁营子村，由河源向北流经转龙湾、园子塔拉、薛四营子流入毛连圪卜，后通过小淖退水渠入黄河。海拔 1001.1～1256.9m，高差 255.8m。该流域在秦油房以上属丘陵区，基本上常年均有清水，清水流量在 0.15～0.25m³/s。壕庆河一级支流基本情况见表 1-16。

表 1-16　壕庆河一级支流情况

序号	支流名称	位于孔兑	流域面积/km^2	沟长/km	沟宽/m	沟道比降/%	土壤类型	地貌类型	实施治理工程名称	1985～2018 年发生洪水时间（年．月．日）	备注
1	壕庆河	主沟	7.5	2.8	15～100	0.6～2.5	栗钙土、风沙土	丘陵	退耕还林、黄土高原淤地坝	1989.7.21；1996.8.13；1998.7.12；2003.7.29；2016.8.16	达拉特旗
2	阎家渠	左	16.42	7.45	15～120	0.6～2.0	栗钙土、风沙土	丘陵			
3	油梁渠	左	7.2	3.3	15～80	0.6～2.0	栗钙土、风沙土	丘陵			
4	马鞴沟	左	15.7	7.26	15～120	0.6～2.0	栗钙土、风沙土	丘陵	退耕还林、淤地坝、清洁型小流域		

（6）罕台川

罕台川为季节性河流，流经东胜区和达拉特旗。发源于鄂尔多斯市东胜区罕台庙镇永胜村，河口位于达拉特旗展旦召苏木乡长胜村。干流由河源向北倾，流至沙塔子附近，转向东北流至前沙坝子，转向北于长胜村入黄河。海拔 1003.6～1451.6m，高差 448m。全河在召沟门至水泉子坝有清水或间歇水，其他均为干河。水泉坝子以下原无固定河床，经过人工治理，建成长 28km 渠堤式泄洪渠，直泄黄河，堤顶宽 3m，抗洪能力 2000m^3/s。由于洪水泥沙淤积，下游河床逐年抬高，目前已经高出地面 4m，成为地上悬河。流域面积在 50km^2 以上的支流有 4 条（大补卢沟、朝脑沟、纳林沟、合同沟），在 30～50km^2 的支流有 2 条（鄂勒斯太沟和河洛图沟）。罕台川一级支流基本情况见表 1-17。

表 1-17　罕台川一级支流情况

序号	支流名称	位于孔兑	流域面积/km^2	沟长/km	沟宽/m	沟道比降/%	土壤类型	地貌类型	实施治理工程	1985～2018 年发生洪水时间（年．月．日）	备注
1	罕台川	主沟	217	13	566	1/130	栗钙土	丘陵	水保世行、沙棘治理、小流域治理	1989.7.21；1996.8.13；1998.7.12；2003.7.29；2016.8.16	东胜区
2	添漫沟	右	28	9	216	1/90	栗钙土	丘陵	水保世行、沙棘治理		
3	鄂勒斯太沟	右	43.4	11.8	293	1/103	栗钙土	丘陵			
4	淖尔沟	右	22.5	5.7	350	1/94	栗钙土	丘陵			
5	补芦沟	左	36.62	7	401	1/110	栗钙土	丘陵			
6	朝脑沟	右	87.2	14	50～250	0.6～2.5	栗钙土	丘陵	罕台川治理、水保世行、退耕还林、沙棘		

续表

<table>
<tr><th>序号</th><th>支流名称</th><th>位于孔兑</th><th>流域面积/km²</th><th>沟长/km</th><th>沟宽/m</th><th>沟道比降/%</th><th>土壤类型</th><th>地貌类型</th><th>实施治理工程</th><th>1985～2018年发生洪水时间（年.月.日）</th><th>备注</th></tr>
<tr><td>7</td><td>河洛图沟</td><td>右</td><td>36.91</td><td>10.7</td><td>50～240</td><td>0.6～2.5</td><td>栗钙土</td><td>丘陵</td><td rowspan="2">罕台川治理、水保世行治理、退耕还林、淤地坝、风沙源、沙棘治理</td><td rowspan="11">1989.7.21；1996.8.13；1998.7.12；2003.7.29；2016.8.16</td><td rowspan="11">东胜区</td></tr>
<tr><td>8</td><td>合同沟</td><td>右</td><td>127.31</td><td>24.6</td><td>50～240</td><td>0.6～2.5</td><td>栗钙土、风沙土</td><td>丘陵</td></tr>
<tr><td>9</td><td>长顺园</td><td>右</td><td>16.7</td><td>7.2</td><td>50</td><td>0.6～2.0</td><td>栗钙土、风沙土</td><td>丘陵</td><td rowspan="2">罕台川治理、水保世行治理、退耕还林、国债治理</td></tr>
<tr><td>10</td><td>虎谷兔壕</td><td>右</td><td>21.3</td><td>6.72</td><td>30～120</td><td>0.6～2.0</td><td>栗钙土、风沙土</td><td>丘陵</td></tr>
<tr><td>11</td><td>大补芦沟</td><td>左</td><td>87.2</td><td>16.45</td><td>50～200</td><td>0.6～2.5</td><td>栗钙土</td><td>丘陵</td><td rowspan="4">罕台川治理、水保世行治理、退耕还林、国债治理、沙棘治理</td></tr>
<tr><td>12</td><td>昌汉沟</td><td>左</td><td>13.6</td><td>7.0</td><td>50～120</td><td>0.6～2.5</td><td>栗钙土</td><td>丘陵</td></tr>
<tr><td>13</td><td>纳林沟</td><td>左</td><td>96.23</td><td>22.22</td><td>50～200</td><td>0.6～2.5</td><td>栗钙土</td><td>丘陵</td></tr>
<tr><td>14</td><td>召沟</td><td>左</td><td>28.39</td><td>7.87</td><td>80</td><td>0.6～2.0</td><td>栗钙土</td><td>丘陵</td></tr>
<tr><td>15</td><td>大啦麻</td><td>左</td><td>7.63</td><td>4.68</td><td>60</td><td>0.6～2.0</td><td>栗钙土、风沙土</td><td>丘陵</td><td rowspan="3">罕台川治理、水保世行治理、退耕还林、国债治理</td></tr>
<tr><td>16</td><td>红塔沟</td><td>左</td><td>21.96</td><td>4.12</td><td>60</td><td>0.6～2.0</td><td>栗钙土、风沙土</td><td>丘陵</td></tr>
<tr><td>17</td><td>大井沟</td><td>左</td><td>27.03</td><td>3.15</td><td>50</td><td>0.6～2.0</td><td>栗钙土、风沙土</td><td>丘陵</td></tr>
</table>

（7）西柳沟

西柳沟又称为水多湖川，季节性河流，流经东胜区和达拉特旗。发源于鄂尔多斯市东胜区泊尔江海子镇海子湾村，河口在达拉特旗昭君镇二狗湾村。向西北流至朱家圪堵西转向东北至龙头拐，又向西北至昭君坟东北从右侧汇入黄河，海拔1005.3～1504.5m，高差499.2m。全河在大路壕以上为干河，以下有清水或间歇水。该孔兑洪水泥沙多次在黄河干流形成巨型沙坝，影响黄河内蒙古河段防洪安全与包钢生产水源地，是十大孔兑中危害严重的一条孔兑。流域面积在50km^{2}以上支流有4条（大哈他图沟、艾来色台沟、黑塔沟和乌兰斯太沟），面积在30～50km^{2}支流有5条（鸡盖沟、艾来五库沟、哈达图沟、昌汉沟和马利昌汉沟）。西柳沟一级支流基本情况见表1-18。

表1-18　西柳沟一级支流情况

序号	支流名称	位于孔兑	流域面积/km^2	沟长/km	沟宽/m	沟道比降/%	土壤类型	地貌类型	实施治理工程	1985～2018年发生洪水时间（年.月.日）	备注
1	西柳沟	主沟	284	18	535	0.39	栗钙土	丘陵	水保世行治理二期、坝系工程、京津风沙源、沙棘治理工程	1989.7.21；1996.8.13；1998.7.12；2003.7.29；2016.8.16	东胜区
2	鸡盖沟	右	39.4	10，7	556	0.009	栗钙土	丘陵			
3	艾来五库沟	右	32.2	14.3	564	0.015	栗钙土	丘陵			
4	哈达图沟	右	34.23	6.9	490	0.005	栗钙土	丘陵			
5	大哈他图沟	右	138	25	50～350	0.6～2.5	栗钙土	丘陵	退耕还林、淤地坝、沙棘治理		达拉特旗
6	昌汉沟	右	39.8	18	50～350	0.6～2.5	栗钙土	丘陵			
7	黑塔沟	右	53.9	16	50～350	0.6～2.5	栗钙土	丘陵	退耕还林、淤地坝、国债、沙棘		
8	乌兰斯太沟	右	164	28	50～280	0.6～2.5	栗钙土	丘陵	退耕还林、淤地坝、沙棘		
9	艾来色台沟	左	88.7	20	50～280	0.6～2.5	栗钙土	丘陵	退耕还林、国债、沙棘		
10	马利昌汉沟	左	39.8	13	50～280	0.6～2.5	栗钙土	丘陵			
11	石巴圪图	左	27.86	11.24	50～280	0.6～2.5	栗钙土	丘陵	退耕还林、淤地坝、沙棘		

（8）黑赖沟

黑赖沟为季节性河流，干流流经东胜区和达拉特旗。发源于鄂尔多斯市东胜区泊尔江海子镇什股壕村，河口位于达拉特旗昭君镇沙壕村。干流从河源向西北流至什股壕转向东北至达拉特旗昭君镇沙壕村汇入黄河。海拔1007.7～1546.2m，高差达538.5m。全河除榆家渠东至西河湾南村段及河源为干河外，其他均有清水或间歇水，但水量不大。流域面积在50km²以上的支流有4条（哈拉汗图壕、耳字耳沟、速机沟、昂坑池沟），其中昂坑池沟又有一条较大的支沟昌汗沟）；在30～50km²的支流有1条（黑塔沟）。黑赖沟一级支流基本情况见表1-19。

表1-19　黑赖沟一级支流情况

<table>
<tr><th>序号</th><th>支流名称</th><th>位于孔兑</th><th>流域面积/km²</th><th>沟长/km</th><th>沟宽/m</th><th>沟道比降/%</th><th>土壤类型</th><th>地貌类型</th><th>实施治理工程</th><th>1985～2018年发生洪水时间（年.月.日）</th><th>备注</th></tr>
<tr><td>1</td><td>黑赖沟</td><td>主沟</td><td>56.5</td><td>11</td><td>1025</td><td>0.75</td><td>栗钙土</td><td>丘陵</td><td>沙源治理项目</td><td rowspan="7">1989.7.21；
1996.8.13；
1998.7.12；
2003.7.29；
2016.8.16</td><td>东胜区</td></tr>
<tr><td>2</td><td>哈拉汗图壕</td><td>右</td><td>58.20</td><td>16.40</td><td>210～289</td><td>0.001～2.3</td><td>栗钙土</td><td>丘陵</td><td rowspan="2">退耕还林、沙源治理、沙棘治理</td><td rowspan="6">哈拉汗图壕在东胜区流域面积为8km²，其余在达拉特旗</td></tr>
<tr><td>3</td><td>黑塔沟</td><td>右</td><td>30.8</td><td>11</td><td>210</td><td>0.5～2.4</td><td>栗钙土</td><td>丘陵</td></tr>
<tr><td>4</td><td>耳字耳沟</td><td>右</td><td>157</td><td>35</td><td>240</td><td>0.5～2.5</td><td>栗钙土</td><td>丘陵</td><td>退耕还林、淤地坝、沙棘治理</td></tr>
<tr><td>5</td><td>速机沟</td><td>右</td><td>171</td><td>29</td><td>150</td><td>0.5～2.5</td><td>栗钙土</td><td>丘陵</td><td rowspan="3">退耕还林、沙棘治理</td></tr>
<tr><td>6</td><td>昂坑池沟</td><td>左</td><td>272</td><td>48</td><td>150</td><td>0.5～2.5</td><td>栗钙土</td><td>丘陵</td></tr>
<tr><td>7</td><td>昌汗沟-昂坑池沟</td><td>左</td><td>69.1</td><td>27</td><td>150</td><td>0.5～2.5</td><td>栗钙土</td><td>丘陵</td></tr>
</table>

(9) 布日嘎斯太沟

布日嘎斯太沟为季节性河流，流经东胜区、杭锦旗和达拉特旗。河流发源于鄂尔多斯市东胜区泊江海子镇什股壕村，河口位于达拉特旗恩格贝镇乌兰村。干流由河源向东北流至张家沟，转向北流至阿什泉林召，转向西北至裴家圪旦北穿过南干渠从右侧汇入黄河。海拔1011.2～1570.1m，高差558.9m。全河在三坛沟入口处至迎喜圪堵有清水或间歇水，其他段均为干河。由于洪水泥沙淤积，下游河床逐渐抬高，目前基本形成“地上悬河”。流域面积50km²以上支流有5条［榆树壕-布尔洞沟、纳林沟-布尔洞沟-昌汗沟（左）、昌汗沟（右）、苦计沟］。在河道下游两岸修建了防洪堤，长约7km，堤高2m，为土质堤防结构。布日嘎斯太沟一级支流基本情况见表1-20。

表 1-20 布日嘎斯太沟一级支流情况

序号	支流名称	位于孔兑	流域面积/km²	沟长/km	沟宽/m	沟道比降/%	土壤类型	地貌类型	实施治理工程名称	1985~2018 年发生洪水时间（年份或年．月．日）	备注
1	布日嘎斯太沟	主沟	56.5	19.1	200~310	0.64~0.86	栗钙土	丘陵	无	1985 年；1989.7.21；1991 年；2006 年；2016.8.16	上游主沟在杭锦旗，东胜区有小部分（约 9.5km²）
2	榆树壕-布尔洞沟	左	70.2	19	50~150	0.5~2.5	栗钙土	丘陵	退耕还林、沙棘治理	1989.7.21；1996.8.13；1998.7.12；2003.7.29；2016.8.16	达拉特旗
3	纳林沟-布尔洞沟	左	50	24	50~150	0.5~2.5	栗钙土	丘陵			
4	昌汗沟	右	60.6	13.37	50-200	0.5-2.5	栗钙土	丘陵			
5	苦计沟	左	57.88	15.88	40~150	2.32	栗钙土	丘陵	小流域综合治理、沙棘治理	洪水 5 次，1985 年；1988 年；1991 年；2006 年	杭锦旗
6	昌汗沟	左	75.12	17.01	30~80	1.97	栗钙土	丘陵	沙棘治理		

注：布尔洞沟有榆树壕、纳林沟 2 条支流，昌汗沟分为左右 2 条

（10）毛不拉孔兑

毛不拉孔兑为季节性河流，河流位于杭锦旗，是杭锦旗和达拉特旗界河，在乌点补拉沟汇入口以上称格点尔盖沟。河流发源于鄂尔多斯市杭锦旗锡尼镇阿日柴达木村，河口位于杭锦旗独贵塔拉镇茂永村。干流由河源向西北流至乌兰唉力盖庙，转向东北至隆茂营北从右侧汇入黄河，海拔 1012.6~1534.3m。全河在旧营盘壕入口处（邹格素海壕东北）以上为干河，以下均有清水或间歇水。流域面积在 50km² 以上的支流有 10 条（亚什图沟、点什图沟、塔拉沟、呼吉太沟、乌点补拉沟、格点盖沟、亚希拉图沟、玻璃沟、石灰沟和苏达尔沟），30~50km² 支流有 4 条（阿拉善沟、琴格利沟、白音森布尔沟、沙台沟）。毛不拉孔兑一级支流基本情况见表 1-21。

表 1-21　毛不拉孔兑一级支流情况

序号	支流名称	位于孔兑	流域面积/km^2	主沟长/km	沟宽/m	沟道比降/%	土壤类型	地貌类型	实施治理工程名称	1985～2018 年发生洪水次数	备注
1	毛不孔兑沟	主沟	72	69	100～230	0.185	栗钙土	丘陵	无	洪水 92 次	
2	亚什图沟	右岸	119.27	63.2	120～480	1.72	栗钙土	丘陵	小流域坝系工程	共发生洪水 44 次	杭锦旗
3	点什图沟	右岸	84.95	37.25	100～300	1.24	栗钙土	丘陵	无		
4	塔拉沟	右岸	141.78	54.8	60～200	1.14	栗钙土	丘陵	小流域坝系工程		
5	呼吉太沟	右岸	129.88	38.35	30～300	1.78	栗钙土	丘陵	小流域坝系工程、十大孔兑沙棘治理		
6	乌点补拉沟	右岸	100.57	34.21	60～200	1.12	淡栗钙土、风沙土	丘陵	小流域坝系工程、小流域综合治理		
7	格点盖沟	右岸	97.61	15.83	120～600	2.42	栗钙土	丘陵	小流域坝系工程	沙区，无汇水面积	
8	亚希拉图	左岸	84.26	19.8	20～100	2.37	风沙土、栗钙土	丘陵	无		
9	玻璃沟	左岸	69.16	6.9	30～90	0.54	风沙土、栗钙土	风沙	无		
10	石灰沟	左岸	57.64	4.2	35～110	1.39	风沙土、栗钙土	风沙	无		
11	阿拉善沟	左岸	49.12	4.04	15～90	3.24	风沙土、栗钙土	风沙	无		
12	琴格利沟	左岸	45.25	5.57	20～80	0.93	风沙土、栗钙土	风沙	无		
13	白音森布尔沟	左岸	44.02	7.93	30～90	1.05	风沙土、栗钙土	风沙	小流域综合治理项目		
14	沙台沟	左岸	47.98	4.94	20～80	1.85	风沙土、栗钙土	风沙	无	共发生洪水 10 次	
15	苏达尔沟	左岸	130.48	394	40～150	3.62	风沙土、栗钙土	风沙和沙质丘陵	小流域综合治理、生态修复	无	

1.2 研究背景

十大孔兑属内蒙古自治区中西部三个暴雨洪水频发区之一，洪涝灾害频发，水土流失面积达 9076.31km^2（其中丘陵区与风沙区流失面积 8363.24km^2），占流域面积的84.30%，属于黄河中上游多沙粗砂区水土流失重点治理区。孔兑上游是被国内外专家学者称为“地球生态癌症”的世界水土流失之最的砒砂岩出露区，中游处于我国八大沙漠之一的库布齐沙漠风沙区，下游处于孔兑洪积扇与黄河冲洪积平原区。区内水蚀作用与风蚀作用交互发生，土壤侵蚀模数为1500～15 000t/(km^2·a)，每年入黄泥沙 3133.6 万 t，其中 70% 以上为粒径≥0.025mm 的粗泥沙，洪水泥沙含量高，是黄河内蒙古河段与下游“地上悬河”的直接制造者之一。研究区区域特点：属于砒砂岩区，是植被退化程度最高、煤气资源开发最集中、生态安全风险最大的区域，是形成黄河下游“地上悬河”的粗泥沙集中来源区，也是孔兑下游进入黄河水道形成地上悬河的区域。

研究区是晋、陕、内蒙古接壤地区国家能源重化工基地的组成部分，且分布有包钢生产生活水源地和鄂尔多斯市现代农牧业产业带和新兴工业园区。由于水少沙多，生产生活用水严重不足的矛盾加剧，严重制约了能源重化工基地的发展。并且严重的水土流失对当地及周边地区造成山洪灾害，每逢暴雨山洪暴发，洪水挟带大量泥沙泄入下游沿河平原区，造成淤堵河道、河水漫堤、房屋倒塌、农田与工业生产设施冲毁、交通中断等，严重制约社会经济发展。同时，大量泥沙进入黄河、淤积下游河床，严重影响防洪防凌安全。为此，国家及地方投入资金对区域水土流失陆续开展治理工作。

研究区水土保持工作主要经历了以下两个阶段：①1985 年以前，以群众户包为主，实施五荒治理工程，属于零星治理；②1985 年之后，国家和地方政府加大投入力度，对多条孔兑先后实施了一系列水土保持生态建设工程及坝系工程，如国家水土保持重点工程、治沟骨干工程、水土保持治理国债项目、砒砂岩沙棘生态减沙工程、黄河中游重点小流域治理工程、沙棘治理示范区与沙棘拦沙工程、国家生态工程等，以及黄土高原水土保持世界银行贷款一期、二期项目、京津风沙源治理二期工程和内蒙古重点小流域综合治理工程等。同时，地方投资的十大孔兑综合治理项目和十大孔兑上游覆沙丘陵区杭锦旗塔拉沟示范区建设工程也顺利完成。据各旗（区）统计数据，截至 2018 年底，累计实施水土流失治理面积 2845.66km^2（占丘陵区与风沙区流失面积 34%），筑建大中小型淤地坝 382 座（现保存 354 座）、谷坊 1839 座（现保存 650 座）、小型水库 19 座，引洪淤地工程 119 处（现保存 92 处）；林业草原部门累计实施人工林草及封育面积 2954.23km^2。水土保持生态建设工程有效拦截了径流泥沙与风沙移动，不仅保持了水土，减轻了山洪灾害，改善了区域生态环境，而且对黄河防洪防凌产生了积极的影响。

水土保持综合治理效益评价是判定区域水土流失治理工作成效的标尺。《水土保持综合治理效益计算方法》（GB/T 15774—1995，修订 GB/T 15774—2008）标准为评价水土保持对水土资源保护、土地生产力提高、农业增产等方面的贡献提供了标准依据。特别是进入 21 世纪后，随着“3S”技术不断完善及其在水土保持工作上的广泛应用，水土保持效益评价进入了静态与动态相结合的新阶段。

经过30多年水土保持综合治理，研究区水土流失得到有效治理，泥沙得到一定控制，但对于入黄泥沙减少量却一直没有确切的数据支撑。各类治理措施拦泥减沙效果，特别是综合治理下的减沙情况等问题亟待解决，因此开展“黄河流域鄂尔多斯十大孔兑水土保持综合治理减沙效益评价”项目研究，是非常必要和及时的。本研究主要基于遥感（Remote Sensing，RS）技术、野外调查测量与必要的试验观测手段，结合现有水文雨量站、气象站、坡面径流小区、典型小流域水土保持监测等长系列观测资料，以1985年为基准年，对1986～2018年实施的水土保持综合治理工程及2000年以来实施禁牧工程后的天然林草地减沙效果进行评价，进而确定水土保持综合治理前后不同地貌类型区土壤侵蚀时空分布及变化与驱动力，分析水沙变化特征与成因，找出减沙主导因子，明确水土保持单项治理工程减沙量与减沙指标，制定“鄂尔多斯丘陵区基于遥感数据的土壤水蚀简易计算技术规程”“鄂尔多斯丘陵区基于沟壑长度与流域面积土壤水蚀分级规程”2个地方标准，构建水土保持综合治理减沙效益评价指标及体系，评估水土保持综合治理减沙量和各项措施对减少入黄泥沙量的贡献率。

本研究不仅可为各级决策部门准确、全面了解研究区水土保持治理效果与土壤侵蚀现状，规划水土流失治理方案，合理调控黄河内蒙古河段防洪减沙与水资源配置，以及实施拦沙换水工程提供技术支撑，而且对改进砒砂岩治理技术、丘陵区雨养植被建植及优化措施配置技术，进一步开展相关的科学研究提供参考。同时，对于有效提高基础资料收集与整合、遥感解译与评价指标的准确性和可信度，加速区域水土流失综合治理与区域农林牧全面持续发展，以及改善生态环境都具有十分重要的现实意义。

1.3　研究现状与问题

1.3.1　土壤侵蚀模型应用及驱动因子研究

土壤侵蚀是全球范围内最严重的土壤退化问题之一，其发生发展变化过程直接影响水土资源的开发利用，是威胁人类生存、社会经济发展的全球性问题（Mhazo et al.，2016；Zhang et al.，2017）。作为评价土壤侵蚀的有效工具，无论是基于经验的通用土壤流失方程（Universial Soil Loss Equation，USLE）、修正通用土壤流失方程（Revised Universal Soil Loss Equation，RUSLE）还是从我国国情出发建立的中国土壤流失方程（Chinese Soil Loss Equation，CSLE），都在不同尺度区域的土壤侵蚀预测评价中得到应用。这些模型计算都包含了RS技术可获得地形因素和植被状况等（Wischmeier et al.，1971；Renard and Ferreira，1993；Bagarello et al.，2018；Chen et al.，2017；Nearing et al.，1989；Morgan et al.，1998）。从典型案例研究来看，在国际上Panagos等（2015）基于RUSLE进行了欧洲土壤侵蚀评价，得到欧洲易受侵蚀土地年平均土壤侵蚀模数为2.46t/hm^2，Roy等（2019）结合USLE与地理信息系统（Geographic Information System，GIS）技术计算出了印度伊尔加流域年平均土壤侵蚀模数为 4.3t/hm^2。在国内，学者基于 USLE 并结合我国土壤侵蚀实际特点，分别建立的小尺度坡面土壤流失模型（江忠善等，2005；蔡强国和刘纪根，2003）、大尺度 CSLE 等与 USLE、RUSLE 被广泛应用（牛丽楠等，2019；陈锐银等，2020；Maltsev and Yermolaev，2020）。例如，潘美慧等（2010）基于 USLE 估算东江流域土壤侵蚀模数，指出其年平均土壤侵蚀总量为 16.2×10^{8}t；牛丽楠等（2019）利用 RUSLE 进行了六盘水市 1990～2015 年土壤侵蚀时空特征研究，揭示了该区多年土壤侵蚀以微度和中度侵蚀为主；陈锐银等（2020）应用 CSLE 计算了四川省省级水土流失重点防治区土壤侵蚀状况，得出了研究区 2018 年水土流失面积所占比例为 27.16% 且区内土壤侵蚀差异明显。因此，本书将以 CSLE 为区域土壤水力侵蚀状况计算依据，进行研究区 1985 年以来水力侵蚀强度变化趋势与规律的研究，为区域面状水力侵蚀强度和面积变化提供数据基础。

此外，从土壤侵蚀模数计算模型所用参数特征来看，参数包括了降雨侵蚀力、坡度坡长、植被盖度、土壤可侵蚀因子等可通过水土保持监测站、雨量站、气象站点数据和遥感共享数据等进行重复检查和更新的因子，以及水土保持和坡面农田整治措施等具有明显区域特色的因子。针对这一问题，大量研究不断提出了基于实际应用区域的因子修正计算方法（Maltsev and Yermolaev，2020；汪邦稳等，2007；徐宁等，2020；梁晓珍等，2019；刘海涛，2016；张照录和崔继红，2004），但是这些方法的共性是涉及参数较多、数据（水土保持措施因子）获取较难和计算过程相对复杂。因此，本书在鄂尔多斯砒砂岩黄土区土壤水力侵蚀研究中，需要引入本地具有表达坡度、坡长综合属性的地形指数，构建由气象数据、遥感数据（NDVI 和 DEM）和国家水土保持监测站侵蚀模数等可重复检查数据源组成的地形指数方程（Terrain Soil Loss Equation，TSLE）进行土壤水蚀计算。最后通过 TSLE 计算结果与 CSLE 计算结果的相互验证来证明 TSLE 的可行性。在此基础上构建一个由遥感数据（NDVI 和 DEM）、降水量数据和区域土壤可侵蚀因子作为常数变量的土壤水力侵蚀计算新方法，该方法以 TSLE 计算数据为分析指标，尝试制定“鄂尔多斯丘陵区基于遥感数据的土壤水蚀简易计算技术规程”“鄂尔多斯丘陵区基于沟壑长度与流域面积土壤水蚀分级规程”2 个地方标准。

近几十年来，有关土壤侵蚀的研究涵盖了地形坡度、降水、土壤、植被盖度、放牧强度和土地利用与土地覆盖变化（Land Use and Land Cover Change，LUCC）等诸多因子在不同时空尺度的相互影响机制（Das et al.，2018；Vaezi et al.，2017；Tian et al.，2017；朱冰冰等，2010；金平伟等，2014；吴光艳等，2016；Sun et al.，2018；Du et al.，2016；Anache et al.，2018）。在微观尺度上，Vaezi 等（2017）分析了半干旱地区降水对水土流失的影响，指出雨滴动量冲击引起土壤物理性质改变是水土流失的主要原因；在宏观尺度上，Du 等（2016）对宁夏-内蒙古地区的研究结果表明，LUCC 是影响区域水土流失的最重要因子之一。无论在哪一尺度，结论均指向了植被因子具备减弱水土流失的力学基础和多尺度效应功能（肖培青等，2013）。从控制水土流失角度来看，大量研究表明人工植被恢复过程是控制和减少土壤侵蚀的有效途径之一（朱冰冰等，2010；吴光艳等，2016；Anache et al.，2018；Morgan，2005），尤其是草地植被恢复在控制土壤侵蚀的生态建设中起着至关重要的作用（张琪琳等，2017；赵娟等，2019）。从植被状况对水土流失影响研究的主要共识来看，其主要有以下几个特点：①植被盖度增加是减少水土流失的主要因素（吴光艳等，2016；Sun et al.，2018；李斌和张金屯，2010）；②植被类型对减流减沙具有综合效果，相比较而言，其在影响变化幅度上弱于植被盖度（朱冰冰等，2010；金平伟等，2014；张琪琳等，2017）；③植被可以通过覆盖坡面有效降低雨滴动量来减少冲刷作用（赵芸等，2017；王忠禹等，2019）；④植被盖度通过冠层延缓降水增加土壤水分入渗量，同时根系物理固结作用也增强了土壤抗侵蚀力（Vaezi et al.，2017；肖培青等，2013；Li et al.，2017）。这些研究对水土流失过程与影响因子的关系进行了比较清晰的解释，为世界范围内不同国家和地区的土壤侵蚀研究奠定了理论基础。

1.3.2　水土保持综合治理减沙效益研究方法

水土保持综合治理减沙效益研究方法基本有三种，分别是水文分析法、水土保持分析法（分别简称水文法、水保法）和模型法（姚文艺等，2011）。水文法是指按照基准期降雨径流关系、降雨产沙关系，根据降雨资料建立各分区模拟天然径流量和天然输沙量系列。模拟值和基准期之差即降水时序变化对河川径流、输沙产生的影响，而模拟值与实测值之差则是人类活动影响的结果。水保法是通过分项调查各阶段水利、水保措施及其他社会经济活动的蓄水拦沙资料，再根据具体情况加以修正来确定流域拦蓄水沙量，其各项总和与河川实测径流量和输沙量相加即天然径流量和天然输沙量，各阶段天然径流量和天然输沙量均值对基准期的差值即降水波动引起的河川径流量和输沙量的变化。水文法和水保法最初是在水利部第一期黄河水沙变化研究基金中建立起来的（汪岗和范昭，2002a，2002b）。其后在第二期黄河水沙变化研究基金（1995 年）中，“水保法”的计算方法进行了改进和创新，即充分利用黄河中游地区径流小区的实测资料，结合水土流失规律，通过建立黄河中游小区水土保持坡面措施减洪指标体系——降水量同频率对应——“以洪算沙”模型（冉大川等，2000），初步解决了由小区坡面措施减洪指标体系推求流域坡面措施减洪指标体系的尺度转换问题，该尺度转换研究的突破点为“一体系”和“一模型”，即“坡面措施减洪指标体系”和“以洪算沙统计模型”。改进和完善后的“以洪算沙统计模型”和“传统的成因分析”水土保持措施减水减沙计算方法，比较全面地反映了降雨对产流、产沙的影响及各种水土保持措施数量和质量对蓄水拦沙的作用，两种方法平行计算，互相检验，提高了计算成果的质量。

流域土壤侵蚀与产沙预测数学模型是实现流域科学管理的重要工具之一（姚文艺，2011）。从模拟方法上划分，可将土壤侵蚀模型分为集总式参数模型（简称集总式模型）和分布式参数模型（简称分布式模型）（姚文艺等，2008）。集总式模型把整个流域当成一个整体，用一系列的参数反映全流域的各种下垫面条件和水流泥沙物理过程，各因素的输入参数取值通常为流域平均值，因而其计算效率相对较高，可以满足流域侵蚀产沙总的变化趋势预测、江河水沙预估等流域管理层面上的宏观需求。但是，集总式模型并没有考虑流域内部地理因素的空间变化。分布式模型通常将流域分成较小的地域单元，这些地域单元可以是格网也可以是子流域，通常假设这些地域单元内部是均一的，各地理要素具有相应的模型输入参数，地域单元之间有一定的拓扑关系，通过这种拓扑关系能够说明物质的传输方向。分布式模型在每个地域单元上运行，输出结果通过寻径的方法将水沙输送至流域出口。分布式模型考虑了流域内部地理因素的空间可变性，比集总式模型具有更高的空间分辨率，可以更方便地满足水土保持治理措施空间布置的规划、设计及效果评价等技术层面上的中观与微观需求。分布式模型是随着 GIS 技术的发展而逐步发展起来的。与 GIS 集成的土壤侵蚀模型可以在不需要大面积详尽的人工调查和人工确定参数的情况下，通过应用 GIS 自动提取现状侵蚀环境因子，从而有效地模拟不同治理水平下流域侵蚀产沙及其过程；可以评价不同水土保持规划或设计方案下减蚀作用效果，预估流域未来的产水产沙趋势，为江河治理提供科学依据。因此，与 GIS 集成的侵蚀产沙分布式模型将具有很好的发展前景。近年来，基于遥感解译成果和实测水沙资料，模型法逐步建立并开始应用于大中流域的水沙计算。

由于水文法是以基准期建立的降雨产流产沙模型来推求治理期的天然产水量、产沙量，并据此与实测来水来沙量做比较来分析水利水保措施减水减沙作用，基准期水沙资料的代表性很重要，需要对基准期水沙资料的一致性、是否反映总体的统计情况等代表性问题进行分析研究。当有些流域缺乏无人类活动干扰下（即流域水土流失治理前）的水沙观测资料系列时，只能以治理初期人类活动干扰相对较少的时期为基准期，而这会影响减水减沙量的分析。而采用水保法进行计算时，水土保持建设措施数量和减沙指标是最为关键的问题，如果不能切实核查、核实水土保持建设措施数量，减沙效果可信度较低；同时各项措施的耦合作用也是影响水保法计算量值的重要因素。由于数学模型对土壤侵蚀过程和机理的高度依赖，野外观测方法和精度，以及土壤侵蚀基本理论的认识发展和数学表达在极大程度上影响着数学模型的模拟水平。

1.3.3 水土保持单项治理工程减沙效益分析

基于水保法的水土保持减沙效益研究多集中在黄河中游地区（赵力仪等，1999；冉大川等，2003a，2003b，2004，2005，2013；冉大川，2006a，2006b；高云飞等，2014），在研究尺度上，多以小流域为主（李勉等，2017a，2017b；肖培青等，2020），研究对象主要集中在梯林草坝等主要水土保持措施（冉大川等，2010；马红斌等，2015；刘晓燕等，2014，2017）。在沟道水土保持措施方面，主要研究对象为淤地坝（魏艳红等，2017；张峰等，2017；刘立峰等，2015；高云飞等，2014），研究方法以实地调查法为主，通过查阅淤地坝设计资料，计算淤积时段末与淤积时段初的淤积量差值，除以计算年份求出年平均减沙量（付凌，2007）；在坡面水土保持措施方面，多以研究区的监测站点长时间序列观测数据为基础，通过分析不同坡面水土保持措施（林、草、梯田）产沙量并与对照区对比计算后，建立坡地产水、产沙量与不同措施减水、减沙量的关系，确定减水、减沙指标。研究成果集中在对林草措施的减沙效益研究，其中林草措施盖度同减沙量的关系研究取得了较多的成果。侯喜禄和曹清玉（1990）在陕西省延安市安塞县（现安塞区）等试验区，分析了植被盖度和蓄水减沙效益的关系（侯喜禄等，1996），表明植被类型不同，减沙效益也不相同；同一植被条件下，植被盖度越大减沙效益越大，植被盖度和土壤侵蚀量呈二次多项式关系。土壤侵蚀量与植被盖度呈负相关关系；当植被盖度大于70%时，植被保持水土的作用表现明显；当植被盖度达到60%时，植被的减沙效益最明显；当小于临界植被盖度时，植被盖度减少会使土壤侵蚀量急剧增加，尤其是植被盖度小于35%时，土壤侵蚀量会剧烈增加。刘斌等（2008）以1954～2004年南小河沟流域水文气象观测资料及所布设的林地、草地径流场观测资料为数据源，进行坡面侵蚀强度与径流指标、降水指标、植被盖度指标之间的定量分析，结果表明，林草植被措施可显著减少坡面侵蚀；植被盖度为40%～60%时，防治水土流失效益显著；若想更好防治水土流失，黄土高原丘陵区人工林地的有效盖度应大于60%，草地的有效盖度应大于50%；焦菊英等（1999）对黄土高原王家沟、绥德辛店沟和韭园沟、大砭沟、绥德王茂沟及安塞地区多年部分场次的雨量资料和坡耕地、林地小区、草地小区的逐次径流泥沙测验资料进行研究，分别得出了林地和草地的相对减水效益和减沙效益与降雨、盖度的方程；汪有科等（1993）分析了黄土高原10个流域的森林覆盖率与土壤侵蚀模数之间的关系，在此基础上得到了土壤侵蚀模数和森林覆盖率之间的线性关系，并指出当森林覆盖率大于95%时，土壤侵蚀量接近于零；汪明霞等（2014）、罗伟祥等（1990）和王秋生（1991）等通过对坡面径流场的植被覆盖度及产沙数据进行定量分析，得到了降雨、径流、产沙和植被盖度的关系模型。熊运阜等（1996）通过系统整理和分析各地坡面径流场的资料，建立了林地、草地、梯田在不同的泥沙、径流水平年份下的蓄水减沙效益指标，得到了一套比较完善的林地、草地、梯田减水减沙效益指标评价体系，该指标评价体系可为本项目减沙指标的确定提供重要的参考。

虽然近似的研究取得了较多成果，但多集中在黄河中游地区，十大孔兑范围内的相关研究较少，且主要研究方向为侵蚀产沙和典型暴雨特征分析（刘韬等，2007；许炯心，2013，2014；冉大川等，2016；朱吉生等，2015；杨吉山等，2010；侯素珍等，2020），有关水土保持综合治理减沙效益研究方面的资料很少。水保法主要依托相关监测站点的长系列资料进行分析计算，但十大孔兑范围内只有一个水土保持监测站，且没有多种措施的、有效的长系列径流小区观测资料，限制了研究方法只能采用相对指标法。因此，合理利用现有研究成果，成为单项水土保持措施减沙效益研究的主要途径，本书主要考虑了水土保持措施质量等级的影响，使用有限的小区实测资料和模拟降雨试验对减沙效益曲线进行修正，推求研究区域主要措施的相对减沙指标；另外，有关研究对于沟道工程的减沙量多以小流域为主，研究对象以淤地坝为主，研究方法以选取典型工程推导或利用水文站泥沙数据进行反演计算为主，实测方法使用较少，本书全面考虑十大孔兑沟道工程的各项措施，对淤地坝以外的谷坊、缩河造地、引洪淤地等沟道工程减沙量进行了计算，在研究方法上采用全面调查和逐坝测量的方法，实地测量沟道工程淤积体的淤积参数，力求结果的准确可信。

1.3.4　水土保持综合治理减沙效益评价

20世纪80年代以来，黄河水沙情势变化显著，相关研究也较多，其中支流和流域尺度的水利水保减水减沙效益计算的研究，主要集中于水利部黄河水沙变化研究基金（第一期、第二期）（冉大川等，2000；汪岗和范昭，2002）、黄河水利委员会水土保持科研基金（张胜利等，1994；黄河水利委员会，1997；于一鸣，1993）、国家自然科学基金（左大康，1991；唐克丽，1993；钱意颖等，1993），以及国家“八五”（景可等，1997；张胜利等，1998）、“十一五”（姚文艺等，2011）、“十二五”（刘晓燕，2016）科技攻关计划项目。通过这些工作的开展，整理核实了不同时期的下垫面数据，促进了水土保持相关的土壤侵蚀等基础理论的发展，改进、丰富了水利水保减水减沙效益的计算方法，最为重要的是给出了不同时期黄河主要支流和上中游的减水减沙量，为流域治理提供了最基础的数据。由于问题的复杂性，研究成果较多，近期得到较多认可的是“十一五”（表 1-22）和“十二五”科技攻关计划项目的成果（表 1-22 和表 1-23）。其中，“十一五”科技攻关计划项目得到的 1970～2006 年黄河上游的减沙效益（梯田+林草+灌溉）年均为 1.89 亿 t。“十二五”科技攻关计划项目得到 2007～2014 年的林草梯田等因素减沙量，青铜峡以上区域为 7800 万～8360 万 t、十大孔兑地区为 904 万～1232 万 t。同时也可看到，相对于黄河中游而言，黄河上游相关研究的覆盖面和深入度都很低。

表 1-22　黄河中上游部分区域不同时期典型下垫面要素减沙量计算成果

（单位：亿 t）

区间	下垫面要素	时段				
		1970～1979 年	1980～1989 年	1990～1996 年	1997～2006 年	1970～2006 年
河龙区间	梯田+林草+灌溉	0.278	0.767	1.242	1.7085	0.979
	水库+淤地坝	1.647	1.866	1.819	1.6566	1.741
泾渭洛汾	梯田+林草+灌溉	0.5861	0.6592	0.745	1.0498	0.761
	水库+淤地坝	0.9927	0.7499	0.7159	0.5255	0.748
黄河上游	梯田+林草	0.0877	0.1194	0.177	0.222（估算）	0.149
	水库+淤地坝	0.9726	1.1085	0.8068	未分析	—
	梯田+林草+灌溉	0.9518	1.5456	2.164	2.98	1.89

注：—为未分析

表 1-23　潼关以上现状下垫面在 2007～2014 年的实际减沙量　（单位：万 t）

区间	非降雨因素总减沙量	主要下垫面因素减沙量				
		水库拦沙量	淤地坝拦沙量	灌溉引沙增量	河道淤积量	林草梯田等因素减沙量
河龙区间	96 887～104 686	8 778	8 604	250	500	78 136～88 489
北洛河状头	7 657～9 824	356	673	0	100	8 000～8 410
泾河张家山	23 613～26 800	1 293	1 348	50	100	15 590～11 990
渭河咸阳	11 208～13 126	1 450	395	300	0	10 220～11 990
汾河河津	6 070～6 100	431	350	200	150	4 840～4 852
十大孔兑	885～1 117	0	120	0	0	904～1 232

续表

区间	非降雨因素总减沙量	主要下垫面因素减沙量				
		水库拦沙量	淤地坝拦沙量	灌溉引沙增量	河道淤积量	林草梯田等因素减沙量
青铜峡以上	15 440 ~ 16 812	5 780	1 036	200	0	7 800 ~ 8 360
宁蒙冲积性河段				-1 820	-940	0
中游冲积性河段				900	-260	0
潼关以上合计	161 760 ~ 178 448	18 088	12 526	80	-350	125 400 ~ 141 093

注：①“灌溉引沙增量”指现状灌溉引沙量较 20 世纪 50 年代以前的增量；②除冲积性河段外，其他河床淤积量为估算值

1.3.5　十大孔兑相关研究

有关十大孔兑水沙变化和水土保持综合治理效益方面的研究成果不很多，查阅文献后总结归纳发现，现阶段相关研究成果主要集中在四类：水土保持措施研究、治理对策及方案研究、水沙量及对黄河冲淤的影响，以及水沙变化原因及水土保持措施减沙量。从有关十大孔兑研究成果（表 1-24）可见，大多研究学者基本认为 2000 年以来十大孔兑来沙量显著减少，并且达成共识认为水土保持措施大力推进改变了下垫面条件是重要原因。

表 1-24　十大孔兑相关研究成果汇总

研究方向	研究学者、时间	研究认识
治理对策及方案研究	姬宝霖等（2014）、白羽等（2013）、赵昕等（2001）、冯国华和张庆琼（2008）、梁其春等（1996）、李立等（2017）等	提出了十大孔兑治理对策，上游实施沟道、坡面综合治理工程，中游进行防沙治沙，中下游引洪澄地，即孔兑“拦、分、滞”的治理思路
水沙量及对黄河冲淤的影响	林秀芝等（2014，2016）、吴保生（2014）	提出十大孔兑长系列水沙量及其对黄河干流淤积的影响量；认为来沙对该河段冲淤量影响最大，随上游来水量不断减少该影响越来越显著；减少该河段淤积的措施首先为减少十大孔兑入黄沙量，其次为减少干流来沙量和增加干流来水量
水土保持措施研究	管亚兵等（2016）、朱吉生等（2015）、刘晓林等（2016）	十大孔兑流域植被盖度呈现逐渐升高趋势；1998 年后实施退耕还林（草）等工程是该区植被盖度增加的主要原因；流域土地利用类型转化方式主要是土地利用从低一级覆盖草地向高一级覆盖草地转化
水沙变化原因及水土保持措施减沙量	侯素珍（2016）、刘晓燕（2016）、雷成茂等（2017）	2000 ~ 2010 年，来沙量显著减少，除与降水减少有关外，孔兑大规模治理、植被恢复和淤地坝建设，对孔兑输沙量锐减发挥了重要作用；给出十大孔兑现状下垫面在 2007 ~ 2014 年非降雨因素中各项的减沙量

1.4 评价基准年与水平年

1.4.1 评价基准年与基准期

评价基准年是评价治理措施与时间关系所采用的基准时间参数，不同的评价基准年将产生不同的评价结果。评价基准年一般选择在突变点附近，本书以区域水土保持与生态建设综合治理规模实施之前的水平作为基准，这一时间点以后实施的生态治理措施作为减沙实际状况的评价对象，评价截至当前状况下的水土保持综合治理工程减沙量，并以现实状况为基础反映未来的潜能（即未来每年可能的减沙量）。

本书以治理规模尚小的1985年以前代表相对“天然”时期，即1985年及以前作为基准年与基准期，“治理期”为1986～2018年（又可分为1986～1993年一般治理期、1999～2018年大规模治理期）。

本书所指的水土保持综合治理既包括水利部门一般概念的水土流失综合治理，同时还包括林业和草原部门实施的退耕还林还草、人工造林及沙障造林固沙措施，以及2000年以后政府实施的全域禁牧措施等。

1.4.2 评价年（水平年）

作为与基准年进行比较进而评价治理效果的年度为评价年。本书将水平年定为2018年，主要考虑两个因素，一是本研究起止年限为2017～2020年，故将研究数据统计截至为2018年12月底较为合理；二是考虑人工植物措施3年后开始逐渐发挥保持水土的作用，即2019年、2020年实施的沙棘植物治理措施在研究截至年（2020年）还没有发挥效益，工程治理措施实施当年即可发挥蓄水拦沙效益，但2019年、2020年区域沟道工程实施甚少，故确定2018年为治理效益评价年，治理措施量统计时间为1986～2018年。1985年之前与2018年以后的治理措施不在本次减沙效益计算范围内。

1.4.3 评价期

评价期为1986～2018年。按照遥感解译方法，每5年一个时段反映孔兑土地利用、植被盖度、土壤侵蚀类型与强度、水土保持治理措施变化情况。

1.4.4 评价时段

由于评价期序列长，研究时按植被盖度与治理工程规模变化的突变点为时间节点，将

1986 ~ 2018 年评价期又分为 1986 ~ 1999 年、2000 ~ 2009 年、2010 ~ 2018 年三个阶段对治理效果进行对比分析。受其间治理规模与社会经济影响，在评价期内，2000 年是全域实施禁牧的第 1 年，也是林业草原部门全面实施退耕还林还草的第 1 年，还是大面积实施人工林草措施的开始年；2005 ~ 2010 年是水利部门集中实施淤地坝坝系工程时期。通过水土流失综合治理、禁牧措施、林业草原植树种草措施，区域林草覆盖率大大增加，植被覆盖度得到提高，使 2010 年成为坡面与沟道来水来沙减小的拐点年；从图格日格、龙头拐、响沙湾三个水文站的洪水泥沙系列（1985 ~ 2019 年）观测资料可以看出，2010 年开始出现汛期没有洪水泥沙记录，之后分别于 2011 年、2015 年、2017 年出现汛期无洪水泥沙记录，而在 2010 年之前每年有大小不等的洪水泥沙数据。

1.5　研究内容和方法

1.5.1　研究内容

1.5.1.1　区域土壤侵蚀时空分布特征与驱动力分析研究

主要针对研究区三种地貌类型开展区域土壤侵蚀强度时空分布特征与驱动力分析研究；提出不同类型区、不同时段水土流失面积与土壤侵蚀强度变化情况，不同孔兑土壤侵蚀强度的植被盖度临界值；制定“鄂尔多斯丘陵区基于遥感数据的土壤水蚀简易计算技术规程”“鄂尔多斯丘陵区基于沟壑长度与流域面积土壤水蚀分级规程”2 个地方标准。

1.5.1.2　水土保持单项治理工程减沙效益研究

采用水土保持成因分析法，通过实地调查与测量，以对侵蚀产沙过程有重要影响的植被盖度、降雨强度、坡度、坡面整地工程与沟道治理工程等为主要评价指标因子，利用水土保持监测资料，通过实测法、模拟实验、试验观测与相对指标法，确定单项治理工程单位减沙指标，构建水土保持措施减沙指标体系，计算出水土保持综合治理减沙量，并分析评价不同孔兑、不同水土保持措施减沙特征和减沙贡献率，确定水土保持减沙主导因子。

1.5.1.3　水土保持综合治理减沙效益评价

主要开展十大孔兑水沙变化情势及成因分析、水土保持措施减沙效益评估、全区域综合治理减沙效益分析三个方面内容的研究。

主要提出孔兑坡面来沙与沟道河道泥沙变化特征与成因；构建适用于研究区的水文法模型、分布式产流产沙模型及河道水沙动力模型；综合评估水土保持综合治理减沙量和入黄泥沙量。

1.5.2 技术路线

1.5.2.1 研究思路

以1985年为基准年，以区域水土保持综合治理为研究对象，采用RS技术、野外调查测量与必要的试验观测手段，结合现有水文与雨量站，坡面径流小区与小流域卡口站等系列观测资料，对1986～2018年实施的水土保持综合治理工程，以及2000年以来实施禁牧措施的减沙效果进行分析评价：

1）以治理前为对照，利用卫星遥感-航空遥感-地面遥测的“天-空-地”一体化遥感手段，结合野外调查与核查、试验验证等途径，依托现有水文站、雨量站、气象站、小流域水土保持监测等系列观测资料，用实测法、试验法和模型法进行综合评判，确定治理前后不同地貌类型区（丘陵区、风沙区和平原区）土壤侵蚀时空分布、变化与驱动力，研究确定“鄂尔多斯丘陵区基于遥感数据的土壤水蚀简易计算技术规程”“鄂尔多斯丘陵区基于沟壑长度与流域面积土壤水蚀分级规程”2个地方标准。

2）以有较完整水文、治理措施资料的典型小流域为研究对象，以对侵蚀产沙过程有重要影响的降雨强度、坡度、植被盖度、坡面整地与沟道治理措施等为主要评价指标，结合水土保持系列监测资料，利用实测法、模拟试验法与水土保持法，分析坡面、沟道与区域水土保持单项治理工程减沙量及其效益；运用层次分析法构建水土保持措施减沙指标，找出减沙主导因子并进行定量化分析。

3）通过实测资料分析、调查勘测、遥感解译、模拟反演等多种方法，构建适用于研究区的水文法模型、分布式产流产沙模型及河道水沙动力模型，进而分析泥沙变化特征与成因，评估研究区水土保持综合治理减沙量，分析各项措施的减沙效益和对于减少入黄泥沙量的贡献率。

1.5.2.2 研究技术手段、途径与方法

1）以研究区遥感影像作为地物识别数据源，通过GIS和RS解译、识别提取技术，结合图斑实地调查与RTK无人机遥测，获得不同时段土地利用、地形坡度、生长季植被盖度、非生长季植被盖度和治理措施现存数量，进而建立基础数据库。

2）根据基础数据库相关资料，结合不同风速与持续时间的风洞实验、罕台川合同沟与圪坨店（黄河一级支流塔哈拉川上游）2个国家水土流失动态监测站径流系列观测资料、实测与野外调查资料，以及降雨、洪水泥沙、风日、土壤含水量与理化性状等资料，进行水蚀、风蚀模型参数率定，构建适合研究区水土流失的USLE和风蚀模型，计算区域不同时段、不同地貌土壤侵蚀类型及强度值和植被盖度侵蚀阈值。

3）根据3个水文站系列观测数据、降水量和研究成果实测数据等基本资料，通过河道输沙模型参数率定形成区域典型孔兑输沙数学模型，并计算典型孔兑河道输沙量，根据孔兑相似性分析，推导出其他无水文资料孔兑的减沙量。

4）依据基础数据库的相关资料，采用实测法、模拟实验法、研究成果相对指标法和径流监测数据进行水土保持单项工程减沙效益分析，计算获得坡面治理累计拦沙量与沟道治理累计拦沙量，同时利用历年洪水泥沙资料，采用水文比拟法，计算确定单项水土保持工程的年减沙指标。

5）依据雨量站系列观测数据、风日资料和治理措施数量，通过模型参数率定形成适用于研究区的流域水蚀、风蚀产沙耦合数学模型，计算出典型孔兑坡面沟道产沙量，进而推算出其他无资料孔兑坡面沟道减沙量，再结合3）推算出的成果（无水文资料孔兑减沙量）和4）获得的坡面治理累计拦沙量及沟道治理累计拦沙量的验证结果，最终获得研究区总减沙量，并分析确定坡面和沟道治理措施及禁牧后天然植被减沙贡献率。

6）计算植物措施减沙效益时，充分考虑林草不同植被盖度、地形坡度因素，以克服植被减沙效益跨尺度变异问题。

7）由基础数据库相关资料，形成区域遥感解译识别图斑提取技术与水力侵蚀强度计算规程标准化，制定2个地方标准，进而完善现状图斑解译识别技术体系，以精准、可靠评价水土保持治理效益。

研究技术手段、途径与方法，详见技术路线图（图1-7）。

1.5.3 研究方法

研究方法决定获取数据的精度，以及结果的合理性与可靠性。

通过解译遥感影像图斑与DEM数据获得研究期内不同时段土地利用、地形坡度、植被类型与盖度、水土保持综合治理现状数据。通过影像确定图斑的经纬度与地名，利用RTK无人机对相应区块进行实地调查与比对。对易混淆梯田与带状种植的柠条、分辨困难的鱼鳞坑、水平沟与穴状整地，以及无法判别清楚的谷坊、引洪淤地等治沟工程，通过查阅设计资料在高分影像上的定位后，分孔兑逐一核实。面上实施的人工乔灌木林、种草及封育、天然林草地的解译图斑，用2014年、2016年、2018年的高分影像（1～2m分辨率）校正，并采用典型样地实地调查。

由于本书为治理效益后评价，沟道单项治理工程减沙量主要采用逐处工程实测法获得累计淤积量，然后通过逐年水文泥沙资料比对法，计算出逐年减沙量；面上林草措施与梯田单位面积减沙量是利用不同植被盖度（郁闭度）、实地调查工程质量后，利用研究成果相对指标法计算而得；不同孔兑坡面鱼鳞坑、水平沟累计淤积量，分坡度、植被盖度利用实测法获得。

通过对面上汇流产沙模型参数、河道输沙模型参数、水文站以下入黄泥沙模型参数进行率定后，利用数学模型反演模拟，并与基准年（1985年）对比，计算综合治理的减沙量。

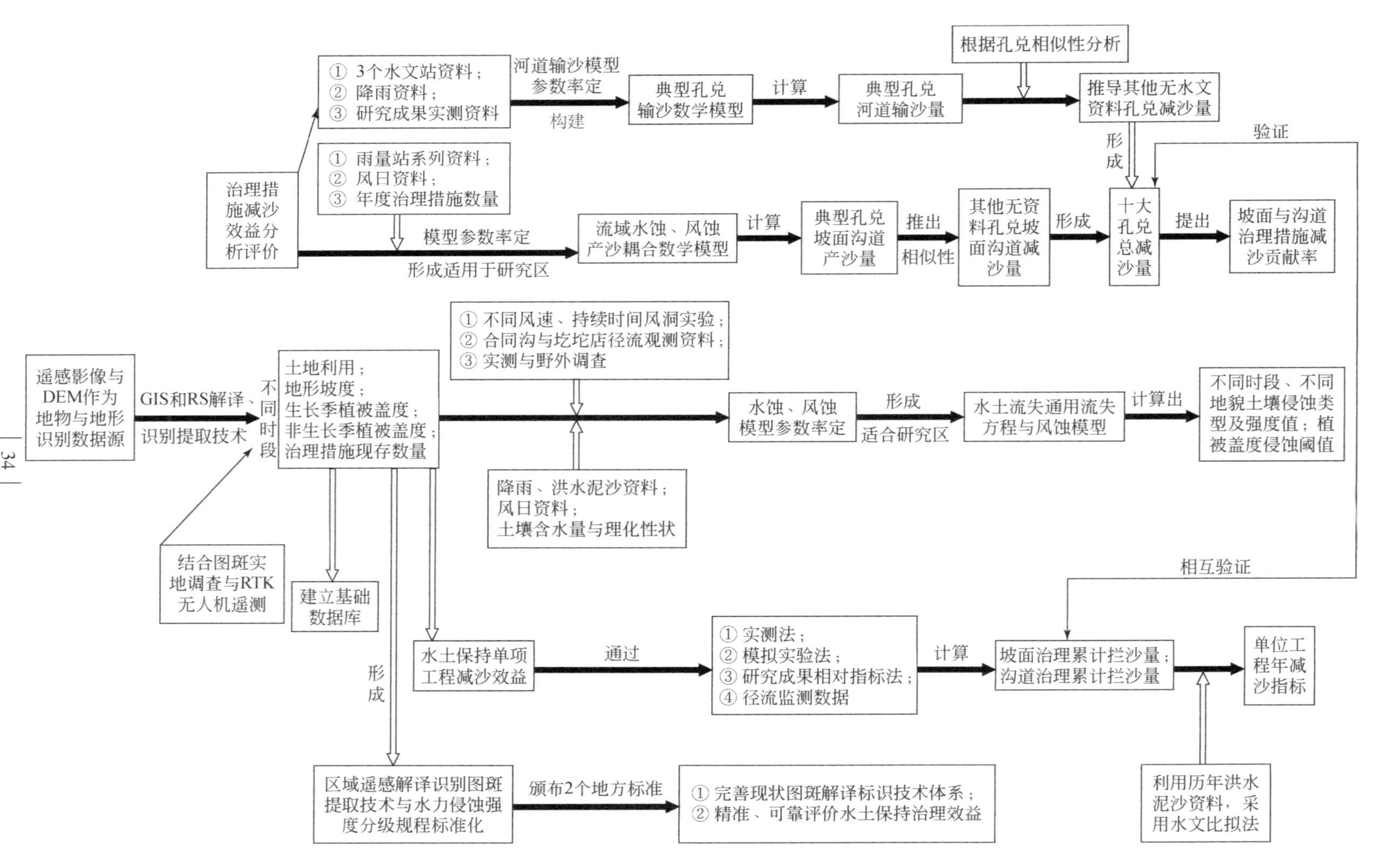

①3个水文站资料；②降雨资料；③研究成果实测资料
河道输沙模型参数率定
构建
典型孔兑输沙数学模型
计算
典型孔兑河道输沙量
根据孔兑相似性分析
推导其他无水文资料孔兑减沙量
形成
验证
治理措施减沙效益分析评价
①雨量站系列资料；②风日资料；③年度治理措施数量
模型参数率定
形成适用于研究区
流域水蚀、风蚀产沙耦合数学模型
计算
典型孔兑坡面沟道产沙量
推出
相似性
其他无资料孔兑坡面沟道减沙量
形成
十大孔兑总减沙量
提出
坡面与沟道治理措施减沙贡献率
①不同风速、持续时间风洞实验；②合同沟与圪坨店径流观测资料；③实测与野外调查
遥感影像与DEM作为地物与地形识别数据源
GIS和RS解译、识别提取技术
不同时段
土地利用；地形坡度；生长季植被盖度；非生长季植被盖度；治理措施现存数量
水蚀、风蚀模型参数率定
形成
适合研究区
水土流失通用流失方程与风蚀模型
计算出
不同时段、不同地貌土壤侵蚀类型及强度值；植被盖度侵蚀阈值
降雨、洪水泥沙资料；风日资料；土壤含水量与理化性状
结合图斑实地调查与RTK无人机遥测
建立基础数据库
相互验证
水土保持单项工程减沙效益
通过
①实测法；②模拟实验法；③研究成果相对指标法；④径流监测数据
计算
坡面治理累计拦沙量；沟道治理累计拦沙量
单位工程年减沙指标
形成
区域遥感解译识别图斑提取技术与水力侵蚀强度分级规程标准化
颁布2个地方标准
①完善现状图斑解译标识技术体系；②精准、可靠评价水土保持治理效益
利用历年洪水泥沙资料，采用水文比拟法

图1-7　技术路线图

1.5.3.1　遥感解译土壤侵蚀类型及强度时空变化分析方法

（1）数据源

研究区土壤侵蚀遥感识别与时空变化趋势研究主要涉及的数据有：MODIS 13Q1 16 d平均数据产品（分辨率250m×250m），Landsat TM/ETM/OLI数据（分辨率30m×30m）和资源3号星（分辨率2.5m×2.5m）和DEM等数据源。

其中，MODIS 13Q1 16 d平均数据产品和Landsat系列数据，整合应用于土地利用/覆盖解译（面向对象分类、监督分类和机助目视解译调整）和土壤侵蚀计算中30m NDVI计算。资源3号星用于已有沟谷治理工程和土地利用精度检查，以及不同地貌分区边界确认。地形数据采用了ASTER GDEM，分辨率30m，用于地形指数提取；SRTM DEM，分辨率90m，用于修订ASTER GDEM 30M数据中的缺省值两种数据。以上遥感数据均来源于地理空间数据云（http://www.gscloud.cn/）和美国地质调查局USGS（https://glovis.usgs.gov/）网站。

此外，还采用了水利部门提供的库坝工程与面上水土保持治理年度实施数据、主要气象站点降雨、气温、风速等系列资料，以及合同沟、圪坨店水土保持监测站近些年来国家标准试验小区观测数据。

（2）研究方法

1）土壤水力侵蚀计算。

土壤侵蚀研究采用水利部颁布的《区域水土流失动态监测技术规定（试行）》中的CSLE进行土壤水力侵蚀计算，见式（1-1）。

$$A=R\times K\times L\times S\times B\times E\times T \tag{1-1}$$

式中，A为土壤侵蚀模数［t/(hm^2·a)］；R为降雨侵蚀力因子［MJ·mm/(hm^2·h·a)］；K为土壤可蚀性因子［t·h/(MJ·mm)］；L与S为坡长因子与坡度因子（无量纲）；B为植被盖度与生物措施因子（无量纲）；E为工程措施因子（无量纲）；T为耕作措施因子（无量纲）。各因子具体计算如下：

第一，降雨侵蚀力因子R。

采用第4章式（4-1）~式（4-3）计算完成。

第二，土壤可侵蚀因子K。

采用水利部的《区域水土流失动态监测技术规定（试行）》计算完成。具体为

$$K=A/R \tag{1-2}$$

式中，A为坡长22.13m，坡度9%（5°）的清耕休闲径流小区观测的多年平均土壤侵蚀模数［t/(hm^2·a)］；R为与小区土壤侵蚀观测对应的多年平均降雨侵蚀力因子［MJ·mm/(hm^2·h·a)］。K值要求具备12年以上的连续观测资料，由于研究区内的合同沟国家水土保持监测站数据为2014~2019年的数据没有满足规定要求的12年，因此借用距研究区东边界约20km的圪坨店国家水土保持监测站2008~2013年数据，最后求平均为0.0283t·h/(MJ·mm)（表1-25）。

表 1-25　土壤可侵蚀因子

监测站	年份	侵蚀模数 /[t/(hm² · a)]	降雨侵蚀力因子/[MJ · mm/(hm² · h · a)]	土壤可蚀性因子 /[t · h/(MJ · mm)]
圪坨店	2008	52. 8	1254. 5	0. 0421
	2009	11. 8	497. 9	0. 0237
	2010	4. 4	1007. 7	0. 0044
	2011	3. 1	633. 0	0. 0049
	2012	2. 5	2498. 1	0. 0010
	2013	6. 6	1495. 0	0. 0044
合同沟	2014	2. 6	1353. 9	0. 0019
	2015	4. 3	985. 2	0. 0043
	2016	1608. 2	336. 5	0. 2092
	2017	1. 3	370. 7	0. 0035
	2018	45. 4	2189. 5	0. 0207
	2019	16. 7	846. 9	0. 0197
平均		146. 6	1122. 4	0. 0283

第三，坡长因子 L 和坡度因子 S。

采用式（1-3）~式（1-5）计算，其中坡长采用 Wischmeier 和 Smith 在 1978 年美国农业部农业手册中提出的计算方法，与 CSLE 中的坡长计算相比，其计算过程相对简单。

$$L_i = (\lambda/22.1)^m \tag{1-3}$$

$$m = \begin{cases} 0.2 & \theta \leqslant 1° \\ 0.3 & 1° < \theta \leqslant 3° \\ 0.4 & 3° < \theta \leqslant 5° \\ 0.5 & \theta > 5° \end{cases} \tag{1-4}$$

$$S = \begin{cases} 10.8\sin\theta + 0.03 & \theta < 5° \\ 16.8\sin\theta - 0.5 & 5° \leqslant \theta < 10° \\ 21.9\sin\theta - 0.96 & \theta \geqslant 10° \end{cases} \tag{1-5}$$

式中，L 为坡长因子（无量纲）；λ 为坡长（m）；θ 为坡度；S 为坡度因子（无量纲）。

第四，植被覆盖与生物措施因子 B。

采用实测地面光谱-植被盖度反演模型进行计算：

$$B = 122.69x + 16.198 \tag{1-6}$$

式中，x 为 NDVI 值；B 为植被盖度（%）。其中，NDVI 是利用 MOD13Q1（分辨率 250m）在时间尺度上的分辨率高（每 16d 一次优化产品）和对应年份 6 ~ 8 月 Landsat NDVI（分辨率 30m）空间分辨率较高的特点进行融合。融合流程参照水利部《区域水土流失动态监测技术规定（试行）》附录 7 进行，最后形成分析时段的植被盖度图。

第五，工程措施因子 E。

根据水利部《区域水土流失动态监测技术规定（试行）》中的附录5-2，十大孔兑地区有鱼鳞坑、水平沟和梯田参与赋值计算，经查表，鱼鳞坑赋值0.249，水平沟赋值0.335，坡式梯田赋值0.414，其他区域赋值1。

第六，耕作措施因子 T。

根据水利部《区域水土流失动态监测技术规定（试行）》中的附录5-2，耕作措施轮作区，十大孔兑处在03-32分区（黄土高原东部易旱喜温作物一熟区），T 因子赋值0.417，其他区域因子赋值1。

2）土壤风力侵蚀计算。

考虑到十大孔兑地区风速数据观测点空间分布不足，以及现有气象站发布数据无法统计到min，无法在大区域上采用水利部《区域水土流失动态监测技术规定（试行）》中的土壤风蚀计算公式，本书采用水利部2007年颁布的《土壤侵蚀分类分级标准》（SL 190—2007）（表1-26），对研究区沙地土壤风蚀采用式（1-7）~式（1-10）。

$$E_i = \sum (K_j \times V_{ij} \times \mathrm{SM} \times W) \tag{1-7}$$

$$\mathrm{SM} = \sqrt[2]{M_i^2} \tag{1-8}$$

$$M_i = \sqrt[2]{(P_i P_{\mathrm{mean}}) \times (T_i / T_{\mathrm{mean}})} \tag{1-9}$$

$$W = W_{di} + \sqrt[2]{W_{\mathrm{msi}} \times W_{\mathrm{maxsi}}} \tag{1-10}$$

式中，E_i 为第 i 年土壤风蚀模数［t/(km^2·a)］；K_j 为第 j 级别风蚀模数中值［t/(km^2·a)］；V_{ij} 为第 i 年第 j 级别植被盖度因子（无量纲），采用 $V_{ij}=v_{ij}/v_{j\mathrm{mean}}$ 计算（v_{ij} 为第 i 年第 j 级别植被盖度，$v_{j\mathrm{mean}}$ 为第 j 级别多年平均植被盖度）；SM为地表湿度因子；P_i 和 T_i 分别为第 i 年降水量和第 i 年平均温度；P_{mean} 和 T_{mean} 分别为多年平均降水量和多年平均温度；W 为风力因子；M_i 为第 i 年地表湿度因子（无量纲）；W_{di} 为第 i 年4~6月大于5m/s平均风速日数因子；W_{msi} 和 W_{maxsi} 分别为同期平均风速和最大风速因子。

表1-26　风力侵蚀的强度分级

级别	地表形态	植被盖度（非流沙面积）/%	风蚀厚度/(mm/a)	侵蚀模数/[t/(km^2·a)]
微度	固定沙丘、沙地和滩地	>70	<2	<200
轻度	固定沙丘、半固定沙丘、沙地	50~70	2~10	200~2 500
中度	半固定沙丘、沙地	30~50	10~25	2 500~5 000
强烈	半固定沙丘、流动沙丘、沙地	10~30	25~50	5 000~8 000
极强烈	流动沙丘、沙地	<10	50~100	8 000~15 000
剧烈	大片流动沙丘	<10	>100	>15 000

第一，地表湿度因子SM。

在风蚀公式式（1-7）中，地表湿度因子SM采用研究时段年平均温度与多年平均温度比除以年降水量与多年平均降水量比来计算（M_i），研究时段具体地表湿度因子值见表1-27。M_i 越大土壤侵蚀量越大。

表 1-27　1985～2018 年地表湿度因子

年份	年降水量/mm	年均温度/℃	年降水量/多年平均降水量	年平均温度/多年平均温度	地表湿度因子
1985	317.6	5.97	1.158	0.797	0.830
1990	347.0	7.31	1.265	0.976	0.878
1995	332.3	6.82	1.212	0.911	0.867
2000	287.5	7.28	1.049	0.972	0.963
2005	191.8	7.56	0.699	1.009	1.201
2009	229.4	8.40	0.837	1.121	1.158
2015	213.8	9.12	0.780	1.218	1.250
2018	267.3	8.92	0.975	1.191	1.105
平均	273.3	7.67	0.997	1.024	1.032

第二，风力因子 W。

风力因子 W 由平均风速日数因子（W_{di}）、平均风速因子（W_{msi}）和最大风速因子（W_{maxsi}）组成，其中 W_{di} 为第 i 年 4～6 月大于 5m/s 日平均风速日数/多年平均风速，W_{msi} 和 W_{maxsi} 分别为同期平均风速和最大风速与多年平均风速比。风力因子值见表 1-28。

表 1-28　1985～2018 年风力因子

年份	>5m/s 日数/d	平均风速	最大风速	>5m/s 日平均风速日数/多年平均风速	平均风速/多年平均风速	最大风速/多年平均风速	风力因子
1985	28	6.5	11.5	1.211	1.043	1.018	2.273
1990	21	6.3	10.5	0.908	1.011	0.929	1.848
1995	31	5.9	10.2	1.341	0.947	0.903	2.195
2000	17	6.0	10.7	0.735	0.963	0.947	1.647
2005	11	5.6	9.4	0.476	0.899	0.832	1.223
2010	10	6.3	9.4	0.432	1.018	0.835	1.282
2015	30	6.8	12.2	1.297	1.091	1.080	2.476
2018	37	6.4	11.3	1.600	1.027	1.000	2.627
平均	23.125	6.23	10.7	1.000	1.000	0.943	1.946

1.5.3.2　单项治理工程减沙指标计算方法

单项治理工程减沙量主要采用“水保法”。如前所述，“水保法”即水土保持成因分析法，通过对不同地区水土保持径流试验小区观测的水土保持措施减沙资料进行统计分析和尺度转换，确定各单项措施单位工程或单位面积减沙量，再根据各单项水土保持措施减沙指标和单项措施面积及数量，将两者相乘即得到分项水土保持措施减沙量，并考虑流域产沙在河道运行中的冲淤变化因素，即可得到流域面上水土保持与生态综合治理减沙量。采用成因分析法计算水土保持措施减沙量的公式为

$$\Delta DW_{si}=\Delta D_{Si}\cdot F_i \tag{1-11}$$

式中，ΔD_{Si}为各单项水土保持措施减沙指标（t/hm^2）；F_i为各单项水土保持措施面积（hm^2）；ΔDW_{si}为各单项水土保持措施减沙量（t）。

水土保持各类措施的减沙指标除与措施类型、质量和分布区域有关外，还与降雨与风日条件有关，在不同降雨与风速频率下，其指标会有所不同。因而，在十大孔兑的治理措施减沙相对指标体系构建中，充分考虑降雨频率、水土保持措施质量等级的影响，使用模拟试验资料修正减沙效益曲线，推得措施相对减沙指标。

利用实测法、调查法与相对指标法等，获得单项治理措施累计减沙量，通过每年水文泥沙观测数据推算出单项水土保持措施减沙指标，再利用对应年度治理措施保存面积或数量，计算出每年坡面治理和沟道治理工程拦泥沙量，再利用累加法计算出整个治理区减沙量。

利用研究区域合同沟流域水土保持监测系列观测数据与典型区域人工模拟降雨实验资料，以不同地貌类型和不同孔兑为单元，对水土保持单项治理措施（包括淤地坝、引洪淤地工程、水库、谷坊、梯田、鱼鳞坑与水平沟、人工乔灌木林、人工种草和封育等）及其减沙情况进行调查和量测，并利用解译的遥感数据统计各孔兑自 1985 年以来不同时段保存的单项工程保存面积及数量，以及对应的林草盖度或工程质量等相关信息。

对比分析降雨与风速强度、坡度、植被盖度、坡面整地与沟道治理措施等影响侵蚀产沙的重要因素，采用遥感影像判读结合野外调查核实及实地验证的方法，分别计算确定各类水土保持单项工程的减沙量。同时，根据实地调查和试验数据，结合水文泥沙站实测泥沙资料和相关研究成果，对各单项工程的减沙量与减沙效益计算结果进行验证。

（1）淤地坝

采用全面调查和逐坝测量的方法获得累计减沙量。每一淤地坝均有相关的设计参数，可通过实测淤地坝相关参数计算淤积体的体积。采用水利行业标准《水文调查规范》（SL 196—2015）中淤积体规则概化测算方法（根据淤地坝淤积体的形状，将横断面概化为规则断面的锥体和拟台体），通过测量特征要素，使用式（1-12）计算淤积体体积：

$$V=n^2LBd/[(1+n)(1+2n)] \tag{1-12}$$

式中，V为淤地坝锥体体积（m^3）；L为坝前至淤积末端的水平距离（m）；B为坝前断面淤积表面宽（m）；d为坝前最大淤积深（m）；n为淤积体横断面形状指数，淤积体横断面分别为三角形、二次抛物线形、矩形和梯形时，n相应取值为 1、2、∞ 和 1 ~ ∞ 的适当值。

选取代表性淤地坝作为分析影响淤积量计算相关因子的研究对象，通过测量坝淤积高差，结合淤地坝的设计资料，计算淤积厚度，以水位面积库容曲线为依据，查找淤积高度在曲线中对应的库容，即得出淤地坝当前的淤积量。通过两种方法验证和确定淤积体概化法中的相关参数，最终确定十大孔兑淤地坝的减沙量。

（2）引洪淤地工程

引洪淤地包括引洪沙区淤地与引洪河岸造地。采用全面调查和逐个测量的方法，确定

引洪淤地工程减沙量。根据实地调查数据，结合设计资料，计算每处引洪淤地工程从建成至2020年的减沙量，作为沟道减沙效益分析的重要补充。引洪淤地工程的减沙量采用式（1-13）计算：

$$W_{引}=F_{引}\Delta H\cdot\gamma \tag{1-13}$$

式中，$W_{引}$为每处引洪淤地的减沙量（万 t）；$F_{引}$为每处引洪淤地的淤积面积（hm^2）；ΔH为每处引洪淤地的淤积高度（m）；γ为土壤容重，1.35g/cm^3。

引洪沙区淤地。利用2019年国土资源第三次调查影像（分辨率0.5m）与2011年出版的万分之一地形图查找图斑，通过点对点核查，统计保存数量。因为没有原地形地貌资料，无法直接测量其淤积厚度，因此采用典型剖面法，通过分析剖面土层土质，并走访调查当地知情者来确定淤积厚度；利用上海华测 i80GPS（RTK）、水准仪、塔尺、钢尺等工具实测淤地面积。

引洪河岸造地。利用2019年国土资源第三次调查影像（分辨率0.5m）与2011年出版的万分之一地形图查找图斑，通过点对点核查，统计保存数量。使用 RTK 全站仪，对每处保存的引洪河岸造地面积进行测量。在每处淤积面上根据淤积面的淤积地形选取四周和中间5个区域进行高程测量，每个区域选取3个以上的点位，测量与原河槽的高程差即淤积体的淤积厚度，各淤积体选择点位一般为23～29个。计算各点位高差，确定平均淤积厚度，乘以对应的淤积面积计算每处引洪河岸造地减沙量。

十大孔兑引洪淤地工程总减沙量是每处引洪淤地实测减沙量之和。

（3）水库

采用全面调查和逐库测量的方法，确定水库累计减沙量。根据实地调查数据，结合设计资料，计算每座水库从建成至2020年的减沙量作为沟道减沙量分析计算的重要补充。

（4）谷坊

采用典型调查和实地测量的方法，确定谷坊的累计减沙量。按照沟道建设单谷坊与谷坊群的不同布设形式，选取大、中、小典型谷坊测量其累计淤积量，每条孔兑、每个实施年度选取的实测数占保存数的15%～48%，计算出实施年度单坝平均累计淤积量值，用该实施年度单坝平均淤积量与保存数，计算相同实施年度保存谷坊的淤积量，最终得出孔兑对应实施年度保存谷坊的总淤积量。

由于谷坊没有相关设计参数，在实测每个谷坊的累计淤积量时，通过绘制谷坊所在位置的沟道上下游平面形状图和淤积体纵断面图，测出 U 形或宽浅形沟道的谷坊淤积纵断面面积、淤积宽度，以及 V 形沟的谷坊坝前淤积宽度、淤积厚度与淤积长度，并使用0.5～1m 分辨率影像资料，结合1：10 000 地形图沟绘谷坊上游的汇水面积。

U 形或宽浅形沟谷坊的减沙量采用式（1-14）计算：

$$W_{U谷}=F_{谷}\cdot D\cdot\gamma \tag{1-14}$$

式中，$W_{U谷}$为 U 形或宽浅形沟的谷坊的减沙量（万 t）；$F_{谷}$为 U 形沟的或宽浅形谷坊的淤积体纵断面面积（hm^2）；D为 U 形的或宽浅形的谷坊的平均淤积宽度（m）；γ为土壤容重，1.35g/cm^3。

V 形沟的谷坊减沙量采用式（1-15）计算：

$$W_{V谷}=\frac{1}{3}\cdot\left(\frac{1}{2}D\cdot L\right)\cdot H\cdot\gamma \tag{1-15}$$

式中，$W_{V谷}$为 V 形沟的谷坊减沙量（t）；D 为 V 形沟的谷坊坝底的平均淤积宽度（m）；H 为淤积厚度（m）；L 为淤积长度（m）；r 为土壤容重，1.35g/cm^3。

采用2018 年高分影像图（0.5～1m 分辨率）和 1：10 000 地形图，结合地方水利局提供的谷坊实施时的相关资料，查找图斑，统计保存数量；通过测量坝顶高程（2～4 个点），溢洪道高程（1～2 个点），坝下原沟道高程（2～4 个点），坝后淤积面高程（坝前 2～4 点、坝中 1～2 个点、淤积线最远处中心线 4～8 个点，以及沿淤积面周边 10～20 个点）等数据，获取减沙量计算的相关参数。

（5）梯田

采用卫星遥感影像解译结合当地水土保持措施实施等相关资料（水利普查数据）获取研究区不同时期梯田的建设规模及其空间分布。为提高数据的准确性和合理性，采用 2018 年高分影像图（0.5～1m 分辨率）结合地方水利局提供的梯田实施时的相关资料，查找图斑，进行全面调查、量测，并统计现状保存数量。

以梯田集中分布区域为研究对象，调查梯田质量及建成时间。通过对不同孔兑的梯田进行实地调查，确定其田面宽度、田面坡度、有无地边埂，以及保存完整率，由此确定梯田的质量等级。采用相对指标法计算梯田的减沙量。梯田的减沙量根据梯田各时期保存面积乘以相对指标乘以对应流域侵蚀模数得到。计算公式如下：

$$W_{梯}=F_{梯}\cdot A\cdot\alpha/100 \tag{1-16}$$

式中，$W_{梯}$为梯田的减沙量（万 t）；$F_{梯}$为梯田的保存面积（hm^2）；A 为土壤侵蚀模数［t/(km^2·a)］；α 为相对减沙指标（%）。

（6）鱼鳞坑与水平沟

鱼鳞坑与水平沟是研究区坡面水土保持整地的主要工程措施。采用实地测量法，对每条孔兑分年度实施坡面整地的典型坡地分别进行调查，结合无人机航拍获取调查地块周边的基本信息，完成鱼鳞坑与水平沟拦泥淤积量调查和计算；同时分析计算各孔兑鱼鳞坑和水平沟的年均减沙量，最终计算出整个研究区此类工程的减沙量与减沙效益。

在每个孔兑选取典型调查样地，按照对角线调查的方法，通过实地观测得到整个样地内鱼鳞坑与水平沟的平均淤积厚度，根据鱼鳞坑与水平沟的实施时间和设计规格，计算该时间段整个样地鱼鳞坑与水平沟的减沙量，从而求出单位面积年平均减沙量。最终利用水土保持措施面积分布数据计算十大孔兑鱼鳞坑与水平沟的减沙量。

（7）人工种草与封育

人工种草与封育措施减沙量计算采用相对指标法进行，首先引用相关区域的研究成果，获取不同盖度下的草地减沙量同坡地减沙量的相关关系［参考熊运阜等（1996）的研究结果］，然后利用研究区监测站点有限的径流小区实测数据，结合人工模拟降雨产沙实验，通过整理和分析计算，得到一定盖度条件下坡面产沙量和草地减沙量关系的修正点，进而对草地减沙指标进行修正后重新点绘出草地减沙效益指标曲线。

将得到的不同植被盖度的草地减沙效益进行拟合回归，使用内插法得到任意植被盖度与减沙效益的关系曲线，以及不同植被盖度分级区间的平均减沙效益，统计区域 1986 ~ 2018 年不同时段种草与封育措施实施面积，提取对应时期不同盖度的面积，同时根据对应区域的土壤侵蚀模数，计算研究区各孔兑草地措施的减沙量。

计算公式如下：

$$W_{草} = F_{草} \cdot A \cdot \alpha/100 \tag{1-17}$$

式中，$W_{草}$为人工种草与封育的减沙量（万 t）；$F_{草}$为不同盖度种草与封育的保存面积，(hm^2)；A 为土壤侵蚀模数 [$t/(km^2 \cdot a)$]；α 为相对减沙指标（%）。

(8) 人工乔灌林

人工乔灌林措施的减沙量采用相对指标法进行计算，引用相关研究成果，获取不同郁闭度下的林地相对减沙指标［参考熊运阜等（1996）的研究结果］。将得到的不同郁闭度林地减沙效益进行拟合回归，用内插法得到任意郁闭度与减沙效益的关系，以及不同盖度分级区间的平均减沙效益，统计研究区 1986 ~ 2018 年不同时段林地水土保持措施实施面积，利用 ArcGIS 提取对应时期不同林地郁闭度的面积，同时根据对应的土壤侵蚀模数，计算研究区各孔兑林地措施的减沙量。计算公式如下：

$$W_{林} = F_{林} \cdot A \cdot \alpha/100 \tag{1-18}$$

式中，$W_{林}$为林地的减沙量（万 t）；$F_{林}$为不同郁闭度林地的保存面积（hm^2）；A 为土壤侵蚀模数 [$t/(km^2 \cdot a)$]；α 为林地不同郁闭度的相对减沙指标（%）。

1.5.3.3 水土保持治理减沙效益模型评估方法

采用水文模型方法评估水土保持措施减沙效益，主要是通过统计分析、数值模拟、遥感解译等研究手段，建立基于研究区降雨-径流-泥沙关系的水文法评估模型，明晰孔兑水沙变化成因；完善适用于研究区不同时空尺度的分布式产沙模型，进行模型模拟与反演，提出单项水土保持措施减沙效益；通过对高含沙条件下水沙输运特点的剖析，率定河道冲淤数学模型中相关参数，计算不同时期孔兑河道的冲淤分布，分析水土保持措施对孔兑入黄泥沙的综合影响；利用综合分析方法，对计算成果的合理性进行评价，在合理性评价的基础上，提出孔兑减沙量和单项措施减沙量，并综合评价十大孔兑水土保持措施对减少入黄泥沙的贡献率。研究方法见路线图 1-8。

1）水沙变化情势及成因分析方法。该方法主要基于实测资料分析、机理研究、数学模型计算等多种技术手段，分析孔兑降雨、水沙、降雨-径流-输沙等水文要素的变化特征，通过建立各水文要素间的关系，构建水文法评估模型，提出不同时段现状下垫面的减沙效益。

2）水土保持措施减沙效益评估方法。该方法是通过资料收集和处理，分析不同时期水土保持措施空间分布格局特征；改进适用于研究区的不同时空尺度分布式产沙模型，通过模型模拟与反演，提出各项水土保持措施减沙效益。

3）率定和验证孔兑河道冲淤数学模型，对上游支流产生的洪沙进入孔兑河道引起的冲淤分布开展数值模拟，定量回答孔兑综合治理对入黄泥沙的影响量。

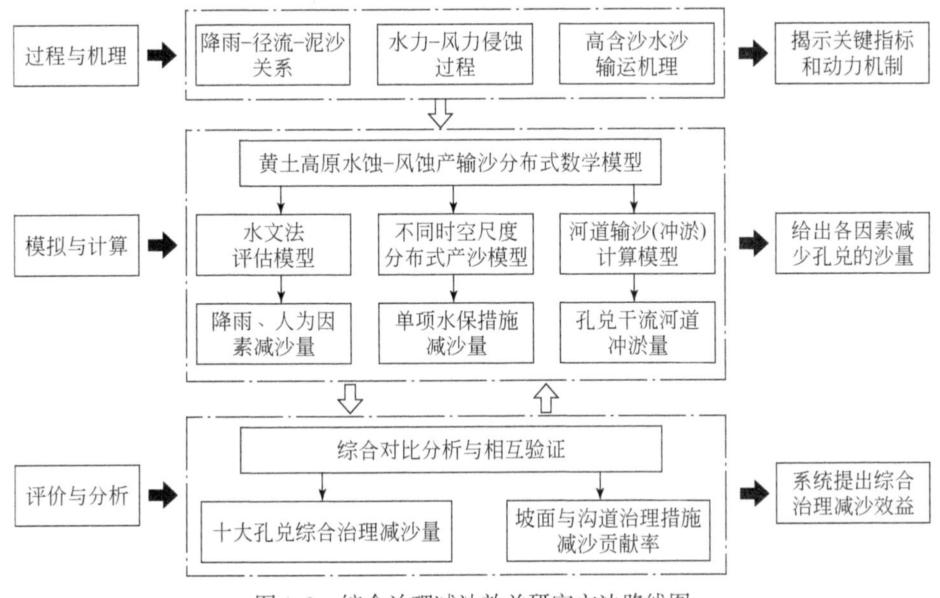

图 1-8 综合治理减沙效益研究方法路线图

4）区域综合治理减沙效益评价分析方法。该方法以多种方法的计算成果为基础进行相互检验，分析本方法计算结果的合理性；进而整体分析孔兑减沙量和各项措施减沙量的合理性。

5）利用水文分析法计算水土保持措施减沙量，计算方法如下。

面上治理措施减沙量：
$$\Delta W_{面上措施} = W_1 - W_2 \tag{1-19}$$
式中，W_1 为评价年的降雨在基准年下垫面条件下的侵蚀产沙量；W_2 为评价年降雨在评价当年下垫面条件下的侵蚀产沙量。

研究区总减沙量：
$$\Delta W = \Delta W_{面上措施} + \Delta W_{坝库拦截} \tag{1-20}$$
式中，$\Delta W_{坝库拦截}$ 为沟道工程拦沙实测量。

沟道治理工程拦沙贡献率：
$$\rho_{坝库拦截} = \frac{\Delta W_{坝库拦截}}{\Delta W} \times 100\% \tag{1-21}$$

面上治理减沙贡献率：
$$\rho_{面上措施} = \frac{\Delta W_{面上措施}}{\Delta W} \times 100\% \tag{1-22}$$

1.5.3.4 孔兑沟岸沙丘入河量与沙障林草固沙阻沙量研究方法

研究区十条孔兑穿越库布齐沙漠段，由于风力作用，两岸流动沙丘每年进入孔兑河道的沙量，在洪水期由洪水挟带进入孔兑下游并进入黄河，造成黄河含沙量增高。1990 年以来，林业、水利相关部门对穿越库布齐沙漠的孔兑两岸流动沙丘实施以沙障造林为主的流沙综合工程，近年来罕台川以东的各孔兑两岸沙丘逐步治理，由流动沙丘变为半固定、固定沙丘，罕台川以西的各孔兑左岸沙丘仍很活跃。

研究孔兑沟岸沙丘入河沙量的方法，主要是通过 RS 技术，利用 2014 年、2016 年、

2018 年的高分辨率卫星影像判读，结合 Google Earth 遥感影像数据（2014～2018 年）与 RTK 无人机实地测量，引用相关研究成果，计算不同孔兑左岸沙丘整体推进量、塌岸量，以及防风治沙工程固定沙量。

（1）孔兑穿越风沙区长度的确定

孔兑穿越沙区长度从上游出现流动沙丘开始至下游流动沙丘消失为止，采用 2018 年北京二号卫星数据和近期 Google Earth 遥感影像数据进行目视解译，解译完成后到实地进行现场校核修正，见表 1-29。

表 1-29　孔兑的穿越沙区长度　（单位：m）

孔兑名称	穿越沙区长度
	左岸
罕台川	13 811
西柳沟	16 281
黑赖沟	10 317
布日嘎斯太沟	8 812
毛不拉孔兑	25 041
母花沟	11 785
东柳沟	14 454
壕庆河	10 646

注：哈什拉川和呼斯太河左岸无流动沙丘，不参与计算

（2）孔兑左岸沙障林草面积确定

根据张奎壁和邹收益（1990）等相关研究结果，在穿沙公路上风侧 1km 布设沙障造林可有效降低沙漠对公路的影响。同理，上风侧 1km 内的沙障林草可有效降低沙漠对孔兑河道的影响。因此，对 2018 年北京二号卫星数据进行辐射校正、大气校正和正射校正后，计算其 NDVI，解译孔兑左岸 1km 范围内已实施的沙障林草面积，经目视和现场校核修正后确定孔兑左岸沙障林草面积（表 1-30）。

NDVI 的计算公式见式（1-23）：

$$NDVI=(\rho_{NIR}-\rho_{Red})/(\rho_{NIR}+\rho_{Red}) \tag{1-23}$$

式中，ρ_{NIR}和ρ_{Red}分别为对应卫星数据的近红外波段和红光波段的光谱反射率均值。

表 1-30　孔兑左岸沙障林草面积

孔兑名称	左岸 1km 范围内		
	沙障林草面积/hm²	总面积/hm²	治理占总面积比例/%
罕台川	439. 91	1298. 17	33. 89
西柳沟	333. 2	1320. 75	25. 23
黑赖沟	182. 94	862. 43	21. 21

续表

孔兑名称	左岸1km范围内		
	沙障林草面积/hm^2	总面积/hm^2	治理占总面积比例/%
布日嘎斯太沟	64.93	554.53	11.71
毛不拉孔兑	616.56	2440.86	25.26
母花沟	553.88	980.35	56.50
东柳沟	555.34	1116.81	49.73
壕庆河	573.52	958.14	59.86

注：哈什拉川和呼斯太河左岸无流动沙丘，不参与计算

（3）孔兑左岸沙丘滑动面变化解译

对卫星数据进行辐射校正、大气校正、正射校正、影像融合和影像配准后，采用目视解译的方法，解译出2014年、2016年和2018年孔兑左岸流动沙丘的滑动面，经现场校核修正后，在ArcGIS中计算2014～2016年和2016～2018年孔兑左岸沙丘的平均推进距离和平均塌岸距离。

（4）孔兑左岸沙丘推进量与塌岸量计算方法

采用RTK无人机对沙丘变化区域进行实地测量，通过Pix4D软件获得沙丘变化区域的三维模型和高程DSM影像（水平±0.1m，垂直±0.1m），在ArcGIS软件中计算沙丘变化的体积。用环刀法测得各孔兑流动沙丘坡中（取样深度10～20cm）土壤容重(表1-31)。

表1-31　孔兑沙丘土壤容重

孔兑名称	流沙平均容重/(g/cm^3)	流沙平均孔隙度/%
罕台川	1.55	0.414
西柳沟	1.53	0.408
黑赖沟	1.49	0.412
布日嘎斯太沟	1.53	0.408
毛不拉孔兑	1.54	0.413
母花沟	1.50	0.414
东柳沟	1.49	0.413
壕庆河	1.54	0.413

注：哈什拉川和呼斯太河左岸无流动沙丘，不参与计算

用土壤容重×沙丘变化的体积得出各孔兑沙丘的推进量与塌岸量，计算公式如下：

$$M_{ij}=S_{ij}\times h_i\times \rho_b \tag{1-24}$$

式中，M_{ij}为j时间段内第i块沙丘的推进量或塌岸量；S_{ij}为j时间段第i块沙丘两条沙线围成的面积；h_i为第i块沙丘的平均高度；ρ_b为明沙土壤容重。

1.6 主要成果

1.6.1 土壤侵蚀与植被时空变化规律

1.6.1.1 土壤侵蚀变化规律

1）丘陵区土地面积约为4858.01km^2，土壤侵蚀面积4629.00km^2。1985～2018年，水力侵蚀面积由占土地总面积的94.6%降到91.3%，最低降至2015年的82.2%，土壤侵蚀面积总体为波动式显著下降趋势（$P>0.05$）。侵蚀强度表现出明显的下降趋势（$P<0.05$），2018年土壤侵蚀模数较1985年降低了50.73%；其中微度与轻度侵蚀面积增加明显，由治理前的13.7%提高至治理后的42.1%，中度侵蚀面积由治理前的13.3%提高至治理后30%，强烈侵蚀、极强烈侵蚀和剧烈侵蚀面积呈下降趋势。

土壤侵蚀强度以轻中度侵蚀为主，轻度侵蚀面积2227.87km^2，中度侵蚀面积为1216.61km^2，二者合计占总面积比例在70%以上。从时空变化特点来看，土壤侵蚀强度在空间上呈自西部向东部增加趋势，具有明显区域分异性。在时间变化上，土壤侵蚀强度呈减少趋势，虽然在个别年份出现增加，但究其原因是当年降水量异常偏高。在水力侵蚀为主的区域，降雨侵蚀力对水力侵蚀模数的影响显著，其中对地形起伏较大区域的影响要大于地形起伏小的区域（平原区）。

2）风沙区土地面积约为3988.12km^2，从土壤风力侵蚀面积变化来看，风沙区在研究时段内全部处在风蚀状态，其中轻度侵蚀面积在1985年治理前没有，现在轻度侵蚀面积为63.11km^2，中度侵蚀面积由117.04km^{2}增加到了838.92km^2，而强烈侵蚀和极强烈侵蚀面积呈波动式变化，剧烈侵蚀面积由2412.13km^{2}减少到了1948.34km^2。

1985～2018年，风沙区平均土壤侵蚀模数为7614.8t/(km^2·a)，在研究时段内其风力侵蚀强度为5379.8～10 144.7t/(km^2·a)。2018年土壤侵蚀模数较1985年降低了3458.6t/(km^2·a)，减少39.13%，是研究区三种地貌类型中侵蚀模数减少幅度最大的；风蚀强度空间分异呈现由西向东减少趋势；在时间尺度上，该区风蚀强度呈减少趋势，个别年份偏高与当年风力状况偏高有关。

3）平原区总土地面积约为1920.88km^2，从土壤侵蚀面积变化来看，1995年土壤侵蚀面积最大，为1302.1km^2，占总土地面积67.79%；2000年土壤侵蚀面积最小，为511.1km^2，占该区总土地面积26.61%。侵蚀强度除微度侵蚀呈增加趋势外，其他均呈下降趋势；1985～2018年平均土壤侵蚀模数为1510.5t/(km^2·a)。2000年土壤侵蚀模数最小，为769.8t/(km^2·a)；1995年土壤侵蚀模数最大，为2334.6t/(km^2·a)。从时间尺度上，土壤侵蚀强度表现为下降趋势，但变化波动较小，空间分异不明显。

1.6.1.2 治理前后植被盖度变化规律

孔兑上中游区域的植物生长季植被盖度以15%～45%为主，面积7656km^2，占总面积的71.2%；45%以上盖度面积为2269km²，占总面积的21.1%；小于15%盖度占总面积的7.7%。

由于2000年以来全域实施禁牧，以及林业和草原部门大面积实施的人工林草（含风沙区沙障林草），植被盖度有较大幅度提高。通过遥感分析，植被盖度在2000～2009年呈缓慢增加趋势，盖度由平均14.4%增加到19.4%，2009年后植被盖度进入快速增加期，由19.4%增加到2018年的32.0%；<15%、15%～30%、30%～45%的植被盖度面积变化呈下降趋势，45%～60%、60%～75%、>75%的植被盖度面积呈增加趋势。

自2000年实施全域禁牧措施以来，区域天然林草地盖度大大增加，天然草地植被盖度由禁牧前平均10%提高至2018年的27%。

1.6.1.3　土壤侵蚀植被盖度阈值

在全域控制性植被类型（草地）条件下，土壤侵蚀模数随植被盖度增加呈极显著抛物线型变化趋势（$P<0.001$）。在坡度级别分别为<5°、5°～10°和>10°时，土壤侵蚀模数分别为1818t/(km²·a)、3429t/(km²·a)和7456t/(km²·a)，对应的植被盖度分别为11.42%、16.51%和16.5%。在不考虑植被类型异质性的前提下，丘陵区土壤水力侵蚀植被盖度临界值变化在35.56%～47.65%；风沙区土壤风力侵蚀植被盖度临界值变化在31.22%～46.91%。

1.6.1.4　孔兑左岸沙丘进入河道量

2014～2018年，孔兑左岸沙丘平均每年向前推进距离为1.88m，最大为毛不拉孔兑(2.79m/a)，最小为西柳沟和母花沟，平均每年为1.25m和1.18m；每年向前推进沙量平均为7.62万t，最大为毛不拉孔兑，为15.50万t；最小为母花沟，为1.15万t。

2014～2018年，孔兑左岸平均每年塌岸宽度为2.74m，最大为西柳沟，为6.91m；最小为壕庆河，为0.93m；平均每年塌岸量为9.57万t，最大为西柳沟，为46.81万t；最小为壕庆河，为0.94万t。

沙障林草防风阻沙有效防治孔兑左岸沙丘前移，河道上风侧沙障林草覆盖率高的孔兑，其沙丘推进量明显小于覆盖率低的孔兑。

1.6.2　"水保法"计算单项治理工程减沙指标与综合治理减沙量

1）1986年以来实施且保存的主要治理措施包括：人工乔灌林194 587.29hm²（包括乔木林44 401.43hm²、灌木林152 203.86hm²），封育83 920.82hm²，梯田1601.88hm²，引洪淤地97处（面积2119.39hm²），淤地坝354座（淤积面积2225.81hm²），谷坊650座，水库19座（有泥沙淤积的11座），治理度为33.5%（占2018年丘陵区与风沙区流失面积比例）。另外，2000年实施全域禁牧后，天然林草得以修复，修复的天然林草地面积431 877.18hm²，丘陵区植被盖度由2000年的9%提高到25%，中部风沙区植被盖度由11%提高到30%。

2）1986～2018 年，水土保持综合治理措施累计减沙量 30 666.30 万 t，其中面上治理减沙量 12 114.65 万 t（包括乔木林减沙 1813.38 万 t、灌木林减沙 6530.82 万 t、梯田减沙 128.23 万 t、封育减沙 1783.63 万 t、鱼鳞坑与水平沟减沙 1858.59 万 t），沟道治理工程减沙 5995.13 万 t（包括引洪淤地减沙 1460.15 万 t、淤地坝减沙 3205.61 万 t、谷坊减沙 146.61 万 t、水库减沙 1182.76 万 t），禁牧修复的天然林草地减沙 12 556.52 万 t。

沟道治理工程减沙贡献率为 19.55%，面上治理减沙贡献率为 39.50%，天然林草地贡献率为 40.95%。

在评价期三个时段的水土保持治理减沙量为：1986～1999 年减沙量 10 339.80 万 t、2000～2009 年减沙量 8397.64 万 t、2010～2018 年减沙量 11 928.86 万 t，三个时段的减沙贡献率分别为 33.72%、27.38%、38.90%。

3）单项治理工程单位减沙指标分别为：乔木林 36.83t/hm^2，灌木林 35.00t/hm^2，封育 23.77t/hm^2，梯田 44.56t/hm^2；淤地坝平均为 19 342.49t/座（骨干坝 8700～19 800t/座、中型淤地坝 4300～9000t/座、小型坝 600～1600t/座），谷坊 450.89t/座；引洪造地与引洪淤地单位淤积量分别 3495.88t/hm^2、5913.70t/hm^2（一般 2～3 年淤成）。

4）淤地坝淤积能力。依据 2010～2018 年水沙实测资料，计算在现状水沙条件下不同类型淤地坝剩余淤积库容的淤积年限：骨干坝为 7～20 年、中型坝为 10～21 年、小型坝为 12～17 年，而设计规范中的骨干坝、中型坝、小型坝设计淤积年限分别为 10～30 年、10～20 年、5～10 年，由此可见，在后续布设沟道工程时，应根据上游植被恢复状况和降雨径流侵蚀产沙关系，有序建设，使淤地坝真正起到其应有的作用。

1.6.3 数学模型计算综合治理减沙效益成果

1）选取了毛不拉孔兑、西柳沟及罕台川典型孔兑年雨量、汛期雨量、主汛期雨量、>10mm雨量、>25mm 雨量、>50mm 雨量、最大 1 日雨量、最大 3 日雨量、最大 5 日雨量等降雨特征值进行了孔兑降雨分析。采用线性倾向估计、Mann-Kendall 趋势检验法分析了典型孔兑的水沙变化趋势，采用 Mann-Kendall 法、累积距平法、有序聚类法 3 种计算方法综合确定了典型孔兑水沙序列突变年份。构建了典型孔兑不同年代年降雨–径流关系 $W=f(P)$、汛期降雨–径流关系 $W_X=f(P_X)$、径流–输沙关系 $W_{XS}=f(W_X)$。

2）构建了分布式流域风水复合侵蚀模型，以 1985 年下垫面为基准年，计算 1986～2018 年降雨在基准年下垫面和当年（评价年）下垫面条件下的侵蚀产沙量及其空间分布，分析计算了 1986～2018 年下垫面变化的减沙效益。基于分析基准年和评价年侵蚀产沙差值及其空间分布，利用 ArcGIS 的空间分析功能，统计了各项水土保持措施的减沙量及其贡献率。

3）构建了孔兑河道一水沙动力数学模型。基于分布式流域风水复合侵蚀模型输出的水沙条件，计算 1986～2018 年逐年下垫面变化的孔兑河道冲淤变化，给出流域产流产沙经河道调节后进入黄河的水沙量，评估孔兑综合治理对减少入黄泥沙的作用。

4）毛不拉孔兑、西柳沟及罕台川径流量和输沙量均随时间呈下降趋势，平均每 10 年减少量：西柳沟分别为298.3万m^3和48.0万t，毛不拉孔兑分别为580.6万m^3和282.5万t，罕台川分别为110.7万m^3和50.1万t；同时，采用Mann-kendall趋势检验法判断各孔兑径流和输沙下降趋势的显著程度，西柳沟和毛不拉孔兑年下降趋势明显，而罕台川下降趋势不明显。西柳沟径流与输沙序列突变年份都为1998年，毛不拉孔兑径流、输沙序列突变年份分别为1998年、2004年，罕台川径流与输沙序列突变年份也都为1998年。

罕台川、西柳沟、毛不拉孔兑和东柳沟四条典型孔兑治理程度由高到低，因此其减沙效果也由大到小，1986～2018年减沙率（减沙量/侵蚀产沙量）依次为33.5%、17.8%、17.8%和14.4%。

采用输沙模数和不同治理措施减沙模数2种推算方法，计算了无资料6条孔兑面上减沙量和各项水土保持措施减沙的贡献率，以及水文站以上区域的减沙量和减少进入黄河的泥沙量，综合得到了十大孔兑全域减沙量、水文站减沙量和减少入黄沙量，以及各项水土保持措施的贡献率。

5）1986～2018年水土保持综合治理减沙总量30 657.2万t，年均约929万t，其中面上治理贡献率和天然林草地贡献率较大，分别为36.8%和43.6%，沟道治理工程拦沙贡献率为19.6%。水土保持生态综合治理效果不能简单地说是哪一项工程的单一作用，因为这是系统治理的结果。根据植被垂直结构的水土保持功能研究结果（近地表植被对水土流失的影响显著，且以冠层的减流减沙贡献率最大），面上林草植被盖度增大，拦蓄雨水能力加强，地表径流减少，侵蚀得到控制，面上治理成效显著。沟道库坝工程蓄水拦泥作用大、见效快，前期蓄水用水、后期淤地用地，在丘陵区减洪减沙方面发挥着关键性的作用。

面上治理减沙贡献率随着措施的实施在逐步增加，由1986～1999年14.4%增加到2010～2018年的52.6%；沟道治理工程和修复的天然林草地贡献率在逐渐减少，沟道治理工程贡献率由32.4%降低到11.1%，天然林草地贡献率由53.2%降低到36.3%。其中，

第一，水文站控制点以上区域，1986～2018年水土保持综合治理累计减沙量为28 298.3万t，年均857.5万t；减沙量最大的时段是2010～2018年，年均减沙1457.8万t，占总减沙量的46.3%；1986～1999年和2000～2009年年均减沙量分别为7066.5万t和8112.0万t，分别占总减沙量的25.0%和28.7%。减沙量较大的是西柳沟、罕台川和哈什拉川，减沙量均占到区域总减沙量的15%以上；毛不拉孔兑和黑赖沟占总减沙量的比例在10%左右；其他几条孔兑减沙量较小，占比在3.6%~6.9%。

第二，减少进入黄河的泥沙量，1986～2018年总减沙量为26 058.62万t，年均789.7万t。1986～1999年、2000～2009年和2010～2018年的年均减沙量分别为527.0万t、656.1万t和1346.6万t，2010～2018年减沙效益最大，占到46.5%。

6）治理前后入黄泥沙量。由孔兑水文站出口控制断面的实测数据计算毛不拉孔兑、西柳沟、罕台川三个孔兑年入黄输沙量，其他孔兑入黄输沙量采用流域面积、下垫面、土壤侵蚀模数加权平均方法估算输沙量。选择数学模型反演模拟的方法推算孔兑入黄泥沙量，推算结果为：十大孔兑治理前基准年（1985年），年均入黄泥沙量为3133.6万t；经1986～2018年水土保持综合治理后，年均入黄泥沙量为2204.6万t。

1.6.4 形成2个地方标准与2项专利

1）“鄂尔多斯丘陵区基于沟壑长度与流域面积土壤水蚀分级规程”“鄂尔多斯丘陵区基于遥感数据的土壤水蚀简易计算技术规程”2个地方标准。

2）耦合不同时空尺度模型的流域侵蚀产沙量预测方法（ZL 201810574833.7），一种多空间尺度流域产流产沙预测方法及装置（ZL 201810575142.9）。

参考文献

白羽，谢占有，周毓鹃．2013．浅谈达拉特旗十大孔兑综合治理［J］．内蒙古水利，(2)：63-64．
蔡强国，刘纪根．2003．关于我国土壤侵蚀模型研究进展［J］．地理科学进展，(3)：142-150．
陈锐银，严冬春，文安邦，等．2020．基于GIS/CSLE的四川省水土流失重点防治区土壤侵蚀研究［J］．水土保持学报，34（1）：17-26．
冯国华，张庆琼．2008．十大孔兑综合治理与黄河内蒙古段度汛安全［J］．中国水土保持，(4)：8-10．
付凌．2007．黄土高原典型流域淤地坝减水减沙作用研究［D］．南京：河海大学．
高云飞，郭玉涛，刘晓燕，等．2014．陕北黄河中游淤地坝拦沙功能失效的判断标准［J］．地理学报，69（1）：73-79．
高云飞，郭玉涛，刘晓燕，等．2014．陕北黄河中游淤地坝拦沙功能失效的判断标准［J］．地理学报，69（1）：73-79．
管亚兵，杨胜天，周旭．2016．黄河十大孔兑流域林草植被覆盖度的遥感估算及其动态研究［J］．北京师范大学学报（自然科学版），52（4）：458-465．
侯素珍，刘晓燕，万小刚，等．2020．西柳沟暴雨洪水输沙分析［J］．泥沙研究，(6)：53-58．
侯喜禄，白岗栓，曹清玉．1996．黄土丘陵区森林保持水土效益及其机理的研究［J］．水土保持研究，(2)：98-103．
侯喜禄，曹清玉．1990．陕北黄土丘陵沟壑区植被减沙效益研究［J］．水土保持通报，(2)：33-40．
黄河水利委员会．1997．黄河流域水沙保持研究［M］．郑州：黄河水利出版社．
姬宝霖，吕忠义，申向东，等．2004．内蒙古达拉特旗十大孔兑综合治理方案研究［J］．人民黄河，26（1）：31-36．
江忠善，郑粉莉，武敏．2005．中国坡面水蚀预报模型研究［J］．泥沙研究，(4)：1-6．
焦菊英，王万中，李靖．1999．黄土丘陵区不同降雨条件下水平梯田的减水减沙效益分析［J］．土壤侵蚀与水土保持学报，(3)：59-63．
金平伟，向家平，李万能，等．2014．植被对南方红壤丘陵区土壤侵蚀的影响研究［J］．亚热带水土保持，26（1）：1-4．
景可，卢金友，梁季阳，等．1997．黄河中游侵蚀环境特征与变化趋势［M］．郑州：黄河水利出版社．
雷成茂，李焯，郭邵萌，等．2017．2016年黄河西柳沟“8·17”暴雨洪水分析［J］．39（11）：63-65．
李斌，张金屯．2010．不同植被盖度下的黄土高原土壤侵蚀特征分析［J］．中国生态农业学报，18（2）：241-244．
李立，任莉丽，王鹏，等．2017．卜尔色太沟引洪滞沙工程布置方案及减沙效果［J］．人民黄河，39（3）：10-13．
李勉，李平，杨二，等．2017a．黄土丘陵区淤地坝建设后小流域泥沙拦蓄与输移特征［J］．农业工程学报，33（18）：80-86.
李勉，杨二，李平，等. 2017b. 黄土丘陵区小流域淤地坝泥沙沉积特征［J］. 农业工程学报，33（3）：161-167.
梁其春，骆鸿固，王英顺. 1996. 十大孔兑区水土流失现状与防治对策［J］. 中国水土保持，3：2-5.
梁晓珍，符素华，丁琳. 2019. 地形因子计算方法对土壤侵蚀评价的影响［J］. 水土保持学报，33（6）：21-26.
林秀芝，郭彦，侯素珍. 2014. 内蒙古十大孔兑输沙量估算［J］. 泥沙研究，（2）：16-20.
林秀芝，胡恬，苏林山，等. 2016. 干支流水沙对黄河内蒙古河道冲淤量的贡献率［J］. 泥沙研究，5：8-13.
刘斌，罗全华，常文哲，等. 2008. 不同林草植被覆盖度的水土保持效益及适宜植被覆盖度［J］. 中国水土保持科学，6（6）：68-73.
刘海涛. 2016. 基于改进通用土壤侵蚀方程的水土流失时空模拟—以淮河上游为例［J］. 人民长江，47（4）：17-19.
刘立峰，杜芳艳，马宁，等. 2015. 基于黄土丘陵沟壑区第Ⅰ副区淤地坝淤积调查的土壤侵蚀模数计算［J］. 水土保持通报，35（6）：124-129.
刘韬，张士锋，刘苏峡. 2007. 十大孔兑暴雨洪水产输沙关系初探——以西柳沟为例［J］. 水资源与水工程学报，73（3）：18-21.
刘晓林，杨胜天，周旭，等. 2016. 1980 年以来黄河内蒙古段十大孔兑流域土地利用变化时空特征［J］. 南水北调与水利科技，14（1）：30-36.
刘晓燕，高云飞，王富贵. 2017. 黄土高原仍有拦沙能力的淤地坝数量及分布［J］. 人民黄河，39（4）：1-5，10.
刘晓燕，王富贵，杨胜天，等. 2014. 黄土丘陵沟壑区水平梯田减沙作用研究［J］. 水利学报，45（7）：793-800.
刘晓燕. 2016. 黄河近年水沙锐减成因［M］. 北京：科学出版社.
罗伟祥，白立强，宋西德，等. 1990. 不同覆盖度林地和草地的径流量与冲刷量［J］. 水土保持学报，（1）：30-35.
马红斌，李晶晶，何兴照，等. 2015. 黄土高原水平梯田现状及减沙作用分析［J］. 人民黄河，37（2）：89-93.
牛丽楠，邵全琴，刘国波，等. 2019. 六盘水市土壤侵蚀时空特征及影响因素分析［J］. 地球信息科学学报，21（11）：1755-1767.
潘美慧，伍永秋，任斐鹏，等. 2010. 基于 USLE 的东江流域土壤侵蚀模数估算［J］. 自然资源学报，25（12）：2154-2164.
钱意颖，叶青超，周文浩. 1993. 黄河干流水沙变化与河床演变［M］. 北京：中国建材工业出版社.
冉大川，李占斌，罗全华，等. 2013. 黄河中游淤地坝工程可持续减沙途径分析［J］. 水土保持研究，20（3）：1-5.
冉大川，李占斌，张志萍，等. 2010. 大理河流域水土保持措施减沙效益与影响因素关系分析［J］. 中国水土保持科学，8（4）：1-6.
冉大川，柳林旺，赵力仪，等. 2000. 黄河中游河口镇至龙门区间水土保持与水沙变化［M］. 郑州：黄河水利出版社.
冉大川，罗全华，刘斌，等. 2003b. 黄河中游地区淤地坝减洪减沙作用研究［J］. 中国水利，（17）：67-69.

冉大川，罗全华，刘斌，等. 2004. 黄河中游地区淤地坝减洪减沙及减蚀作用研究［J］. 水利学报，(5)：7-13.
冉大川，王宏，刘斌，等. 2003a. 黄河中游地区林草措施减洪减沙作用分析［J］. 水土保持研究，(4)：141-143.
冉大川，张栋，焦鹏，等. 2016. 西柳沟流域近期水沙变化归因分析［J］. 干旱区资源与环境，30（5）：143-149.
冉大川，赵力仪，王宏，等. 2005. 黄河中游地区梯田减洪减沙作用分析［J］. 人民黄河，(1)：51-53.
冉大川. 2006a. 黄河中游水土保持措施的减水减沙作用研究［J］. 资源科学，(1)：93-100.
冉大川. 2006b. 黄河中游水土保持措施减沙量宏观分析［J］. 人民黄河，(11)：39-41，87.
唐克丽. 1993. 黄河流域的侵蚀与径流泥沙变化［M］. 北京：中国科学技术出版社.
汪邦稳，杨勤科，刘志红，等. 2007. 基于 DEM 和 GIS 的修正通用土壤流失方程地形因子值的提取［J］. 中国水土保持科学，(2)：18-23.
汪岗，范昭. 2002a. 黄河水沙变化研究（第一卷）［M］. 郑州：黄河水利出版社.
汪岗，范昭. 2002b. 黄河水沙变化研究（第二卷）［M］. 郑州：黄河水利出版社.
汪明霞，王卫东，高保林. 2014. 黄土高原典型区植被对水土流失影响研究［J］. 黄河水利职业技术学院学报，26（3）：18-21.
汪有科，吴钦孝，赵鸿雁，等. 1993. 林地枯落物抗冲机理研究［J］. 水土保持学报，(1)：75-80.
王秋生. 1991. 植被控制土壤侵蚀的数学模型及其应用［J］. 水土保持学报，(4)：68-72.
王忠禹，刘国彬，王兵，等. 2019. 黄土丘陵区典型植物枯落物凋落动态及其持水性特征［J］. 生态学报，39（7）：2416-2425.
魏艳红，焦菊英，张世杰. 2017. 黄土高原典型支流淤地坝拦沙对输沙量减少的贡献［J］. 中国水土保持科学，15（5）：16-22.
吴保生. 2014. 内蒙古十大孔兑对黄河干流水沙及冲淤的影响［J］. 人民黄河，36（10）：5-8.
吴光艳，金平伟，钟雄，等. 2016. 南方红壤区植被盖度对水土流失影响初探［J］. 亚热带水土保持，28（4）：1-4.
肖培青，王玲玲，杨吉山，等. 2020. 大暴雨作用下黄土高原典型流域水土保持措施减沙效益研究［J］. 水利学报，(9)：1149-1156.
肖培青，姚文艺，刘希胜，等. 2013. 植被固土减蚀作用的力学效应［J］. 水土保持学报，27（3）：59-62.
熊运阜，王宏兴，白志刚，等. 1996. 梯田、林地、草地减水减沙效益指标初探［J］. 中国水土保持，(8)：10-14，59.
徐宁，杨一凡，林青涛，等. 2021. 基于 USLE 的大豆 C 因子计算模型研究［J］. 土壤学报，58（3）：665-672.
许炯心. 2013. “十大孔兑”侵蚀产沙与风水两相作用及高含沙水流的关系［J］. 泥沙研究，(6)：28-37.
许炯心. 2014. 黄河内蒙古段支流“十大孔兑”侵蚀产沙的时空变化及其成因［J］. 中国沙漠，34（6）：1641-1649.
杨吉山，史学建，侯素珍，等. 2020. 2016 年“8・17”暴雨西柳沟土壤侵蚀产沙量分析［J］. 人民黄河，42（1）：82-85，90.
姚文艺，陈界仁，秦奋. 2008. 黄河多沙粗沙区分布式土壤流失模型研究［J］. 水土保持学报，22（4）：21-26.

姚文艺，徐建华，冉大川. 2011. 黄河流域水沙变化情势分析与评价. 郑州：黄河水利出版社.
姚文艺. 2011. 我国侵蚀产沙数学模型研究评述与展望 [J]. 泥沙研究，4（2）：65-74.
于一鸣. 1993. 黄河中游多沙粗沙区水土保持减水减沙效益及水沙变化趋势研究报告 [R]. 黄河流域水土保持科研基金第四攻关课题组.
张峰，周波，李锋，等. 2017. 三维激光扫描技术在淤地坝安全监测中的应用 [J]. 水土保持通报，37（5）：241-244，275.
张奎壁，邹收益. 1990. 治沙原理与技术 [M]. 北京：中国林业出版社.
张琪琳，王占礼，王栋栋，等. 2017. 黄土高原草地植被对土壤侵蚀影响研究进展 [J]. 地球科学进展，32（10）：1093-1101.
张胜利，李倬，赵文林，等. 1998. 黄河中游多沙粗沙区水沙变化原因及发展趋势 [M]. 郑州：黄河水利出版社.
张胜利，于一鸣，姚文艺. 1994. 水土保持减水减沙效益计算方法 [M]. 北京：中国环境科学院出版社.
张照录，崔继红. 2004. 通用土壤流失方程最新研究改进分析 [J]. 地球信息科学，4（6）：51-55.
赵娟，刘任涛，刘佳楠，等. 2019. 北方农牧交错带退耕还林与还草对地面节肢动物群落结构的影响 [J]. 生态学报，39（5）：1653-1663.
赵力仪，白志刚，柳林旺，等. 1999. 黄河中游水土保持坡面措施减洪减沙指标体系研究 [J]. 人民黄河，（9）：3-5.
赵昕，汪岗，韩学士. 2001. 内蒙古十大孔兑水土流失危害及治理对策 [J]. 中国水土保持，（3）：4-6.
赵芸，贾荣亮，滕嘉玲，等. 2017. 腾格里沙漠人工固沙植被演替生物土壤结皮盖度对沙埋的响应 [J]. 生态学报，37（18）：6138-6148.
朱冰冰，李占斌，李鹏，等. 2010. 草本植被覆盖对坡面降雨径流侵蚀影响的试验研究 [J]. 土壤学报，47（3）：401-407.
朱吉生，李纪人，黄诗峰，等. 2015. 近30年十大孔兑流域植被覆盖度空间变化的遥感调查与分析 [J]. 中国水土保持，（7）：68-70.
左大康. 1991. 黄河流域环境演变与水沙运行规律研究文集（第一集）[M]. 北京：地质出版社.
Anache J A A，Flanagan D C，Srivastava A，et al. 2018. Land use and climate change impacts on runoff and soilerosion at the hillslope scale in the Brazilian Cerrado [J]. Science of the Total Environment，622-623：140-151.
Bagarello V，Di Stefano C，Ferro V，et al. 2018. Predicting maximum annual values of event soil loss by USLE-type models [J]. CATENA，155：10-19.
Chen H，Oguchi T，Wu P. 2017. Assessment for soil loss by using a scheme of alterative sub-models based on the RUSLE in aKarst Basin of Southwest China [J]. Journal of Integrative Agriculture Volume，16（2）：377-388.
Das B，Paul A，Bordoloi R，et al. 2018. Soil erosion risk assessment of hilly terrain through integratedapproach of RUSLE and geospatial technology：a case study of tirap district，arunachal pradesh [J]. Modeling Earth Systems and Environment，4（1）：373-381.
Du H Q，Dou S T，Deng X H，et al. 2016. Assessment of wind and water erosion risk in the watershed of the ningxia-inner mongolia reach of the yellow river，China [J]. Ecological Indicators，67：117-131.
Li Z，Zhang Y，Zhu Q K，et al. 2017. A gully erosion assessment model for the Chinese Loess plateau based onchanges in gully length and area [J]. Catena，148：195.
Maltsev K，Yermolaev O. 2020. Assessment of soil loss by water erosion in small river basins in Russia [J].

Catena, 195: 104726.

Mhazo N, Chivenge P, Chaplot V. 2016. Tillage impact on soil erosion by water: discrepancies due to climate and soilcharacteristics [J]. Agriculture, Ecosystems & Environment, 230: 231-241.

Morgan R P C, Quinton J N, Smith R E, et al. 1998. The European Soil Erosion Model (EUROSEM): A dynamic approach forpredicting sediment transport from fields and small catchments [J]. Earth Surface Processes and Landforms, 23 (6): 527-544.

Morgan R P C. 2005. Soil Erosion and Conservation [M]. 3rd ed. Oxford: Blackwell Publishing.

Nearing M A, Foster G R, Lane L J, et al. 1989. A process-based soil erosion model for USDA-Water Erosion Prediction Projecttechnology [J]. Transactions of the ASAE, 32 (5): 1587-1593.

Panagos P, Borrelli P, Poesen J, et al. 2015. The new assessment of soil loss by water erosion in Europe [J]. Environmental Science & Policy, 54: 438-447.

Renard K G, Ferreira V A. 1993. RUSLE model description and database sensitivity [J]. Journal of Environmental Quality, 22 (3): 458-466.

Roy P. 2019. Application of USLE in a GIS environment to estimate soil erosion in the Irga watershed, Jharkhand, India [J]. Physical Geography, 40 (4): 361-383.

Sun D, Zhang W X, Lin Y B, et al. 2018. Soil erosion andwater retention varies with plantation type and age [J]. Forest Ecology and Management, 422: 1-10.

Tian P, Xu X Y, Pan C Z, et al. 2017. Impacts of rainfall and inflow on rill formation and erosion processes onsteep hillslopes [J]. Journal of Hydrology, 548: 24-39.

Vaezi A R, Ahmadi M, Cerdà A. 2017. Contribution of raindrop impact to the change of soil physical properties and water erosionunder semi-arid rainfalls [J]. Science of the Total Environment, 583: 382-392.

Waldron L J, Dakessian S. 1981. Soil reinforcement by roots: calculation of increased soil shear resistance from root properties [J]. Soil Science, 132 (6): 427-435.

Wischmeier W H, Johnson C B, Cross B V. 1971. Soil erodibility nomograph for farmland and construction sites [J]. Journal ofSoil and Water Conservation, 26: 189-193.

Zhang S H, Fan W W, Li Y Q, et al. 2017. The influence of changes in land use and landscape patterns on soil erosion in awatershed [J]. Science of the Total Environment, 574: 34-45.

第2章　区域水沙变化特征分析

2.1　降雨变化特征

2.1.1　雨量站基本概况

十大孔兑设有雨量站的孔兑共有4条，目前可用的雨量站也只有10个，从西到东依次为毛不拉孔兑2个（图格日格站、塔然高勒站），黑赖沟1个（哈拉汉图壕站），西柳沟3个（龙头拐站、高头窑站、柴登壕站），罕台川4个（响沙湾站、青达门站、耳字壕站、罕台庙站），其他雨量站均已停测。这些雨量站先后布设于20世纪60年代（西柳沟、黑赖沟）和80年代（毛不拉孔兑、罕台川），站点位置如图2-1所示。

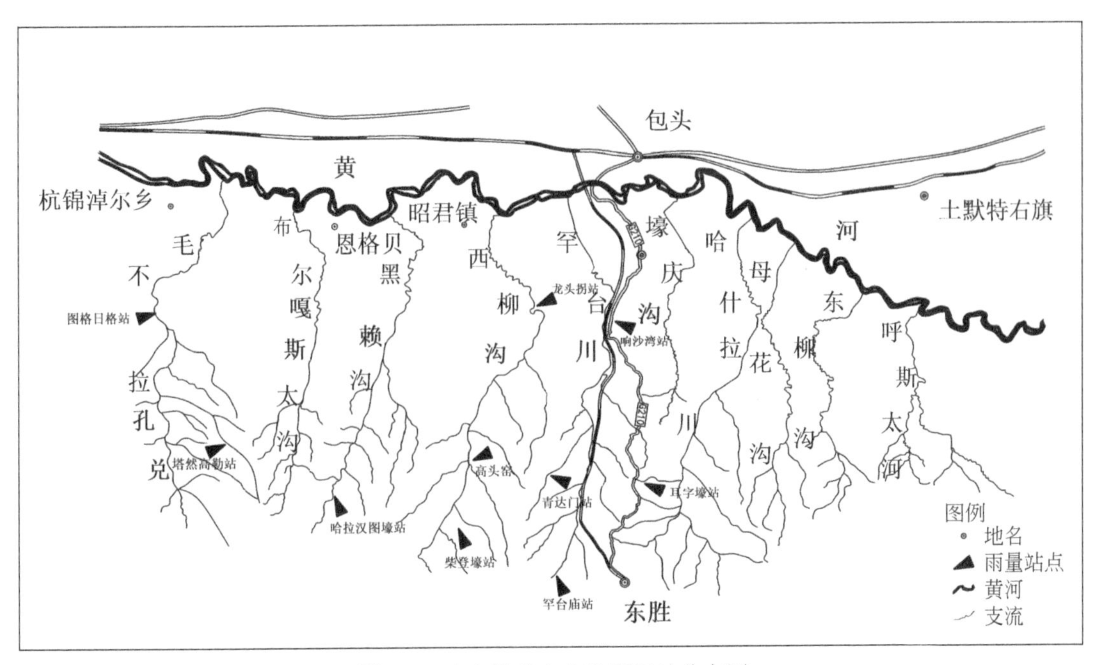

图2-1　十大孔兑上中游雨量站分布图

有水文站的孔兑共3条，其雨量站情况见表2-1。本研究降雨采用表2-1中所有站点的资料，然后将各站点的降雨加权计算平均值得到。

表 2-1　三条孔兑雨量站建站及观测资料系列长度情况

孔兑	雨量站点	建站年份	测量年份	降雨资料系列长度
毛不拉孔兑	官长井站	1958	1976 年停测	1958～1975 年
	塔拉沟站	1965	1971 年停测	1965～1970 年
	巴音布拉格站	1985	1989 年停测	1985～1988 年（1986 年未测）
	图格日格站	1982	沿用至今	1982～2018 年
	塔然高勒站	1985	沿用至今	1985～2018 年
西柳沟	龙头拐站	1960	沿用至今	1960～2018 年
	高头窑站	1964	沿用至今	1964～2018 年
	柴登壕站	1965	沿用至今	1965～2018 年
	韩家塔站	1963	1980 年停测	1963～1979 年
罕台川	响沙湾站	1999	沿用至今	1999～2018 年
	青达门站	1980	沿用至今	1980～2018 年
	耳字壕站	1980	沿用至今	1980～2018 年
	罕台庙站	1980	沿用至今	1980～2018 年
	红塔沟站	1982	1991 年停测	1982～1990 年（1983 年未测）
	瓦窑站	1980	1984 年停测	1980～1983 年
	纳林沟站	1980	1982 年停测	1980～1981 年

2.1.2　降雨时空变化特征

选取典型孔兑年雨量、汛期雨量、主汛期雨量、>10mm 雨量、>25mm 雨量、>50mm 雨量、最大 1 日雨量、最大 3 日雨量、最大 5 日雨量等降雨特征值进行分析。其中，流域年雨量、汛期雨量、主汛期雨量、>10mm 雨量、>25mm 雨量、>50mm 雨量等降雨特征值分别反映了该年的降雨总量、年内分配及不同强度降雨的量值；最大 1 日雨量、最大 3 日雨量、最大 5 日雨量等降雨特征值主要反映了该年的最大降雨强度（1 日）及最大连续降雨强度（3 日、5 日）。

2.1.2.1　毛不拉孔兑降雨时空变化特征

毛不拉孔兑 1960～2018 年资料中缺少 1976～1981 年、1991 年、1992 年及 1994 年共 9 年资料，故统计表（表 2-2～表 2-4）中的时段不包含上述年份。毛不拉孔兑流域年雨量、汛期雨量、主汛期雨量多年平均值分别为 243.3mm、194.4mm、135.0mm，汛期雨量和主汛期雨量分别占年雨量的 79.9%、55.5%（表 2-2）；>10mm 雨量、>25mm 雨量、>50mm雨量多年平均值分别为 150.9mm、72.4mm、19.6mm，>25mm 雨量、>50mm 雨量分别占大于 10mm 雨量的48.0%、13.0%（表2-3）；最大1 日雨量、最大3 日雨量、最大5 日雨量多年平均值分别为 39.5mm、51.9mm、57.0mm（表 2-4）。

表 2-2　毛不拉孔兑流域各时段年雨量、汛期雨量、主汛期雨量统计

时段	降雨特征值/mm			与多年平均相比/%		
	年雨量	汛期雨量	主汛期雨量	年雨量	汛期雨量	主汛期雨量
1958 ~ 1969 年	257.8	207.2	156.5	6.0	6.6	15.9
1970 ~ 1975 年	221.7	179.8	105.1	-8.9	-7.5	-22.1
1982 ~ 1989 年	237.6	200.2	142.7	-2.3	3.0	5.7
1990 ~ 1999 年	249.2	196.8	143.0	2.4	1.2	5.9
2000 ~ 2009 年	235.7	185.4	125.8	-3.1	-4.6	-6.8
2010 ~ 2018 年	247.1	189.9	123.5	1.6	-2.3	-8.5
1958 ~ 2018 年	243.3	194.4	135.0			

表 2-3　毛不拉孔兑流域各时段不同量级雨量统计

时段	降雨特征值/mm			与多年平均相比/%		
	>10mm 雨量	>25mm 雨量	>50mm 雨量	>10mm 雨量	>25mm 雨量	>50mm 雨量
1958 ~ 1969 年	166.1	94.2	27.7	10.1	30.1	41.3
1970 ~ 1975 年	140.8	52.0	0.0	-6.7	-28.2	-100.0
1982 ~ 1989 年	152.1	65.7	20.7	0.8	-9.3	5.6
1990 ~ 1999 年	158.6	75.2	8.9	5.1	3.9	-54.6
2000 ~ 2009 年	136.6	60.4	17.3	-9.5	-16.6	-11.7
2010 ~ 2018 年	145.9	73.9	31.6	-3.3	2.1	61.2
1958 ~ 2018 年	150.9	72.4	19.6			

表 2-4　毛不拉孔兑流域最大 1 日雨量、最大 3 日雨量、最大 5 日雨量统计

时段	降雨特征值/mm			与多年平均相比/%		
	最大 1 日雨量	最大 3 日雨量	最大 5 日雨量	最大 1 日雨量	最大 3 日雨量	最大 5 日雨量
1958 ~ 1969 年	43.6	55.2	62.3	10.4	6.4	9.3
1970 ~ 1975 年	35.2	54.1	58.2	-10.9	4.2	2.1
1982 ~ 1989 年	39.1	53.9	49.7	-1.0	3.9	-12.8
1990 ~ 1999 年	39.7	56.5	61.2	0.5	8.9	7.4
2000 ~ 2009 年	38.7	47.0	55.8	-2.0	-9.4	-2.1
2010 ~ 2018 年	37.9	46.0	53.7	-4.1	-11.4	-5.8
1958 ~ 2018 年	39.5	51.9	57.0			

对于 1958 ~ 2018 年而言（除 1970 ~ 1975 年外），年雨量、汛期雨量、主汛期雨量的变化程度依次增大，2010 ~ 2018 年年雨量、汛期雨量、主汛期雨量变化程度最剧烈（图 2-2）；>10mm 雨量、>25mm 雨量、>50mm 雨量的变化程度依次增大，变化程度随时段波动且无明显趋势（图 2-3）；对于同一时段和 1958 ~ 2018 年长系列而言，最大 1 日雨量、最大 3 日雨量、最大 5 日雨量总体变化程度随时段波动且无明显趋势（图 2-4）。

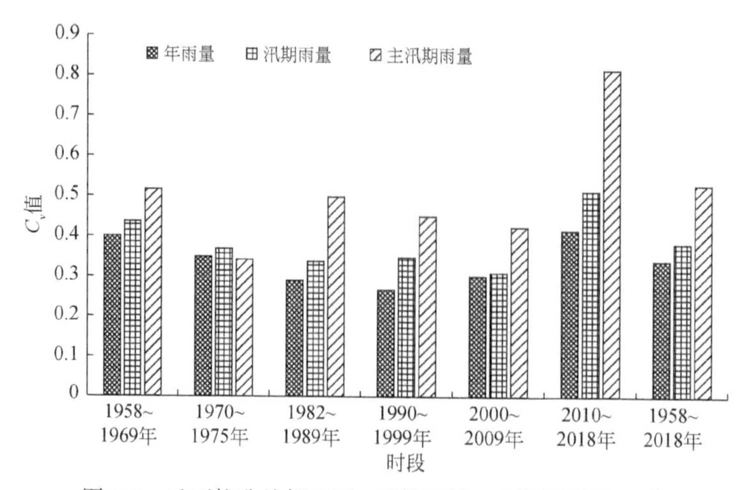

图 2-2　毛不拉孔兑年雨量、汛期雨量、主汛期雨量 C_v 值

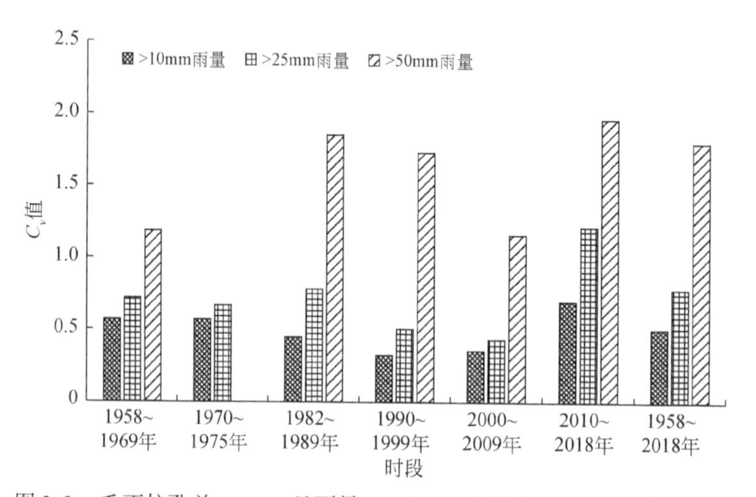

图 2-3　毛不拉孔兑>10mm 日雨量、>25mm 日雨量、>50mm 雨量 C_v 值

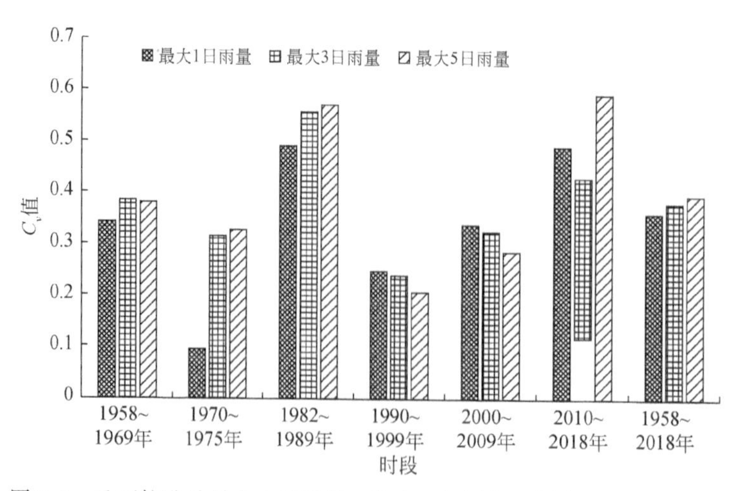

图 2-4　毛不拉孔兑最大 1 日雨量、最大 3 日雨量、最大 5 日雨量 C_v 值

2.1.2.2 西柳沟降雨时空变化特征

西柳沟 1960～2018 年（缺少 1991 年、1992 年和 1994 年资料）的年雨量、汛期雨量、主汛期雨量多年平均值分别为 265.0mm、211.9mm、145.0mm，汛期雨量和主汛期雨量分别占年雨量的 80.0%、54.7%（表 2-5）；>10mm 雨量、>25mm 雨量、>50mm 雨量多年平均值分别为 162.3mm、76.9mm、24.9mm，>25mm 雨量、>50mm 雨量分别占>10mm 雨量的 47.4%、15.3%（表 2-6）；最大 1 日雨量、最大 3 日雨量、最大 5 日雨量多年平均值分别为 43.3mm、54.9mm、61.2mm（表 2-7）。

表 2-5　西柳沟各时段年雨量、汛期雨量、主汛期雨量统计

时段	降雨特征值/mm			与多年平均相比/%		
	年雨量	汛期雨量	主汛期雨量	年雨量	汛期雨量	主汛期雨量
1960～1969 年	267.3	208.5	153.5	0.9	-1.6	5.9
1970～1979 年	263.2	221.4	155.8	-0.7	4.5	7.4
1980～1989 年	236.2	191.4	128.3	-10.9	-9.7	-11.5
1990～1999 年	269.2	214.2	156.1	1.6	1.1	7.7
2000～2009 年	270.8	210.5	142.1	2.2	-0.7	-2.0
2010～2018 年	286.8	227.9	145.2	8.2	7.6	0.1
1960～2018 年	265.0	211.9	145.0			

表 2-6　西柳沟各时段不同量级雨量统计

时段	降雨特征值/mm			与多年平均相比/%		
	>10mm 雨量	>25mm 雨量	>50mm 雨量	>10mm 雨量	>25mm 雨量	>50mm 雨量
1960～1969 年	160.7	81.4	19.2	-1.0	5.9	-22.9
1970～1979 年	175.1	103.5	28.5	7.9	34.6	14.5
1980～1989 年	134.5	51.9	23.7	-17.1	-32.5	-4.8
1990～1999 年	177.6	84.7	23.2	9.4	10.1	-6.8
2000～2009 年	159.7	68.0	25.8	-1.6	-11.6	3.6
2010～2018 年	171.7	73.6	29.0	5.8	-4.3	16.5
1960～2018 年	162.3	76.9	24.9			

表 2-7　西柳沟最大 1 日雨量、最大 3 日雨量、最大 5 日雨量统计

时段	降雨特征值/mm			与多年平均相比/%		
	最大 1 日雨量	最大 3 日雨量	最大 5 日雨量	最大 1 日雨量	最大 3 日雨量	最大 5 日雨量
1960～1969 年	39.5	51.1	59.2	-8.8	-6.9	-3.3
1970～1979 年	48.0	59.7	62.6	10.9	8.7	2.3
1980～1989 年	42.7	55.2	60.1	-1.4	0.5	-1.8

续表

时段	降雨特征值/mm			与多年平均相比/%		
	最大1日雨量	最大3日雨量	最大5日雨量	最大1日雨量	最大3日雨量	最大5日雨量
1990～1999年	41.6	53.2	60.1	-3.9	-3.1	-1.8
2000～2009年	43.8	50.2	57.4	1.2	-8.5	-6.2
2010～2018年	43.5	59.8	68.1	0.5	8.6	11.3
1960～2018年	43.3	54.9	61.2			

比较西柳沟流域1960～2018年间各时段C_v值可知，以1960～1969年为例，年雨量、汛期雨量、主汛期雨量的C_v值分别为0.47、0.50、0.62，表明该时段年雨量、汛期雨量、主汛期雨量的变化程度依次增大，其余时段也存在相同的规律（图2-5），其中各时段雨量的变化程度最剧烈为20世纪60年代；同理，>10mm雨量、>25mm雨量、>50mm雨量（图2-6）的变化程度依次增大，各指标变化程度随时段波动且无明显趋势；最大1日雨

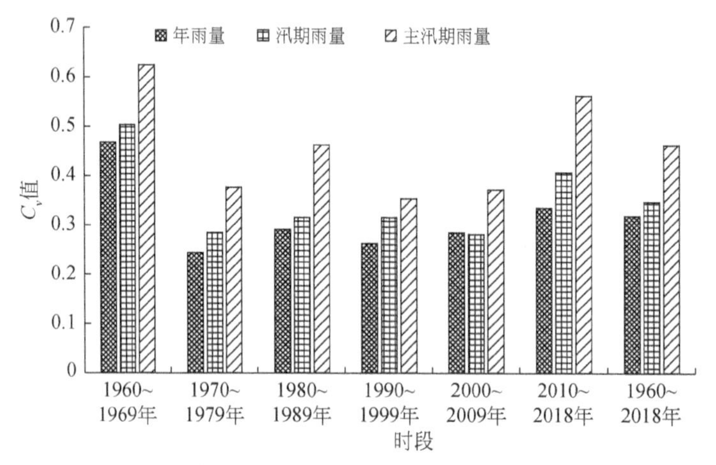

图2-5　西柳沟年雨量、汛期雨量、主汛期雨量C_v值

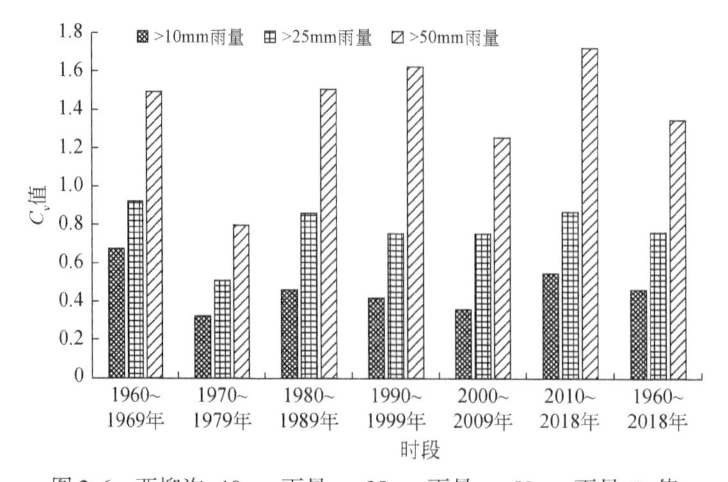

图2-6　西柳沟>10mm雨量、>25mm雨量、>50mm雨量C_v值

量、最大 3 日雨量、最大 5 日雨量（图 2-7）的变化程度无明显规律。对于 1960 ~ 2018 年整体、各时段及某一时段而言，其变化程度随时段波动且无明显趋势。

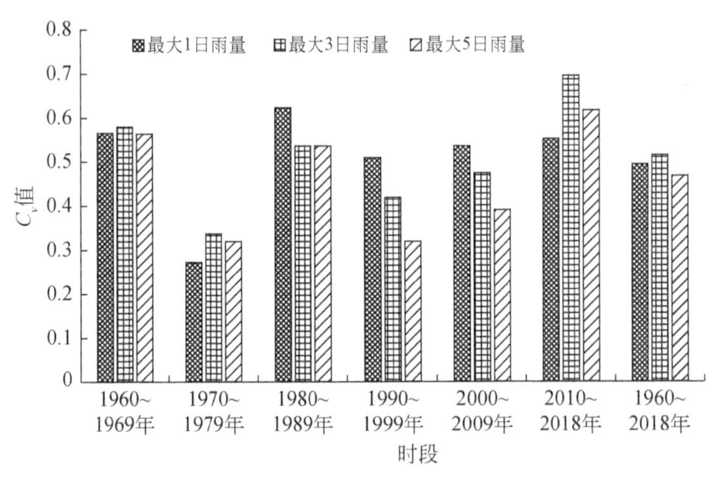

图 2-7　西柳沟最大 1 日雨量、最大 3 日雨量、最大 5 日雨量 C_v 值

2.1.2.3　罕台川降雨时空变化特征

罕台川水文站建立较晚，资料为 1980 ~ 2018 年（缺少 1991 年、1992 年和 1994 年资料）。罕台川流域年雨量、汛期雨量、主汛期雨量多年平均值分别为 261.4mm、204.0mm、138.6mm，汛期雨量和主汛期雨量分别占年雨量的 78.0%、53.0%（表 2-8）；>10mm 雨量、>25mm 雨量、>50mm 雨量多年平均值分别为 158.4mm、70.8mm、24.2mm，>25mm 雨量、>50mm 雨量分别占>10mm 雨量的 44.7%、15.3%（表 2-9）；最大 1 日雨量、最大 3 日雨量、最大 5 日雨量多年平均值分别为 41.2mm、52.8mm、59.6mm（表 2-10）。

表 2-8　罕台川各时段年雨量、汛期雨量、主汛期雨量统计

时段	降雨特征值/mm			与多年平均相比/%		
	年雨量	汛期雨量	主汛期雨量	年雨量	汛期雨量	主汛期雨量
1980 ~ 1989 年	237.8	197.4	132.9	-9.0	-3.2	-4.1
1990 ~ 1999 年	268.4	203.9	149.8	2.7	-0.1	8.1
2000 ~ 2009 年	264.2	197.6	136.1	1.1	-3.1	-1.8
2010 ~ 2018 年	278.9	218.3	139.0	6.7	7.0	0.3
1980-2018 年	261.4	204.0	138.6			

表 2-9　罕台川各时段不同量级雨量统计

时段	降雨特征值/mm			与多年平均相比/%		
	>10mm 雨量	>25mm 雨量	>50mm 雨量	>10mm 雨量	>25mm 雨量	>50mm 雨量
1980 ~ 1989 年	133.0	59.0	23.9	-16.0	-16.7	-1.2

续表

时段	降雨特征值/mm			与多年平均相比/%		
	>10mm 雨量	>25mm 雨量	>50mm 雨量	>10mm 雨量	>25mm 雨量	>50mm 雨量
1990～1999 年	167.8	86.1	19.7	5.9	21.6	-18.6
2000～2009 年	155.3	65.8	23.7	-2.0	-7.1	-2.1
2010～2018 年	182.6	77.7	28.7	15.3	9.7	18.6
1980～2018 年	158.4	70.8	24.2			

表 2-10　罕台川最大 1 日雨量、最大 3 日雨量、最大 5 日雨量统计

时段	降雨特征值/mm			与多年平均相比/%		
	最大 1 日雨量	最大 3 日雨量	最大 5 日雨量	最大 1 日雨量	最大 3 日雨量	最大 5 日雨量
1980～1989 年	41.9	56.5	61.5	1.7	7.0	3.2
1990～1999 年	37.7	48.9	55.0	-8.5	-7.4	-7.7
2000～2009 年	43.4	49.8	56.9	5.3	-5.7	-4.5
2010～2018 年	40.6	55.1	64.3	-1.5	4.4	7.9
1980～2018 年	41.2	52.8	59.6			

对于 1980～2018 年（除 20 世纪 90 年代外），年雨量、汛期雨量、主汛期雨量的变化程度依次增大，2010～2018 年年雨量、汛期雨量、主汛期雨量的变化程度最为剧烈（图 2-8）；>10mm 雨量、>25mm 雨量、>50mm 雨量的变化程度依次增大，变化程度随时段波动且无明显趋势（图 2-9）；对于同一时段和 1980～2018 年长系列而言，最大 1 日雨量、最大 3 日雨量、最大 5 日雨量总体变化程度随时段波动且无明显趋势（图 2-10）。

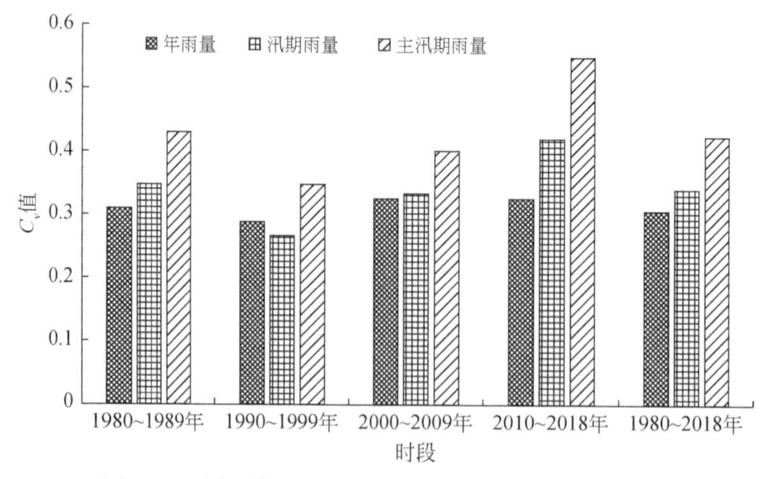

图 2-8　罕台川年雨量、汛期雨量、主汛期降雨量 C_v 值

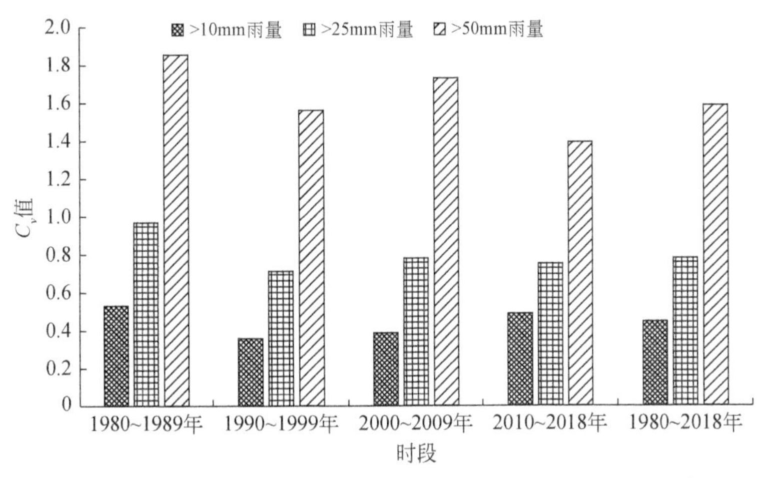

图 2-9　罕台川>10mm 雨量、>25mm 雨量、>50mm 雨量 C_v 值

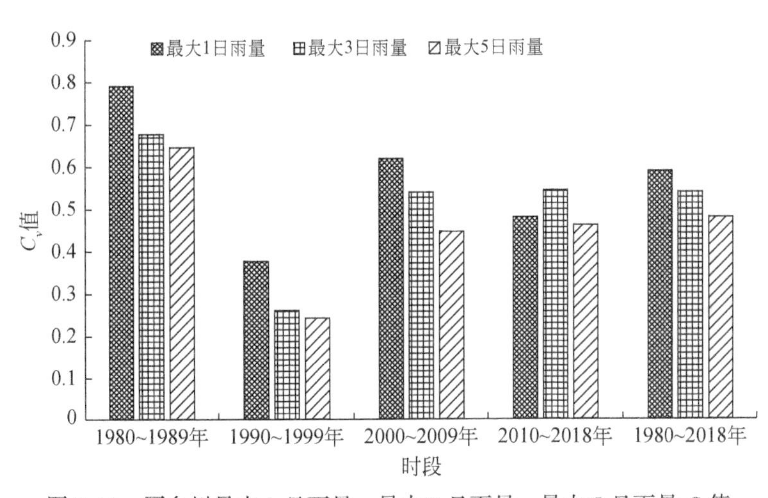

图 2-10　罕台川最大 1 日雨量、最大 3 日雨量、最大 5 日雨量 C_v值

2.1.3　降雨变化趋势

2.1.3.1　毛不拉孔兑降雨变化趋势

由图 2-11 ~ 图 2-13 可知，毛不拉孔兑流域年雨量、汛期雨量在 1970 年之前相对各自多年平均降雨量变化幅度较大，1970 ~ 2018 年期间变化幅度减小；主汛期雨量在整个时段内相对多年平均降雨量变化幅度较大，整体上呈减少的趋势。同理，由图 2-14 ~ 图 2-16 可知，毛不拉孔兑流域>10mm 雨量、>25mm 雨量及>50mm 雨量在 1990 年之前相对各级别雨量均值变化幅度较大，2000 年以后相对变化幅度较小，整体上呈减少趋势。由

图 2-17 ~ 图 2-19 可知，毛不拉孔兑最大 1 日雨量在整个时间段内相对该雨量均值变化幅度较大，最大 3 日雨量和最大 5 日雨量在 1990 年之前相对各自最大雨量均值变化幅度较大，在 1999 年之后相对各自最大雨量均值变化幅度减小，整体上呈减少趋势。

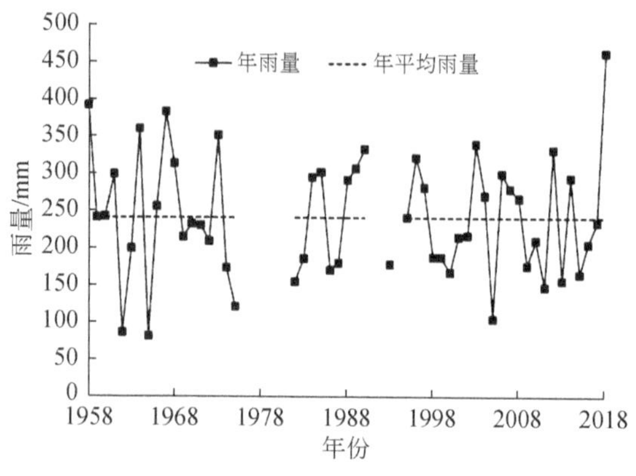

图 2-11　毛不拉孔兑年雨量

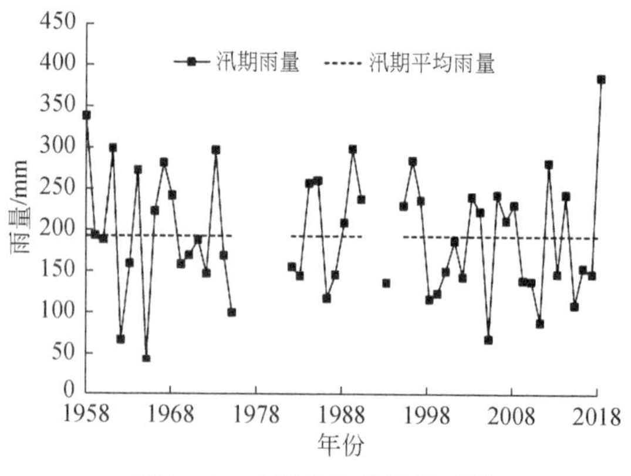

图 2-12　毛不拉孔兑汛期雨量

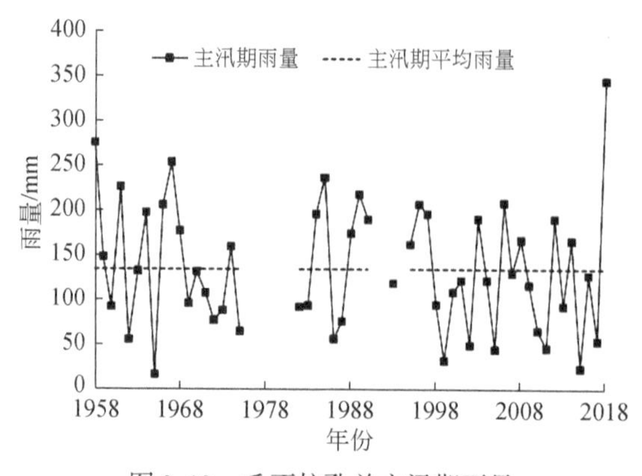

图 2-13　毛不拉孔兑主汛期雨量

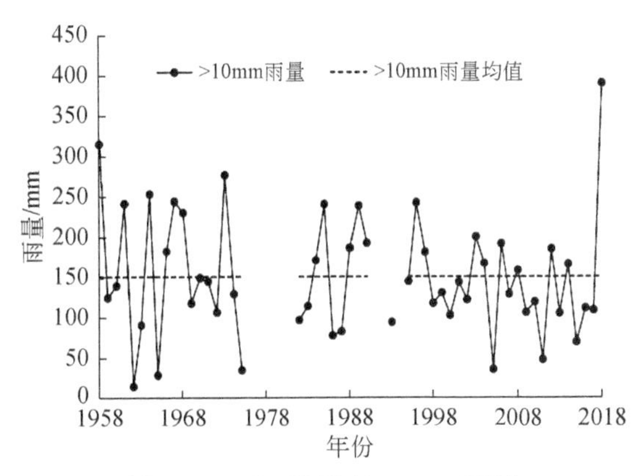

图 2-14　毛不拉孔兑>10mm 雨量

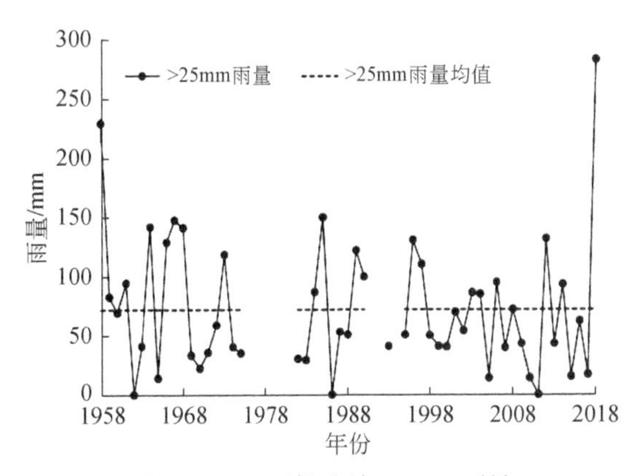

图 2-15　毛不拉孔兑>25mm 雨量

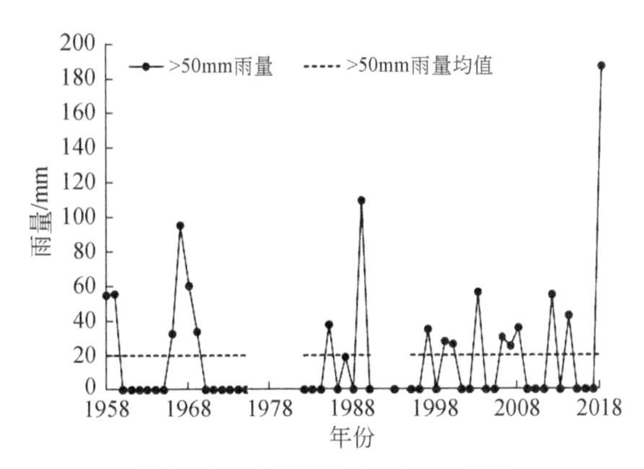

图 2-16　毛不拉孔兑>50mm 雨量

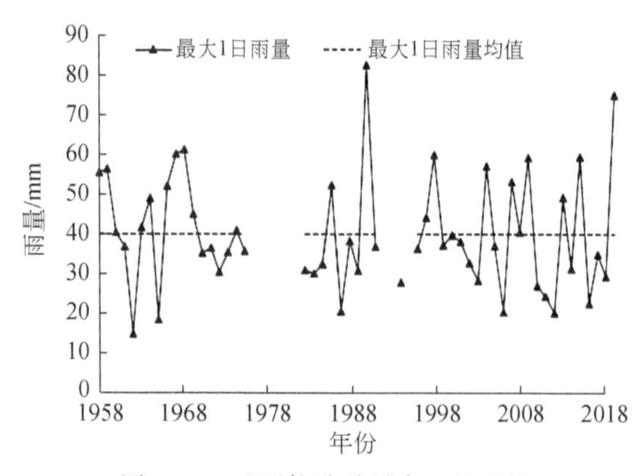

图 2-17　毛不拉孔兑最大 1 日雨量

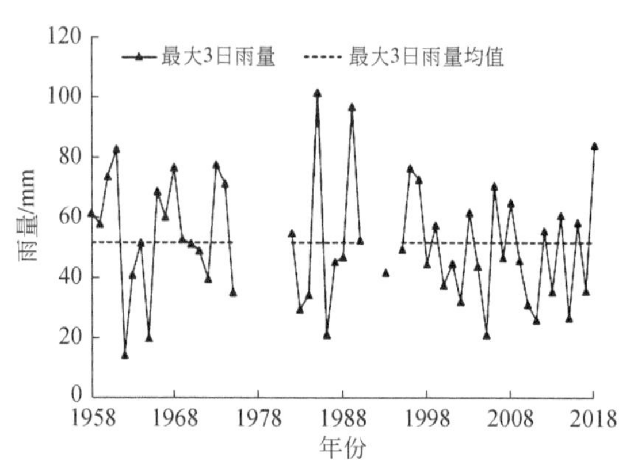

图 2-18　毛不拉孔兑最大 3 日雨量

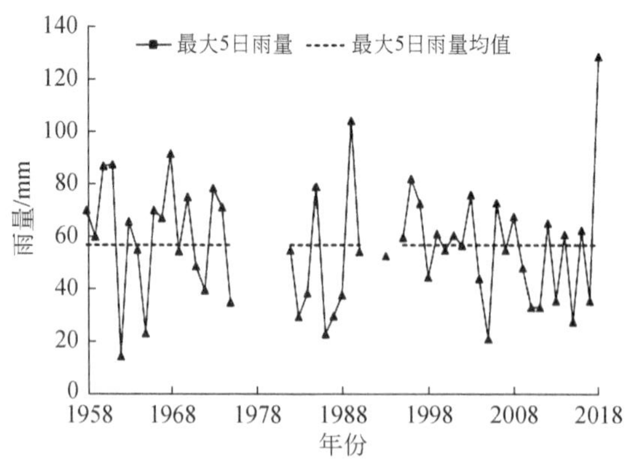

图 2-19　毛不拉孔兑最大 5 日雨量

2.1.3.2 西柳沟降雨变化趋势

由图 2-20 ~ 图 2-28 可知，除>50mm 雨量和最大 1 日雨量外，西柳沟流域各降雨指标在 1970 年之前相对多年平均值变化幅度较大，1970 ~ 1990 年期间变化幅度较小，2006 年

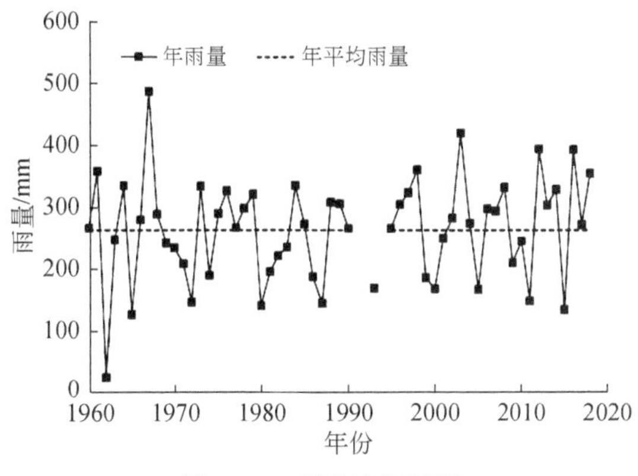

图 2-20　西柳沟年雨量

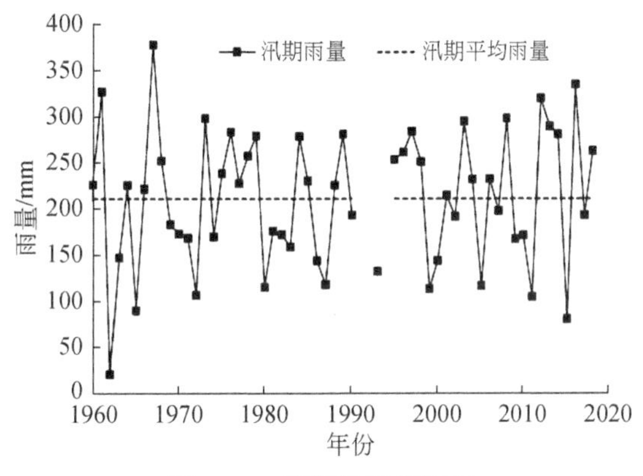

图 2-21　西柳沟汛期雨量

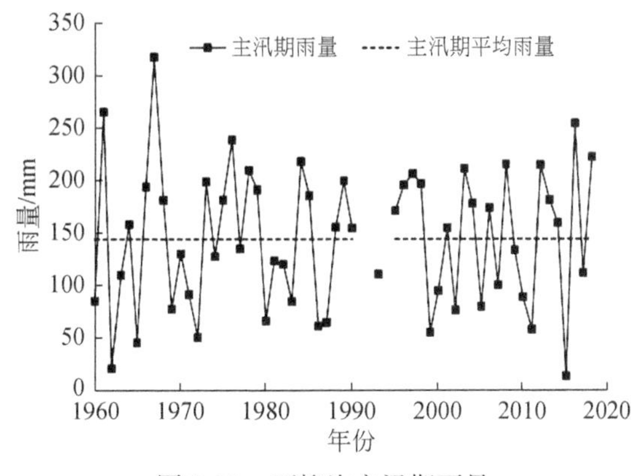

图 2-22　西柳沟主汛期雨量

以后相对 1970 ~ 1990 年变化幅度再次增大。年雨量、汛期雨量、>10mm 雨量、>50mm 雨量和最大 1 日雨量、最大 3 日雨量、最大 5 日雨量呈略微增加的趋势，主汛期雨量和>25mm雨量呈略微减少的趋势。

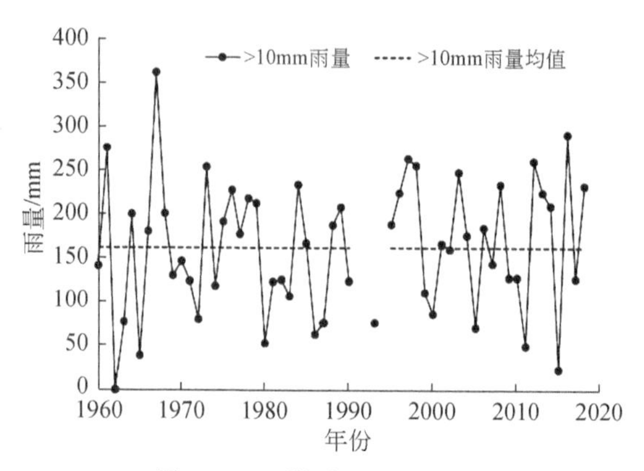

图 2-23　西柳沟>10mm 雨量

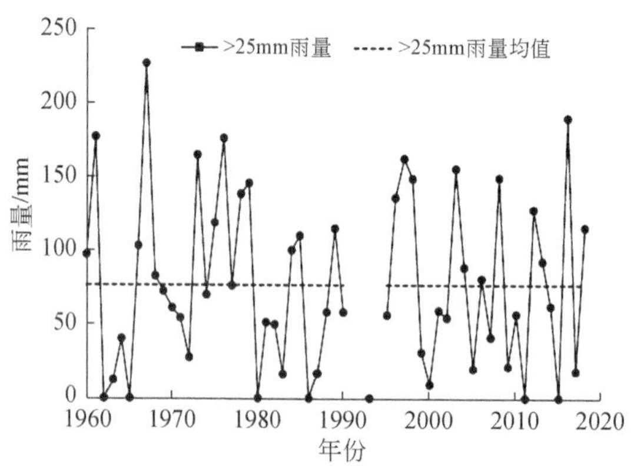

图 2-24　西柳沟>25mm 雨量

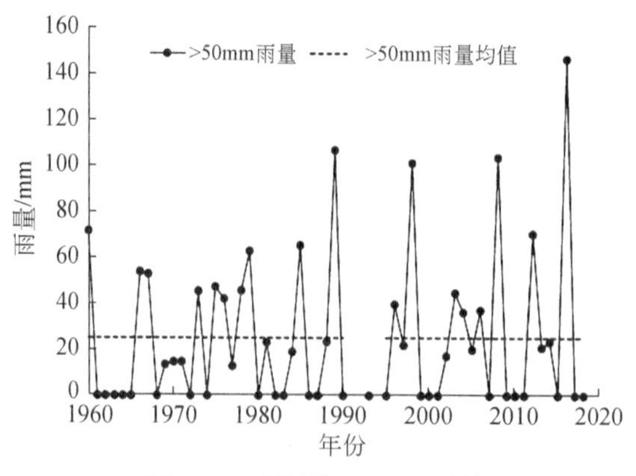

图 2-25　西柳沟>50mm 雨量

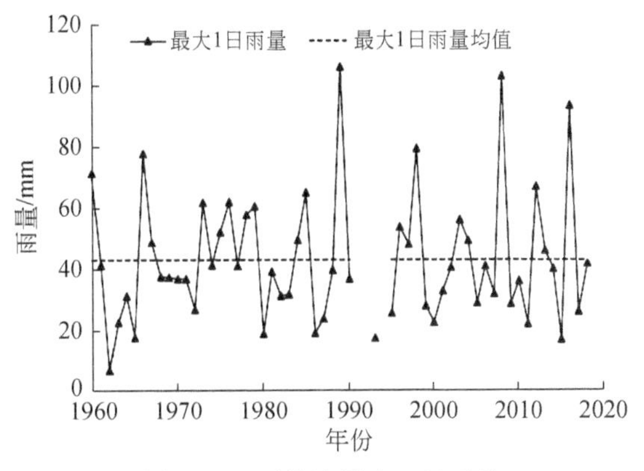

图 2-26　西柳沟最大 1 日雨量

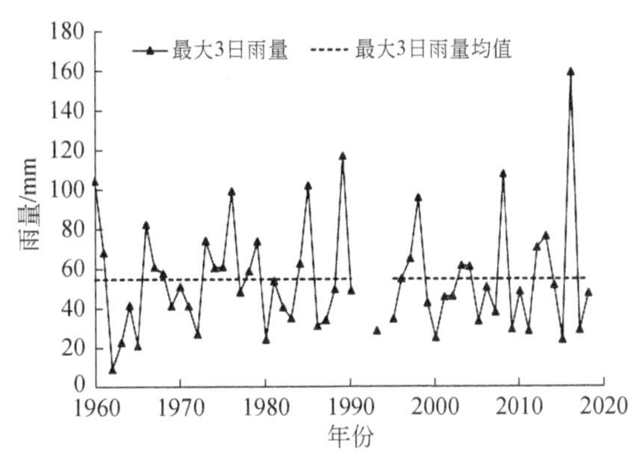

图 2-27　西柳沟最大 3 日雨量

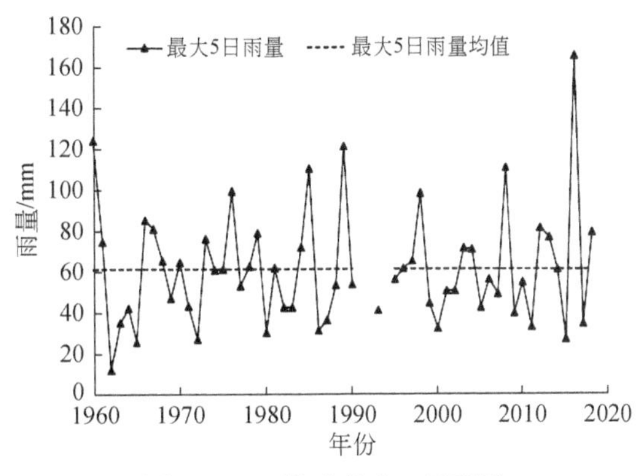

图 2-28　西柳沟最大 5 日雨量

2.1.3.3 罕台川降雨变化趋势

罕台川区域年雨量、汛期雨量、主汛期雨量在1999年之后相对各自多年平均雨量变化幅度较大，整体上呈微弱的增加趋势（图2-29～图2-31）。由图2-32～图2-34可知，罕

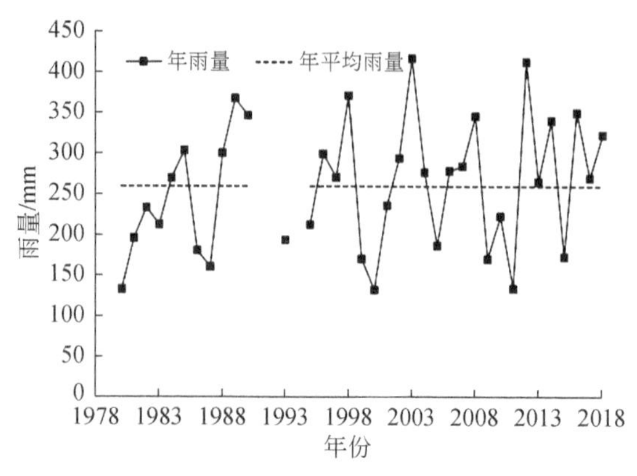

图2-29 罕台川年雨量

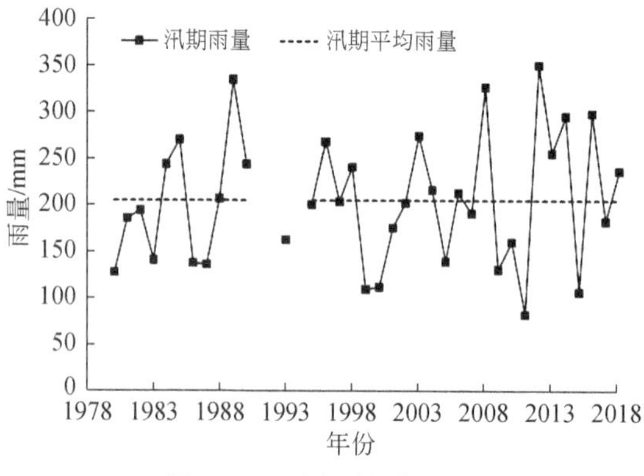

图2-30 罕台川汛期雨量

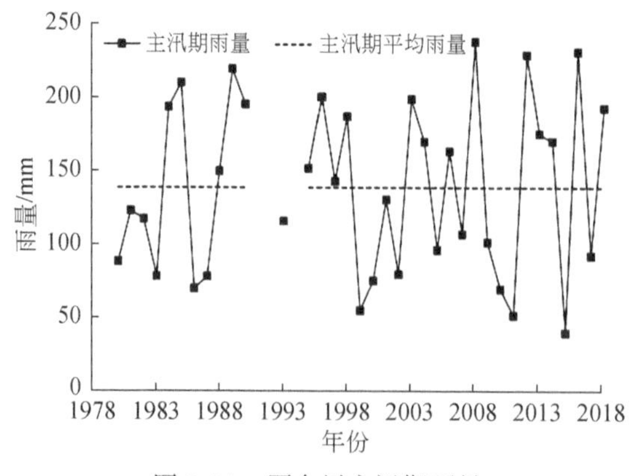

图2-31 罕台川主汛期雨量

台川区域>10mm 雨量、>25mm 雨量及>50mm 雨量在 1999 年之后相对各级别雨量均值变化幅度较大，整体上呈微弱的增加趋势。由图 2-35 ~ 图 2-37 可知，罕台川最大 1 日雨量、最大 3 日雨量和最大 5 日雨量相对各级别雨量均值变化较大，整体上呈微弱的增加趋势。

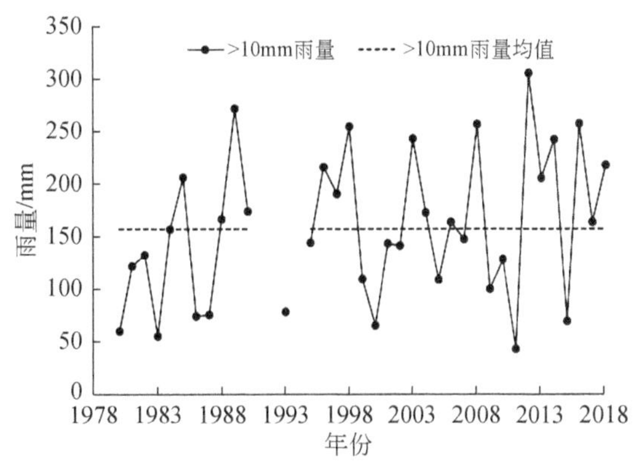

图 2-32　罕台川>10mm 雨量

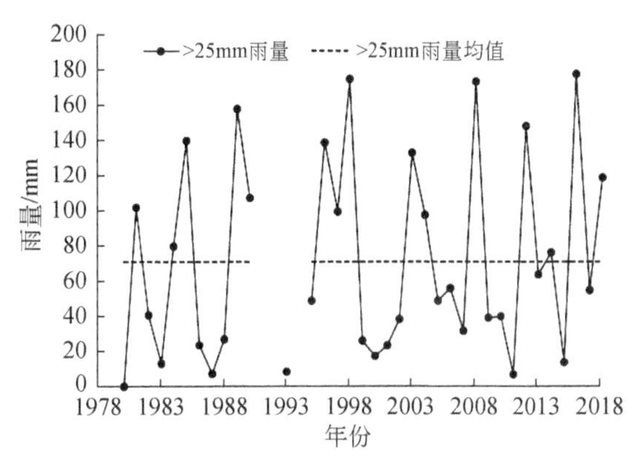

图 2-33　罕台川>25mm 雨量

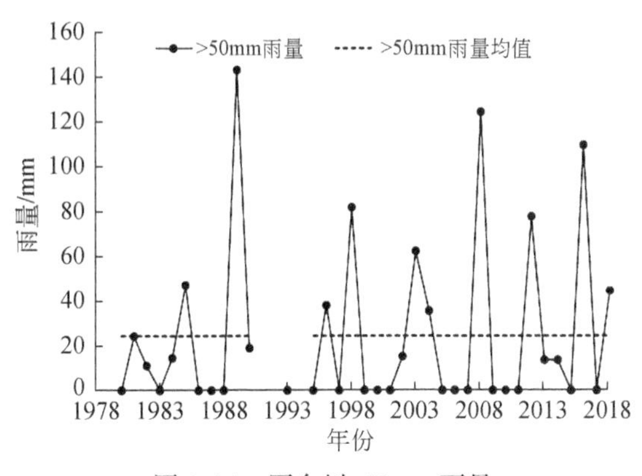

图 2-34　罕台川>50mm 雨量

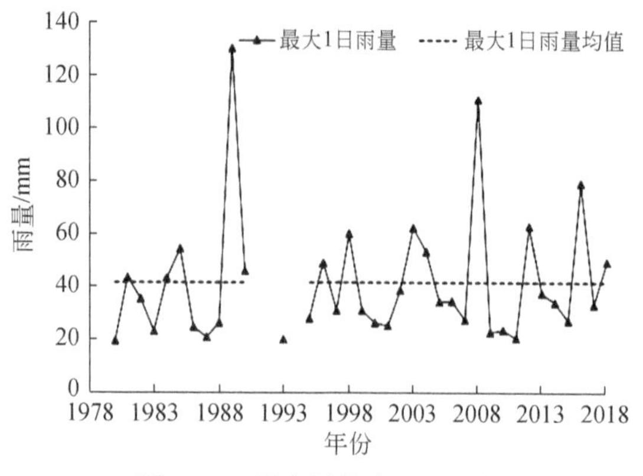

图 2-35　罕台川最大 1 日雨量

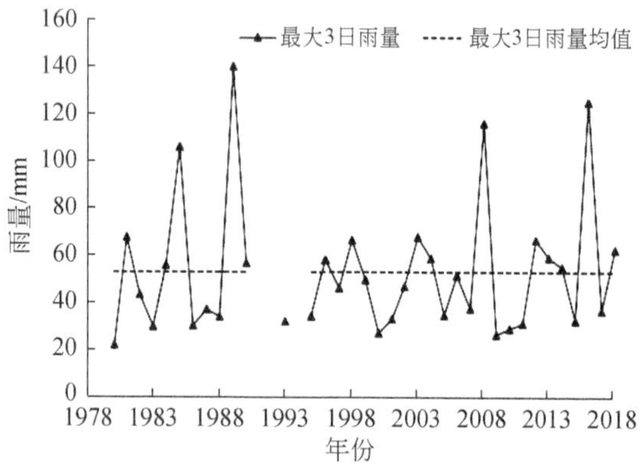

图 2-36　罕台川最大 3 日雨量

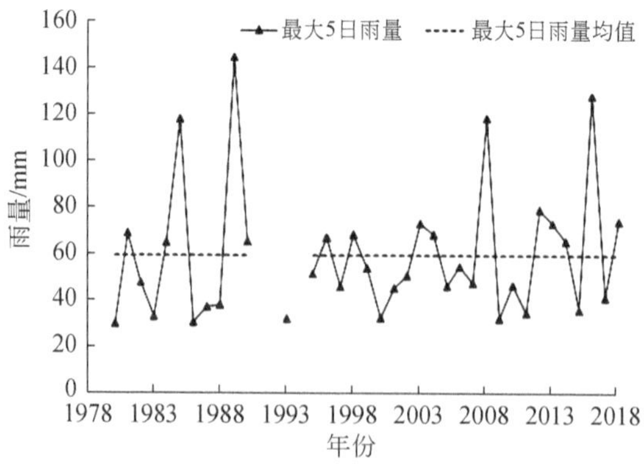

图 2-37　罕台川最大 5 日雨量

2.2 水沙特征及其变化分析

2.2.1 资料基本情况

十大孔兑区域水文站点分布、观测时段、主要水沙要素与资料基本情况：毛不拉孔兑、西柳沟和罕台川设立水文站的时间分别为：毛不拉孔兑 1958 年（官长井水文站，1982 年以后为图格日格水文站）、西柳沟 1960 年（龙头拐水文站）、罕台川 1980 年（红塔沟水文站，1999 年以后为响沙湾水文站）。三条孔兑中，西柳沟水文泥沙资料较为连续和完整，而毛不拉孔兑和罕台川水文资料完整性较差，有停测的年份。本书主要以有实测水文泥沙资料的毛不拉孔兑、西柳沟和罕台川孔兑为代表，对十大孔兑区域的水沙特点进行研究。

2.2.2 水沙变化特征及其成因分析

根据黄河水利委员会整编刊印的《黄河流域水文年鉴》统计，西柳沟 1960 ~ 2018 年多年平均径流量为 2741.6 万 m^3，输沙量为 392.3 万 t；毛不拉孔兑 1982 ~ 2018 年多年平均径流量为 1275.1 万 m^3，输沙量为 413.6 万 t；罕台川 1984 ~ 2018 年多年平均径流量为 898.1 万 m^3，输沙量为 100.5 万 t（表 2-11）。孔兑径流量的变差系数均比输沙量的变差系数小，说明径流量离散度比输沙量的小；孔兑径流量的偏态系数也比输沙量的小，说明输沙量的不对称程度大；孔兑径流量的年度变化绝对比值（多年最大径流量与最小径流量之比）比输沙量的小很多，说明输沙量年际变化极不均匀。

表 2-11 孔兑水沙统计特征值

孔兑	内容	平均值	变差系数	偏态系数	年度变化绝对比值	最大值	最大值出现年份	最小值	最小值出现年份
西柳沟	径流量	2 741.6 万 m^3	0.74	1.58	16	9 307.0m^3	1961	568.4 万 m^3	2015
	输沙量	392.3 万 t	2.03	4.75	365 307	4 748.6 万 t	1989	0.013 万 t	2011
毛不拉孔兑	径流量	1 275.1 万 m^3	1.32	2.86	179	8 784.6 万 m^3	1989	49.0 万 m^3	2011
	输沙量	413.6 万 t	2.91	5.14	204 114	7 144.0 万 t	1989	0.035 万 t	2011
罕台川	径流量	898.1 万 m^3	1.16	1.64	223	4 242.1 万 m^3	1994	19.1 万 m^3	1993
	输沙量	100.5 万 t	1.63	2.35	11 633	697.6 万 t	1989	0.060 万 t	2011

2.2.3 水沙变化趋势及其突变点分析

2.2.3.1 变化趋势

对水沙序列的趋势分析采用线性倾向估计、Mann-Kendall 趋势检验法。

根据线性倾向率分析（图 2-38 ~ 图 2-40），三条孔兑径流量和输沙量均随时间呈下降趋势，其平均每 10 年的减少量为：西柳沟分别为 298.3 万 m^3 和 48.0 万 t，毛不拉孔兑分别为 580.6 万 m^3 和 282.5 万 t，罕台川分别为 110.7 万 m^3 和 50.1 万 t。

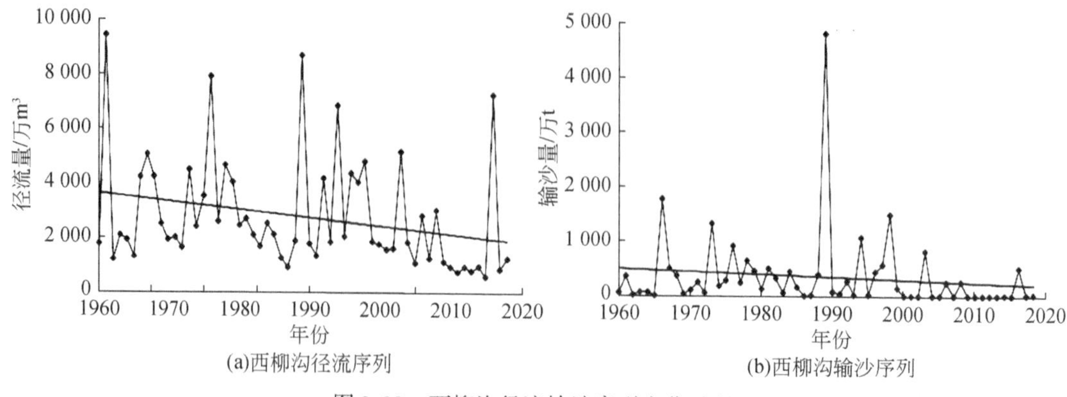

(a)西柳沟径流序列　　(b)西柳沟输沙序列

图 2-38　西柳沟径流输沙序列变化过程

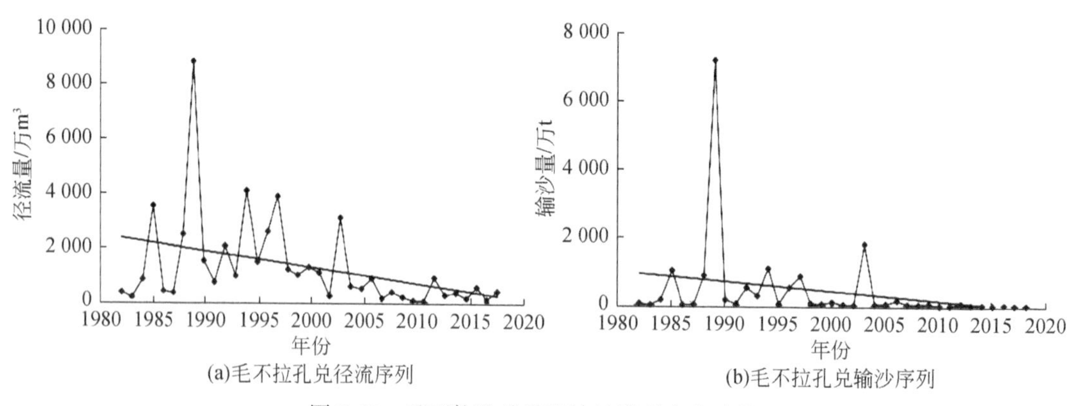

(a)毛不拉孔兑径流序列　　(b)毛不拉孔兑输沙序列

图 2-39　毛不拉孔兑径流输沙序列变化过程

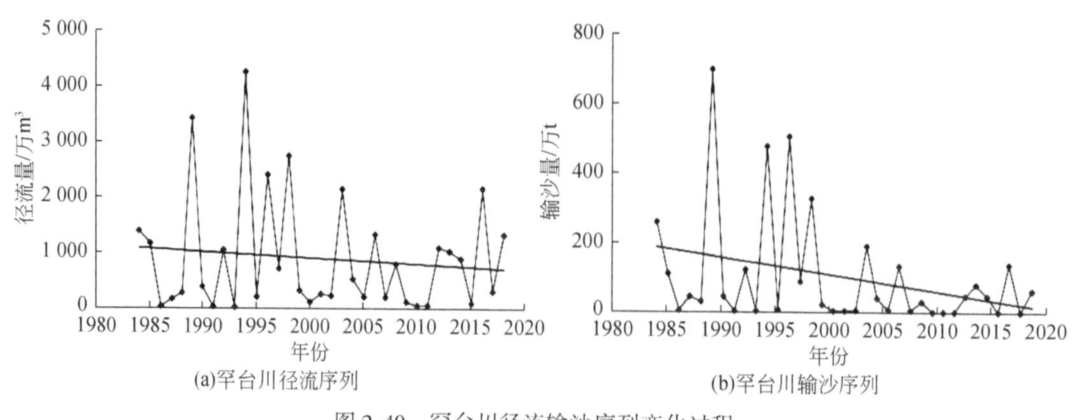

(a)罕台川径流序列　　(b)罕台川输沙序列

图 2-40　罕台川径流输沙序列变化过程

采用 Mann-Kendall 趋势检验法确定径流和输沙变化趋势的显著程度，西柳沟和毛不拉孔兑径流量、输沙量下降趋势明显，而罕台川径流量、输沙量下降趋势不明显，检验结果见表 2-12。

表 2-12　孔兑径流量和输沙量 Mann-Kendall 趋势检验结果

孔兑	统计时段	径流量 Z 值	输沙量 Z 值	显著程度
西柳沟	1960 ~ 2018 年	-3.20	-2.88	$\|Z\|>1.96$，下降趋势显著
毛不拉孔兑	1982 ~ 2018 年	-2.92	-3.18	$\|Z\|>1.96$，下降趋势显著
罕台川	1984 ~ 2018 年	-0.23	-1.59	$\|Z\|<1.96$，有下降趋势，但不显著

2.2.3.2　突变点分析

对三条孔兑年径流输沙序列的突变点分析采用 Mann-Kendall 趋势检验法、累积距平法、有序聚类法计算，通过 3 种计算方法综合确定径流输沙序列突变年份。

各孔兑径流输沙序列 Mann-Kendall 趋势检验法的计算结果见图 2-41 ~ 图 2-43，其中

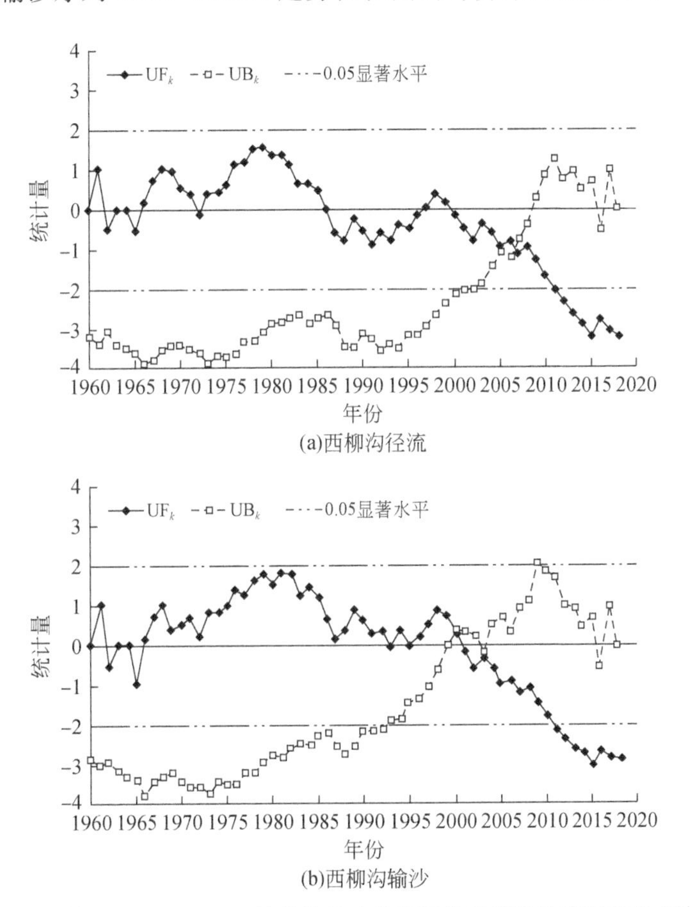

(a)西柳沟径流

(b)西柳沟输沙

图 2-41　基于 Mann-Kendall 趋势检验法的西柳沟径流输沙序列突变点检验

统计序列 $UF_k>0$ 表明序列呈上升趋势，统计序列 $UF_k<0$ 表明序列呈下降趋势，UF_k和 UB_k两条检验曲线相交认为存在一次突变过程。由图 2-41 可知，西柳沟径流序列 UF_k和 UB_k两条检验曲线在 2006 年附近相交，认为西柳沟径流序列在 2006 年存在一次径流量突变的可能。同理，从图 2-42 和图 2-43 中可知，毛不拉孔兑和罕台川相应径流输沙序列的突变年份，各孔兑径流输沙突变年结果见表 2-13。

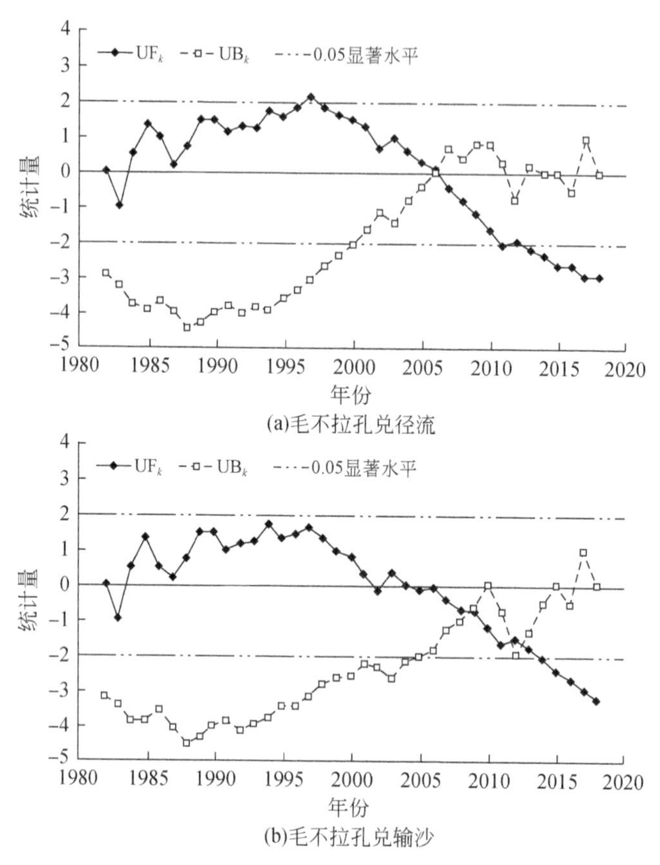

(a)毛不拉孔兑径流

(b)毛不拉孔兑输沙

图 2-42　基于 Mann-Kendall 趋势检验法的毛不拉孔兑径流输沙序列突变点检验

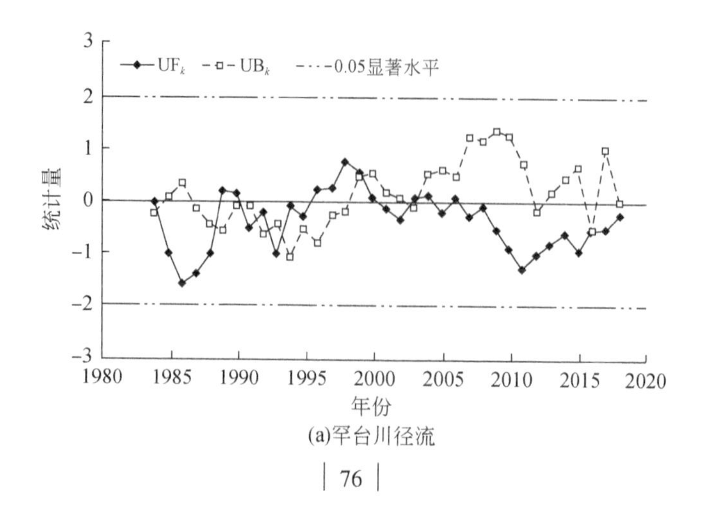

(a)罕台川径流

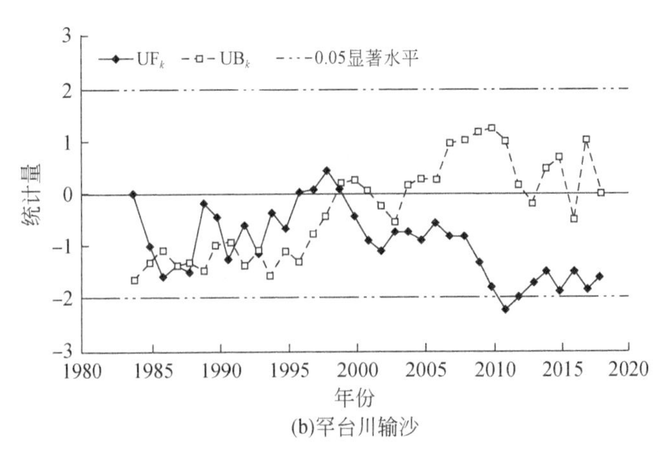

(b)罕台川输沙

图 2-43　基于 Mann-Kendall 趋势检验法的罕台川径流输沙序列突变点检验

表 2-13　孔兑水沙序列突变综合判断

孔兑	内容	MK 检验法	累积距平法	有序聚类法	综合判断突变	年均值		
						突变前	突变后	减少幅度/%
西柳沟	径流量	2006 年	1979 年、1988 年、1998 年	1999 年	1998 年	3202.4 万 m^3	1842.9 万 m^3	42.4
	输沙量	2000 年、2003 年	1988 年、1998 年	1999 年	1998 年	468.0 万 t	99.8 万 t	78.7
毛不拉孔兑	径流量	2006 年	1987 年、2003 年	1998 年	1998 年	2064.8 万 m^3	603.8 万 m^3	75.2
	输沙量	2008 年、2012 年	1987 年、2003 年	1990 年	2003 年	675.0 万 t	30.2 万 t	95.5
罕台川	径流量	1985 年、1988 年、1991 年、1993 年、1999 年、2003 年、2016 年	1998 年	1999 年	1998 年	1215.9 万 m^3	659.8 万 m^3	45.7
	输沙量	1985 年、1988 年、1991 年、1993 年、1999 年	1988 年、1998 年	1999 年	1998 年	180.8 万 t	40.2 万 t	77.8

各孔兑径流输沙序列累积距平法的计算结果见图 2-44 ~ 图 2-46，以图 2-44 为例，西柳沟径流序列累积距平可以看出西柳沟径流量存在 3 个拐点：1979 年、1988 年和 1998 年。1960 ~ 1979 年，径流量累积距平总体呈上升趋势，表明径流量逐渐增多；1980 ~ 1988 年，径流量累积距平不断下降，表明径流量在此期间呈减少趋势；1989 ~ 1998 年，径流量累积距平又开始上升，表明径流量又呈增加趋势；1998 ~ 2018 年，径流量累积距平又开始

降低，表明径流量又呈下降趋势。同理可知，西柳沟输沙序列累积距平计算的拐点有2个：1988年和1998年。毛不拉孔兑和罕台川径流输沙序列的拐点见表2-13。

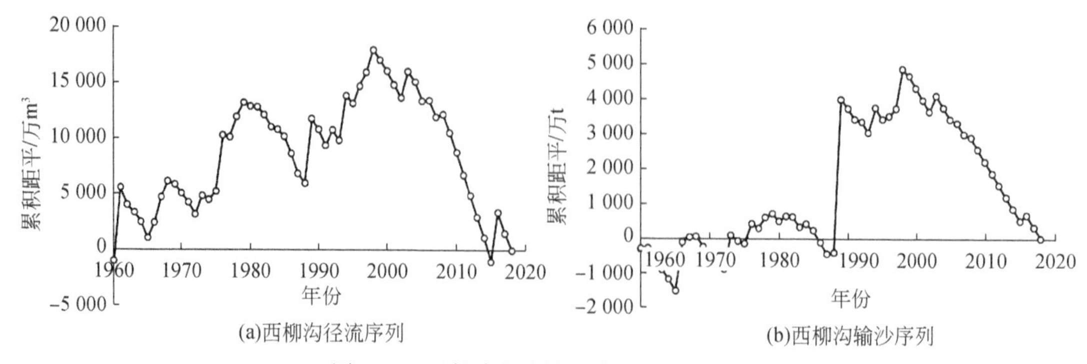

(a)西柳沟径流序列 (b)西柳沟输沙序列

图2-44 西柳沟径流输沙序列累积距平图

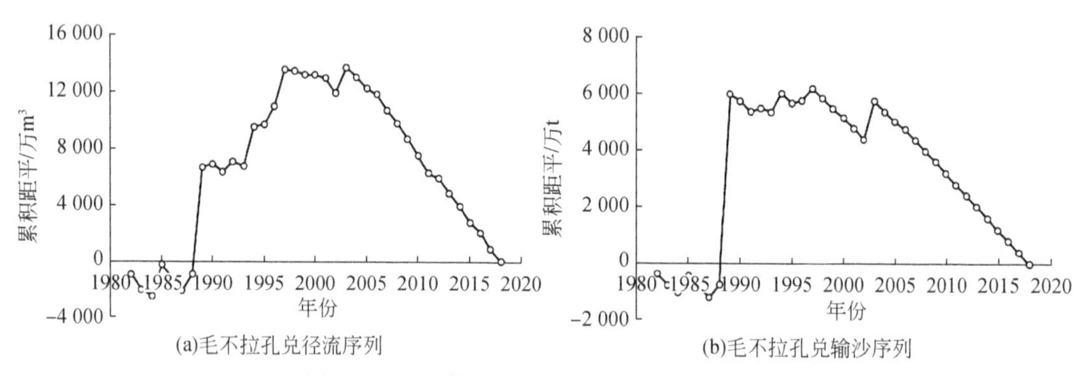

(a)毛不拉孔兑径流序列 (b)毛不拉孔兑输沙序列

图2-45 毛不拉孔兑径流输沙序列累积距平图

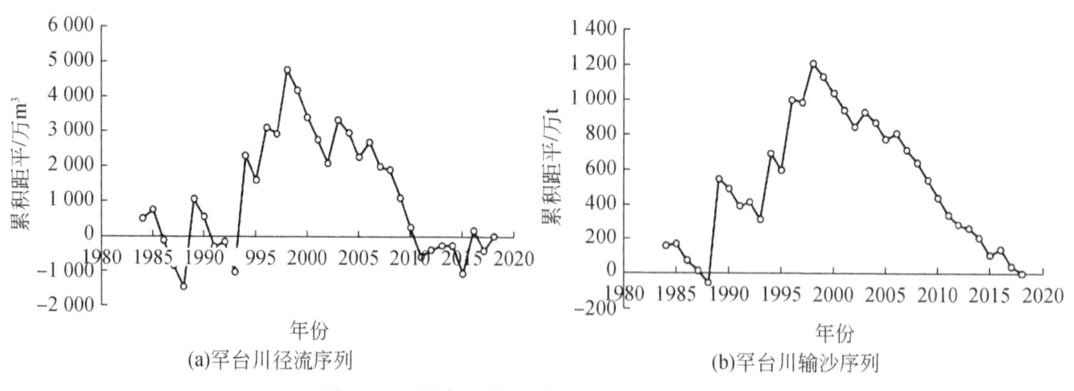

(a)罕台川径流序列 (b)罕台川输沙序列

图2-46 罕台川径流输沙序列累积距平图

各孔兑径流输沙序列有序聚类法的计算结果见图2-47～图2-49，其中径流输沙序列离差平方和$S_n(\tau)$曲线的最低点，一般认为是该序列的突变点，以图2-47为例，西柳沟径流序列离差平方和$S_n(\tau)$曲线在1999年出现最低点，初步判断该年份径流序列有突变。

同理其他孔兑径流输沙序列突变点结果见表 2-13。

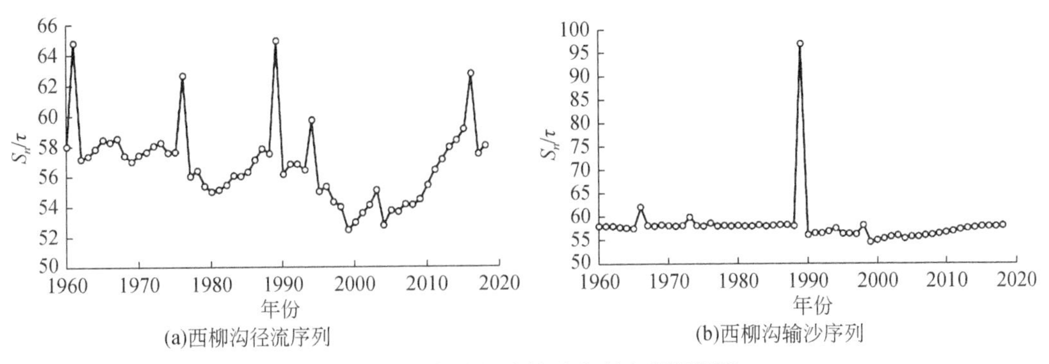

图 2-47　西柳沟径流输沙序列有序聚类图

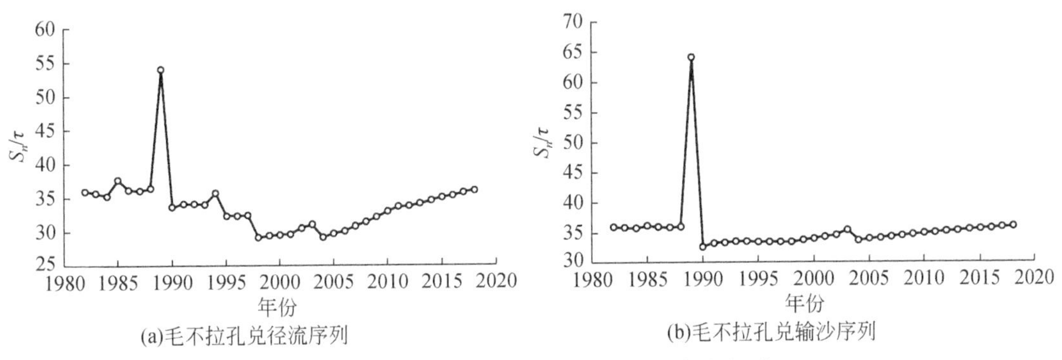

图 2-48　毛不拉孔兑径流输沙序列有序聚类图

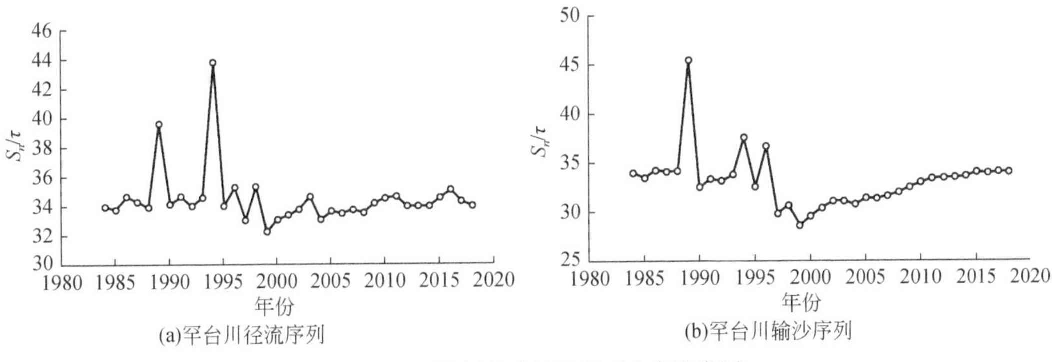

图 2-49　罕台川径流输沙序列有序聚类图

由表 2-13 可知，西柳沟径流与输沙序列突变年份都为 1998 年；毛不拉孔兑径流序列突变年份为 1998 年，输沙序列突变年份为 2003 年；罕台川径流与输沙序列突变年份也均为 1998 年。

2.3 孔兑降雨–径流–输沙关系分析

2.3.1 不同年代降雨–径流–输沙关系分析

(1) 西柳沟

根据实测资料建立西柳沟不同时段年降雨–径流关系 $W=f(P)$、汛期降雨–径流关系 $W_X=f(P_X)$、径流–输沙关系 $W_{XS}=f(W_X)$。由图 2-50 和图 2-51 可知，西柳沟不同时段年降雨、汛期降雨与径流的关系相似，都是 1970 ~ 1979 年的关系较好，其余时段的关系较差。由图 2-52 可知，除 1960 ~ 1969 年外，西柳沟不同时段的径流与输沙关系较好。具体关系见表 2-14。

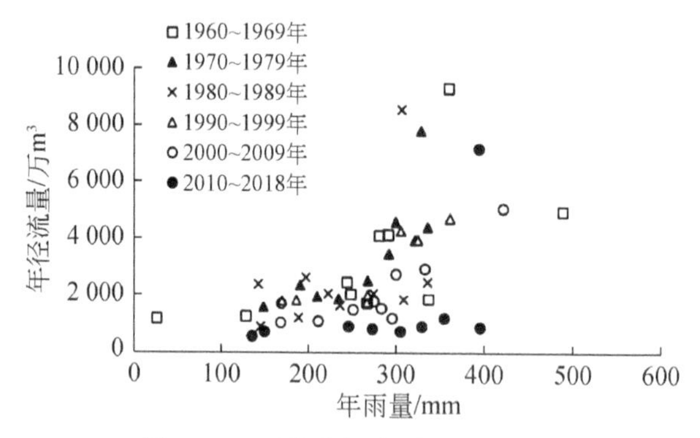

图 2-50　西柳沟年降雨–径流关系

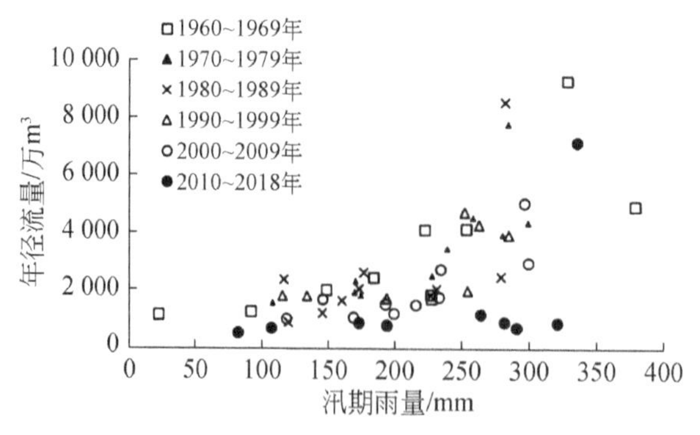

图 2-51　西柳沟汛期降雨–径流关系

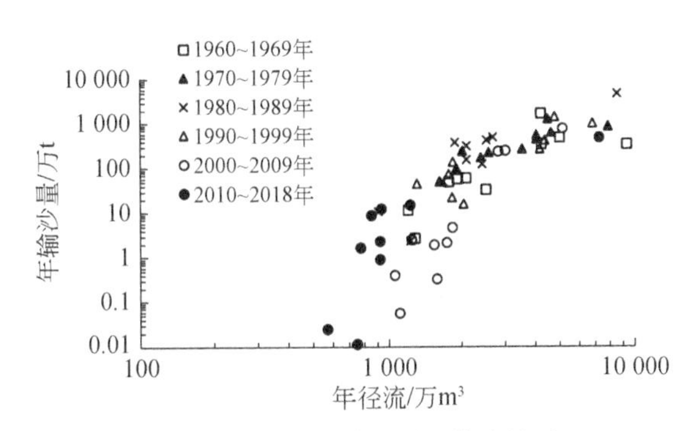

图 2-52 西柳沟年径流-输沙关系

表 2-14 西柳沟不同时段水沙关系

时段	降雨-径流 $W=f(P)$	R^2	汛期降雨-径流 $W_X=f(P_X)$	R^2	径流-输沙 $W_{XS}=f(W_X)$	R^2
1960~1969 年	$W=961.85e^{0.0039P}$	0.548	$W_X=905.27e^{0.0053P_X}$	0.705	$W_{XS}=0.08W_X+56.93$	0.132
1970~1979 年	$W=534.56e^{0.0067P}$	0.762	$W_X=656.16e^{0.0070P_X}$	0.802	$W_{XS}=0.16W_X-122.72$	0.563
1980~1989 年	$W=765.07e^{0.0044P}$	0.261	$W_X=616.08e^{0.0065P_X}$	0.451	$W_{XS}=0.65W_X-1029.30$	0.968
1990~1999 年	$W=612.95e^{0.0055P}$	0.710	$W_X=900.26e^{0.0051P_X}$	0.561	$W_{XS}=0.23W_X-333.10$	0.664
2000~2009 年	$W=442.32e^{0.0053P}$	0.666	$W_X=413.83e^{0.0071P_X}$	0.712	$W_{XS}=0.20W_X-293.61$	0.949
2010~2018 年	$W=285.39e^{0.0046P}$	0.358	$W_X=369.36e^{0.0047P_X}$	0.342	$W_{XS}=0.08W_X-61.67$	0.996

(2) 毛不拉孔兑

根据实测资料建立毛不拉孔兑不同时段年降雨-径流关系 $W=f(P)$、汛期降雨-径流关系 $W_X=f(P_X)$、径流-输沙关系 $W_{XS}=f(W_X)$。由图 2-53 和图 2-54 可知，毛不拉孔兑不同时段年降雨、汛期降雨与径流的关系相似，都是 1980~1989 年的关系较好，其余时段的关系较差。由图 2-55 可知，毛不拉孔兑不同时段的径流与输沙关系较好。具体关系见表 2-15。

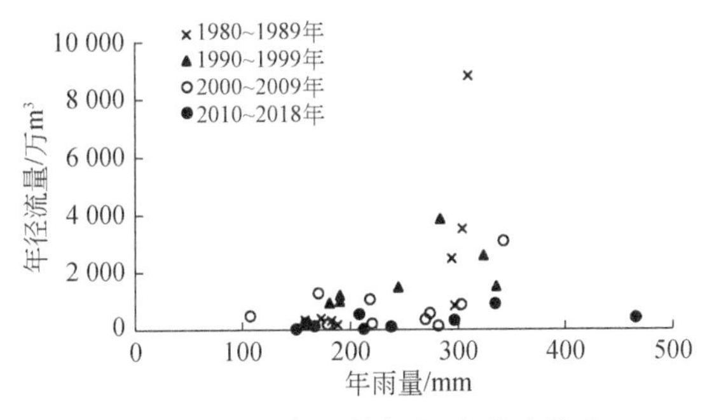

图 2-53 毛不拉孔兑年降雨-径流关系

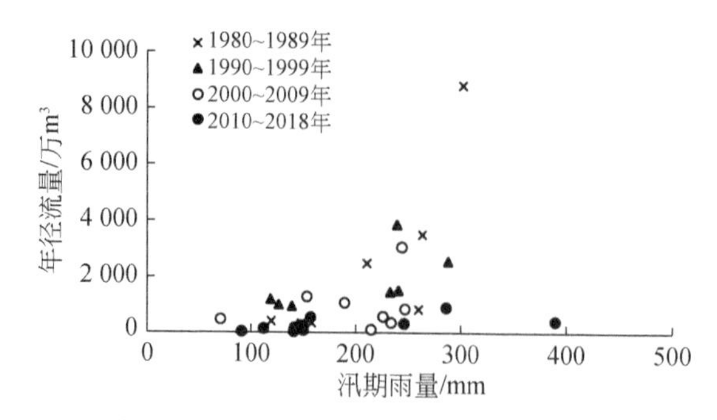

图 2-54　毛不拉孔兑汛期降雨-径流关系

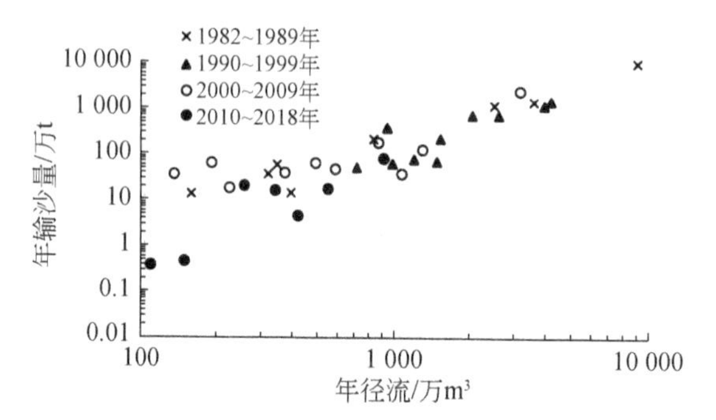

图 2-55　毛不拉孔兑年径流-输沙关系

表 2-15　毛不拉孔兑不同时段水沙关系

时段	降雨-径流 $W=f(P)$	R^2	汛期降雨-径流 $W_X=f(P_X)$	R^2	径流-输沙 $W_{XS}=f(W_X)$	R^2
1980～1989 年	$W=13.00e^{0.0178P}$	0.75	$W_X=24.17e^{0.0181P_X}$	0.76	$W_{XS}=0.80W_X-520.99$	0.94
1990～1999 年	$W=394.50e^{0.0055P}$	0.49	$W_X=495.20e^{0.0059P_X}$	0.59	$W_{XS}=0.29W_X-198.25$	0.90
2000～2009 年	$W=234.36e^{0.0036P}$	0.07	$W_X=225.50e^{0.0047P_X}$	0.08	$W_{XS}=0.57W_X-245.85$	0.84
2010～2018 年	$W=53.02e^{0.0055P}$	0.31	$W_X=54.77e^{0.0070P_X}$	0.45	$W_{XS}=0.06W_X-7.64$	0.80

(3) 罕台川

根据实测资料建立罕台川不同时段年降雨-径流关系 $W=f(P)$、汛期降雨-径流关系 $W_X=f(P_X)$、径流-输沙关系 $W_{XS}=f(W_X)$。由图 2-56 和图 2-57 可知，罕台川不同时段年降雨、汛期降雨与径流的关系相似，都是 1980～1989 年的关系较好，其余时段的关系较差。由图 2-58 可知，罕台川不同时段的径流与输沙关系较好。具体关系见表 2-16。

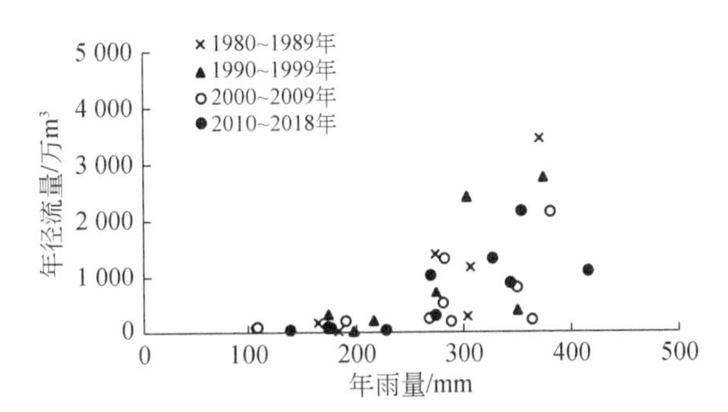

图 2-56　罕台川年降雨-径流关系

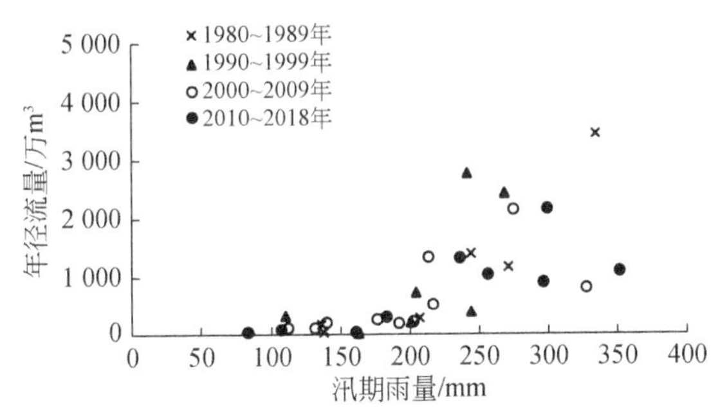

图 2-57　罕台川汛期降雨-径流关系

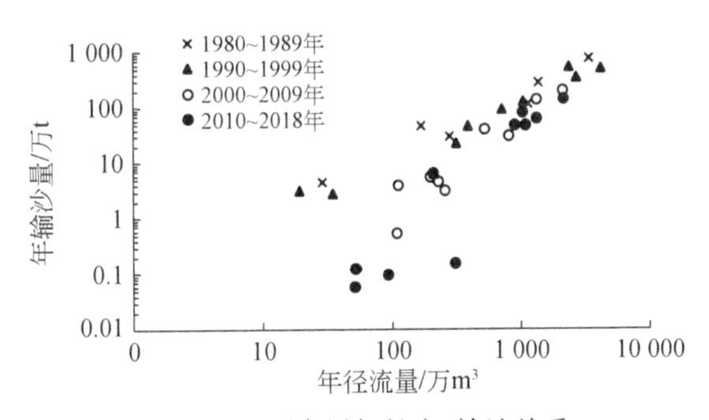

图 2-58　罕台川年径流-输沙关系

表 2-16　罕台川不同时段水沙关系

时段	降雨-径流 $W=f(P)$	R^2	汛期降雨-径流 $W_X=f(P_X)$	R^2	径流-输沙 $W_{XS}=f(W_X)$	R^2
1980 ~ 1989 年	$W=3.63e^{0.0181P}$	0.687	$W_X=4.60e^{0.0206P_X}$	0.853	$W_{XS}=0.20W_X-28.02$	0.964
1990 ~ 1999 年	$W=7.63e^{0.0149P}$	0.477	$W_X=8.88e^{0.0189P_X}$	0.373	$W_{XS}=0.13W_X+1.50$	0.877
2000 ~ 2009 年	$W=39.76e^{0.0082P}$	0.505	$W_X=29.70e^{0.0126P_X}$	0.651	$W_{XS}=0.10W_X-15.21$	0.958
2010 ~ 2018 年	$W=7.58e^{0.0141P}$	0.743	$W_X=17.42e^{0.0142P_X}$	0.781	$W_{XS}=0.06W_X-8.33$	0.936

2.3.2 径流-输沙关系变化趋势

由图2-59、图2-60可知，三条孔兑径流-输沙存在一定关系，整体来看（表2-17），汛期径流-输沙的关系比年径流-输沙关系更为密切。年径流-输沙关系中毛不拉孔兑和罕台川相近，与西柳沟有所不同；而汛期三条孔兑的径流-输沙关系比较相近，仅汛期径流量在1000万m^3以下时，西柳沟输沙量稍小于其他两条孔兑。

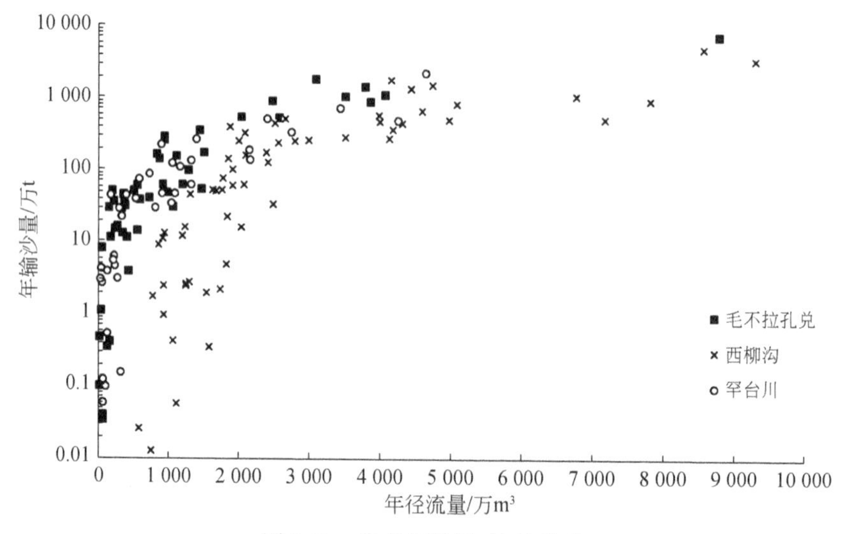

图2-59　孔兑年径流-输沙关系

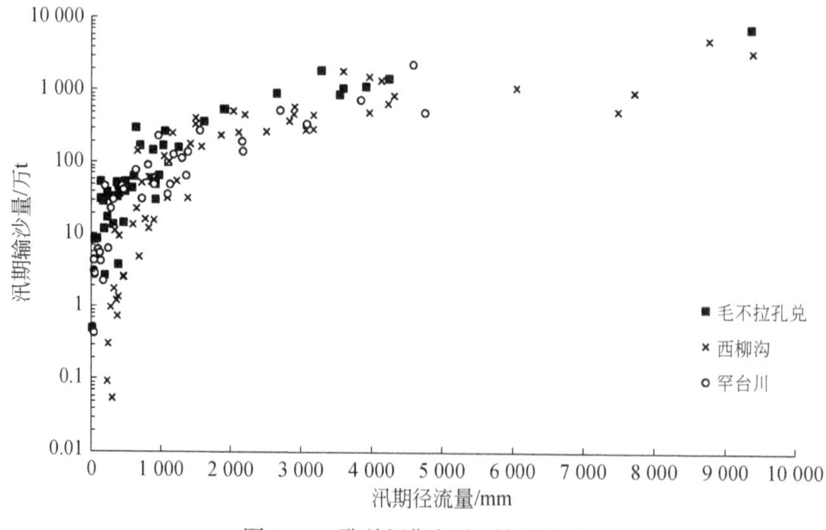

图2-60　孔兑汛期径流-输沙关系

表 2-17　孔兑径流-输沙关系

孔兑	年径流-输沙关系	R	汛期径流-输沙关系	R
毛不拉孔兑	$W_S=4.28\times10^{-3}W_R^{1.47}$	0.88	$W_{XS}=3.16\times10^{-2}W_{XR}^{1.24}$	0.90
西柳沟	$W_S=2.16\times10^{-11}W_R^{3.70}$	0.85	$W_{XS}=2.97\times10^{-6}W_{XR}^{2.39}$	0.91
罕台川	$W_S=2.28\times10^{-3}W_R^{1.50}$	0.84	$W_{XS}=3.18\times10^{-2}W_{XR}^{1.17}$	0.93

注：表中 W_S、W_{XS}分别代表年输沙量和汛期输沙量；W_R、W_{XR}分别代表年径流量和汛期径流量

第3章 土壤侵蚀时空变化及其驱动力分析

3.1 土壤水力侵蚀时空变化及其影响因素

3.1.1 影响土壤水力侵蚀因子及其变化

3.1.1.1 降雨侵蚀力

降雨侵蚀力是反映由降雨引起的土壤侵蚀潜在能力，是构建土壤流失预测模型的最基本因子之一。本书涉及的 USLE、CSLE 和 TSLE 模型中的降雨侵蚀力都参与图层计算。

（1）数据源

气象数据源于中国气象数据网（http://data.cma.cn/）和研究区涉及的达拉特旗、杭锦旗、东胜区和准格尔旗四个旗县区气象站观测资料。此外，在降雨侵蚀力图层计算中，为了提高精度，对研究区周边气象站数据也进行了收集，具体站点涉及的地区包括：包头、伊金霍洛旗、呼和浩特、临河、鄂托克旗、右玉和河曲（来源于中国气象数据网的站点）。资料分析时间范围为 1985 ~2018 年每年逐日降水数据，筛选日降雨量大于 12mm 的降水数据用式（3-1）~式（3-3）计算完成。通过 Anusplina 软件将 DEM 引入为协变量，将得到的各站点降雨侵蚀因子计算形成栅格数据图层。

降雨侵蚀力 R 计算公式为

$$R = \alpha \times P_n^{\beta} \tag{3-1}$$

$$\alpha = 2.586 \times \beta - 7.1891 \tag{3-2}$$

$$\beta = 0.8363 + \frac{24.455}{P_y} + \frac{18.144}{P_d} \tag{3-3}$$

式中，P_n 为侵蚀降水量；P_y 为研究时期内年均侵蚀降水量；P_d 为研究时期内侵蚀降水量日均值；α 和 β 为降雨侵蚀力因子参数。

（2）结果分析

表 3-1 表明，在研究时段内最大降雨侵蚀力出现在 1985 年，该年降雨侵蚀力在 518.997 ~1795.489MJ · mm/(hm² · h · a) 变化，平均为 997.588MJ · mm/(hm² · h · a)。最小降雨侵蚀力出现在 2000 年，该年降雨侵蚀力在 229.105 ~ 517.612MJ · mm/(hm² · h · a) 变化，平均为 295.613MJ · mm/(hm² · h · a)。

表 3-1　1985 ~ 2018 年区域降雨侵蚀力变化

［单位：MJ · mm/(hm² · h · a)］

年份	最小	最大	平均
1985	518.997	1795.489	997.558
1990	451.969	1250.441	775.899
1995	572.361	1078.163	844.624
2000	229.105	517.612	295.613
2005	231.268	644.776	391.519
2009	406.725	798.986	617.254
2015	282.981	627.527	434.320
2018	500.101	1064.549	745.409
平均	399.188	972.193	637.775
标准差	135.224	420.482	245.655
变异系数（无量纲）	0.339	0.433	0.385

从多年平均水平来看，研究区降雨侵蚀力变化在 399.188 ~ 972.193MJ · mm/(hm² · h · a)，总体平均为 637.775MJ · mm/(hm² · h · a)。从降雨侵蚀力最大值、最小值和平均值的变异系数来看，最小值为 0.339，平均值为 0.385，最大值为 0.433，说明无论是变幅还是平均水平，不同年份多年降雨侵蚀力变化维持在较高水平。

（3）主要结论

1）在时间尺度上，1985 ~ 2018 年研究区最大降雨侵蚀力变化呈波动下降趋势（图 3-1），由 1985年的 1795.5MJ · mm/(hm² · h · a) 下降到 2018 年的 1064.5MJ · mm/(hm² · h · a)。其中 1985 ~ 2000 年呈下降趋势，由 1795.5MJ · mm/(hm² · h · a) 下降到 517.6MJ · mm/(hm² · h · a)；2000 ~ 2010 年降雨侵蚀力呈增加趋势，由 517.6MJ · mm/(hm² · h · a) 增加到 799.0MJ · mm/(hm² · h · a)；2010 年之后呈波动增加趋势，由 799.0MJ · mm/(hm² · h · a)增加到 1064.5MJ · mm/(hm² · h · a)。

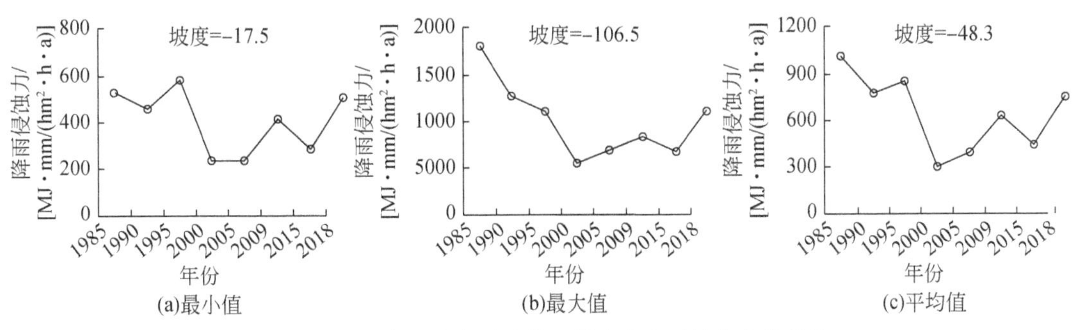

(a)最小值　(b)最大值　(c)平均值

图 3-1　降雨侵蚀力年最小值、最大值和平均值变化趋势

2）在空间尺度上，降雨侵蚀力高值区在研究时段内呈无规律变化（图 3-2）。其中在

1985 年、1990 年和 2018 年，降雨侵蚀力高值区出现在丘陵区；1995 年、2000 年和 2005 年，高值区出现在研究区东部，涵盖了丘陵区、风沙区和平原区；2009 年和 2015 年，高值区分布在研究区东北部，主要包括了平原区和风沙区。

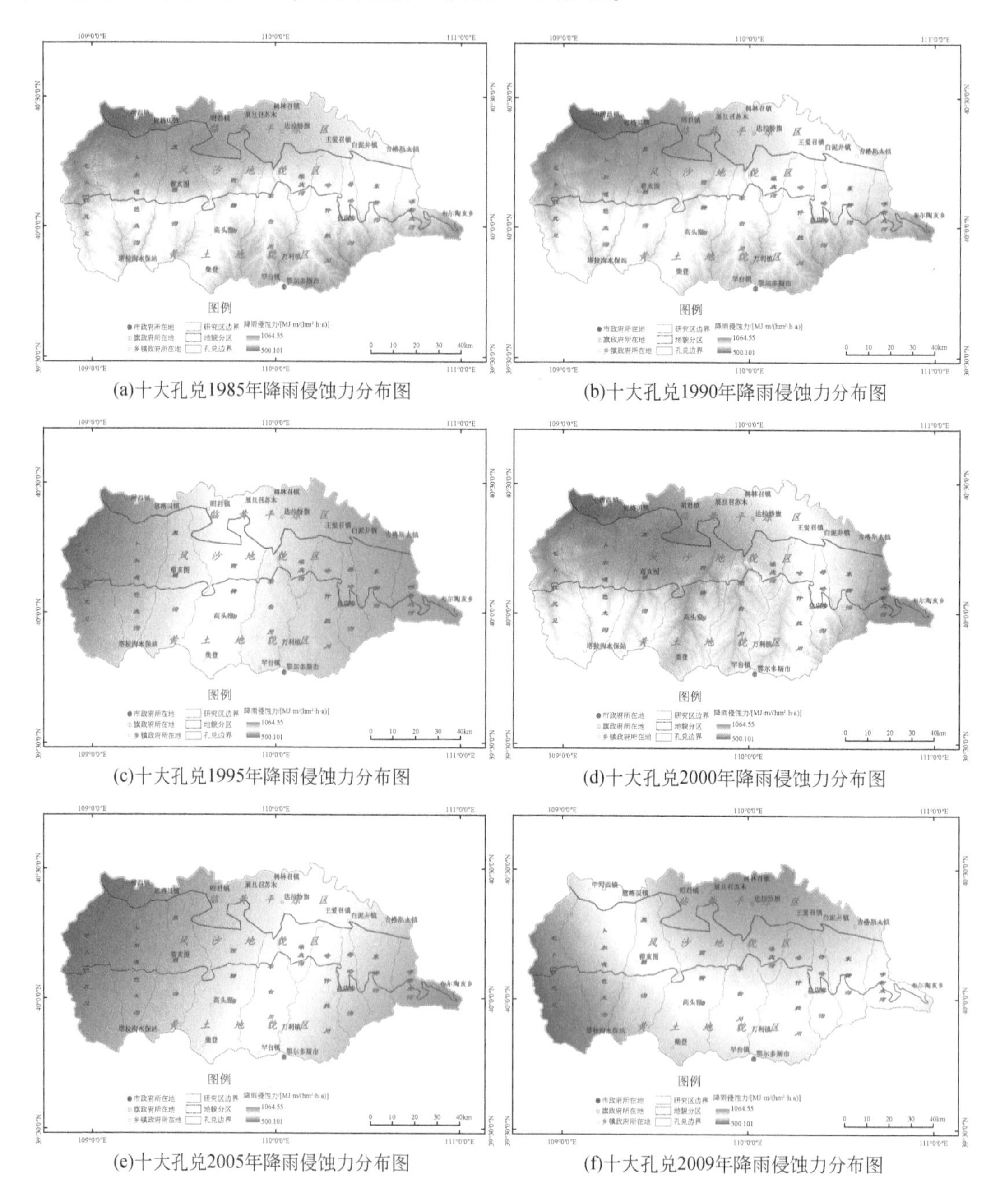

(a)十大孔兑1985年降雨侵蚀力分布图

(b)十大孔兑1990年降雨侵蚀力分布图

(c)十大孔兑1995年降雨侵蚀力分布图

(d)十大孔兑2000年降雨侵蚀力分布图

(e)十大孔兑2005年降雨侵蚀力分布图

(f)十大孔兑2009年降雨侵蚀力分布图

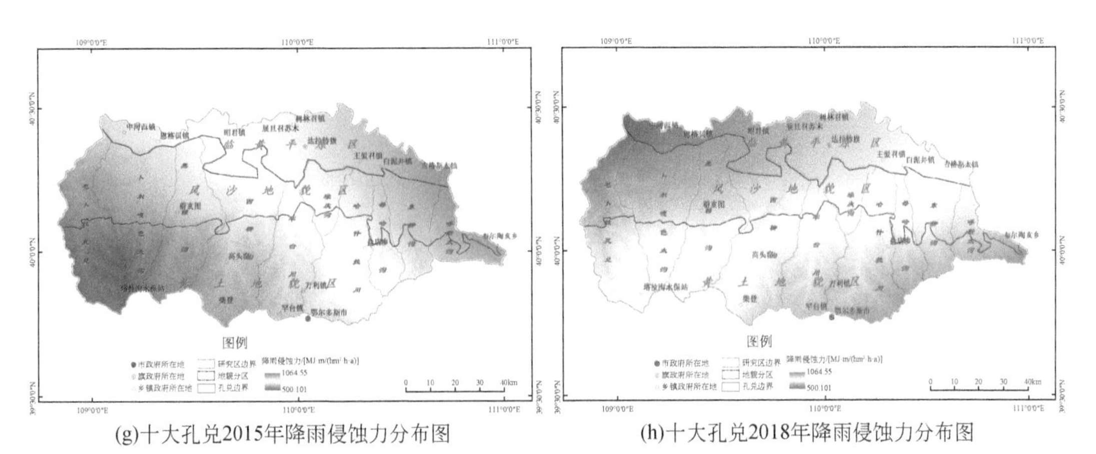

(g)十大孔兑2015年降雨侵蚀力分布图　　(h)十大孔兑2018年降雨侵蚀力分布图

图 3-2　研究区 1985 ~ 2018 年降雨侵蚀力图

3.1.1.2　土壤可侵蚀因子

土壤可侵蚀因子采用水利部《区域水土流失动态监测技术规定（试行)》中的方法计算。具体为

$$K = A/R \tag{3-4}$$

式中，A 为坡长 22.13m，坡度 9%（5°），清耕休闲径流小区观测的多年平均土壤侵蚀模数 [t/(hm^2 · a)]；R 为与小区土壤侵蚀观测对应的多年平均年降雨侵蚀力 [MJ · mm/(hm^2 · h · a)]。K 值要求具备 12 年以上的连续观测资料，研究区内的合同沟国家水土保持监测站数据为 2014 ~ 2019 年只有 6 年，不满足规定要求 12 年，因此借用距研究区东边界 20km 左右的圪坨店国家水土保持监测站 2008 ~ 2013 年 6 年数据共 12 年，最后求平均为 0.0283t · h/(MJ · mm)（表 3-2）。

表 3-2　土壤可侵蚀因子

监测站	年份	侵蚀模数 /[t/(hm^2 · a)]	降雨侵蚀力 /[MJ · mm/(hm^2 · h · a)]	土壤可侵蚀因子 /[t · h/(MJ · mm)]
圪坨店	2008	52.8	1254.5	0.0421
	2009	11.8	497.9	0.0237
	2010	4.4	1007.7	0.0043
	2011	3.1	633.0	0.0049
	2012	2.5	2498.1	0.0010
	2013	6.6	1495.0	0.0044

续表

监测站	年份	侵蚀模数 /[t/(hm² · a)]	降雨侵蚀力 /[MJ · mm/(hm² · h · a)]	土壤可侵蚀因子 /[t · h/(MJ · mm)]
合同沟	2014	2. 6	1353. 9	0. 0019
	2015	4. 3	985. 2	0. 0043
	2016	1608. 2	336. 5	0. 2092
	2017	1. 3	370. 7	0. 0035
	2018	45. 4	2189. 5	0. 0207
	2019	16. 7	846. 9	0. 0197
	平均	146. 6	1122. 4	0. 0283

3. 1. 1. 3　地形因子

地形因子包括坡长（L）和坡度（S），计算采用式（3-5）~式（3-7），其中坡长采用 Wischmeier 和 Smith 在 1978 年美国农业部农业手册中提出的计算方法，与 CSLE 中的坡长计算相比，其计算过程相对简单（图 3-3），即

$$L_i=(\lambda/22.1)^m \tag{3-5}$$

$$m=\begin{cases}0.2 & \theta\leqslant 1^\circ\\ 0.3 & 1^\circ<\theta\leqslant 3^\circ\\ 0.4 & 3^\circ<\theta\leqslant 5^\circ\\ 0.5 & \theta>5^\circ\end{cases} \tag{3-6}$$

$$S=\begin{cases}10.8\sin\theta+0.03 & \theta<5^\circ\\ 16.8\sin\theta-0.5 & 5^\circ\leqslant\theta<10^\circ\\ 21.9\sin\theta-0.96 & \theta\geqslant 10^\circ\end{cases} \tag{3-7}$$

式中，L 为坡长因子（无量纲）；λ 为坡长（单位 m）；θ 为坡度；S 为坡度因子（无量纲）。

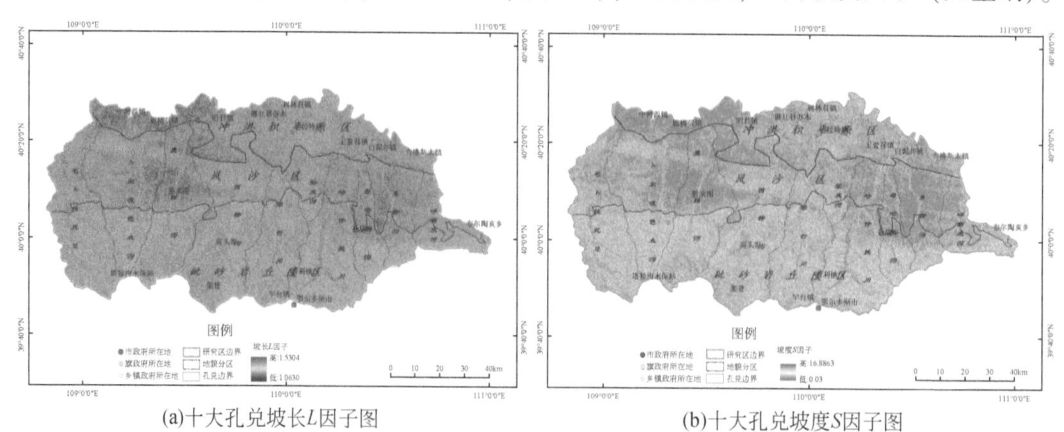

(a)十大孔兑坡长L因子图　　(b)十大孔兑坡度S因子图

图 3-3　研究区坡长、坡度图

3.1.1.4 植被因子

(1) 数据源

采用两种数据计算植被盖度，MODIS NDVI（空间分辨率为250m）产品类型为MOD13Q1（https://e4ftl01.cr.usgs.gov/MOLT/MOD13Q1.005），时间为2000～2018年生长季（5～8月）的16d合成数据，原始数据为HDF格式；Landsat NDVI数据与LUCC解译所用数据一致，源于地理空间数据云（http://www.gscloud.cn/），轨道号127-32和128-32，空间分辨率为30m。各模型中的NDVI（分辨率30m）是上述两种数据的融合，融合流程参照《区域水土流失动态监测技术规定（试行）》附录7进行，最后在地面光谱-植被盖度模型支持下形成分析时段植被盖度图。

(2) 研究方法

MODIS NDVI：数据下载后，通过MRT（Modis Reprojection Tool）进行转换，将MODIS NDVI数据由HDF格式转换为TIFF格式，投影方式由等面积正弦曲线投影（Sinusoidal Projection）转换为通用横轴墨卡托投影（Universal Transverse Mercator Projection，UTM），基准投影为WGS-84。

Landsat NDVI：对于Landsat 5、7号星的采用3波段（红光）、4波段（近红），LANDSAT 8采用4波段（红光）、5波段（近红）。用公式NDVI=（近红-红光）/(近红+红光）计算。

NDVI整合：分别利用MODIS NDVI和Landsat NDVI时间和空间分辨率较高的特点，用MODIS NDVI 5～8月平均值代表十大孔兑年NDVI水平，用Landsat NDVI归一化空间差异代表年内NDVI空间分布格局获取计算所用研究区30m分辨率的NDVI。

采用地面光谱-盖度模型构建实现对Landsat NDVI（分辨率30m）的盖度反演。

样方NDVI测定与计算：地面植被反射光谱测定使用美国ASD公司的FieldSpec HandHeld手持便携式光谱仪（波长范围325～1075nm）。测定时探头垂直向下，视场角为25°，与实测目标地物距离为0.67m，对应地面样本为直径30 cm样圆。分别对不同级别盖度的植被光谱进行测定，每次测定重复5次，并对此时植被覆盖进行遮光拍照（剔除阴影干扰）并进行盖度值解译。光谱数据处理采用光谱仪自带软件ViewSpec Pro进行，经积分计算后分别导出与Landsat红光（630～690nm）、近红外（760～900nm）对应波段并分别计算NDVI［式（3-8）］。为减少太阳辐照度的影响，选择的天气状况良好，晴朗无云，风力较小，太阳光强度充足并稳定的时段，每隔10～15min用白板进行校正，野外光谱测量的时间在10:00～15:00 。

$$NDVI=(\lambda_{近红外}-\lambda_{红光})/(\lambda_{近红外}+\lambda_{红光}) \tag{3-8}$$

样方照片解译：在遥感数据解译中针对植被解译的指数有很多种，但大多数都基于可见光-近红外波段，如较为常见的NDVI指数、比值植被指数（Ratio Vegetation Index，RVI）及增强型植被指数（Enhanced Vegetation Index，EVI）等。这些指数在可见光照片植被信息提取中无法应用。但是Woebbecke（1995）提出的可见光相片提取植被信息的原理和方法经不断完善后被迅速应用于可见光照片的植被信息提取。因此，采用基于可见光计算的过绿指数（Excess Green，EXG）进行照片解译，计算公式见式（3-9）。

$$EXG = 2\times\rho_{green} - \rho_{red} - \rho_{blue} \tag{3-9}$$

式中，ρ_{green}为照片的绿光波段；ρ_{red}为照片的红光波段；ρ_{blue}为照片的蓝光波段。

在获得样方 NDVI 和植被盖度的基础上，采用最佳回归分析方法确定 NDVI 与植被盖度之间的关系（图 3-4）。Landsat 数据植被盖度反演采用图 3-4 中的 $y = 122.69x - 16.198$（$R^2 = 0.933$；$p<0.001$）模型进行计算，其中 y 为植被盖度（%），x 为 NDVI 值。

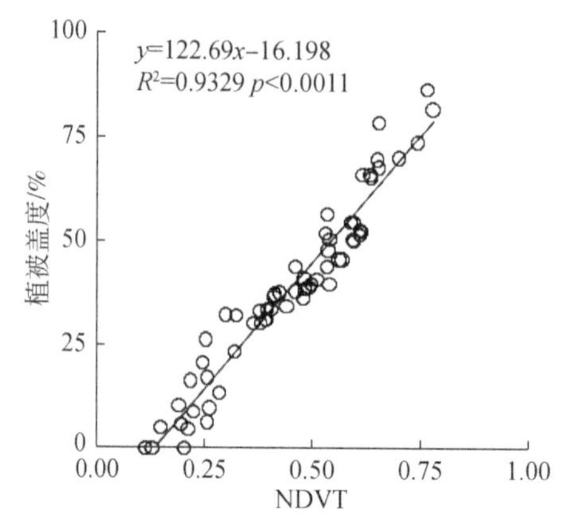

图 3-4 NDVI 与植被盖度关系

（3）植被盖度总体特征

分析结果表明（表 3-3），在研究时段内最大植被盖度年变化在 73.00%~94.64% 且呈增加趋势［图 3-5（a）］，平均为 79.51%，最大值出现在 2018 年达到 94.64%。由于研究区中部风沙区分布着库布齐沙漠，其中有大面积流动沙丘存在，因此研究区盖度最小值一直为 0。

表 3-3 1985～2018 年研究区植被盖度变化（单位：%）

年份	最小	最大	平均
1985	0.00	73.00	14.83
1990	0.00	77.38	18.37
1995	0.00	74.22	15.09
2000	0.00	76.03	14.40
2005	0.00	77.19	17.83
2009	0.00	81.17	19.37
2015	0.00	82.41	17.62
2018	0.00	94.64	31.98
平均		79.51	18.69
标准差		6.89	5.67
变异系数		0.087	0.304

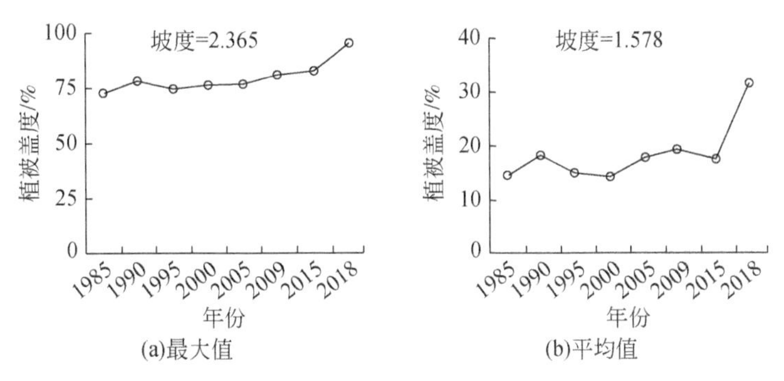

图 3-5　植被盖度最大值和平均值变化趋势

从多年平均水平来看，研究区植被盖度变化在 14.40% ~ 31.98%，呈增加趋势［图 3-5（b）］，总体平均为 18.69%。从植被盖度最大值与平均值的变异系数来看，最大值波动较小为 0.087，而平均值波动较大为 0.304，说明在平均水平上，十大孔兑地区植被盖度变化较大。研究区植被盖度最大值变化较小是因为研究区北部平原区农田和乔木林占绝对优势，也是盖度高值区，而在考虑了植被生长过程（MODIS 5 ~ 8 月数据）的累积效应的前提下，农作物植被盖度（研究区高值区）变化小是必然结果（图 3-6）。

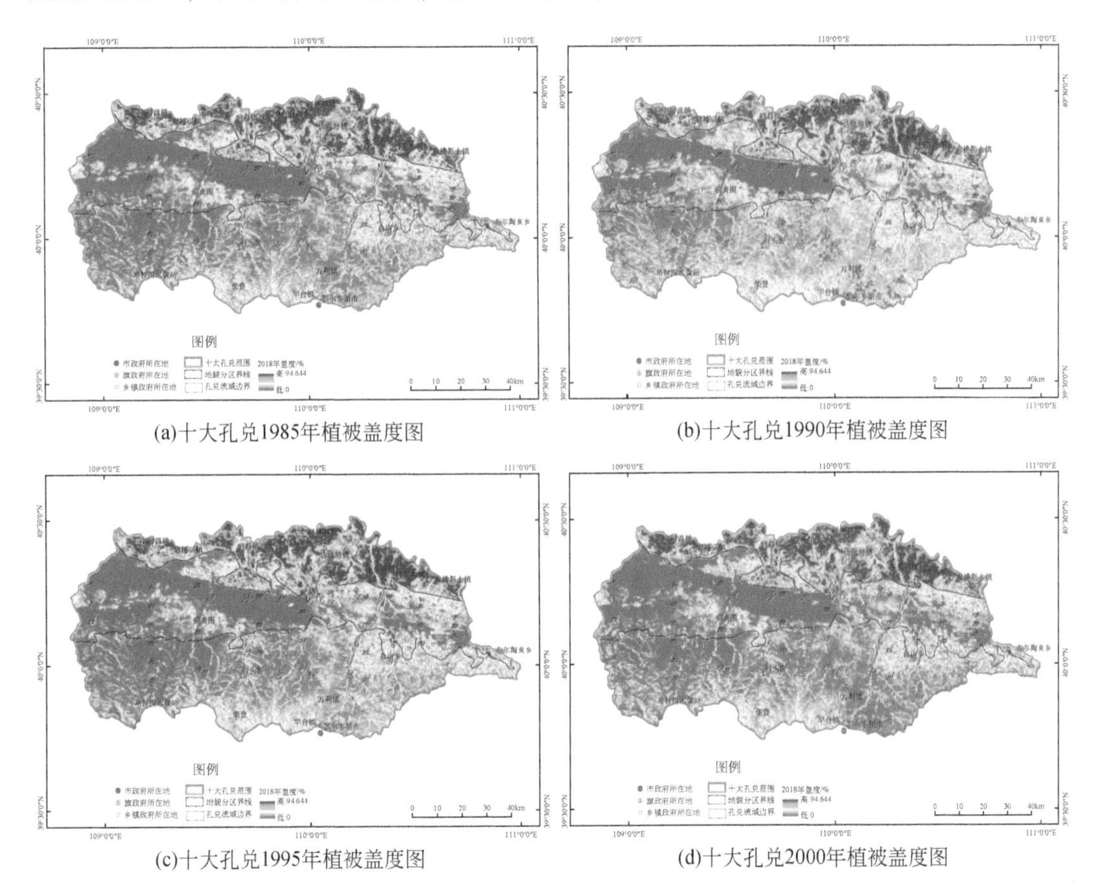

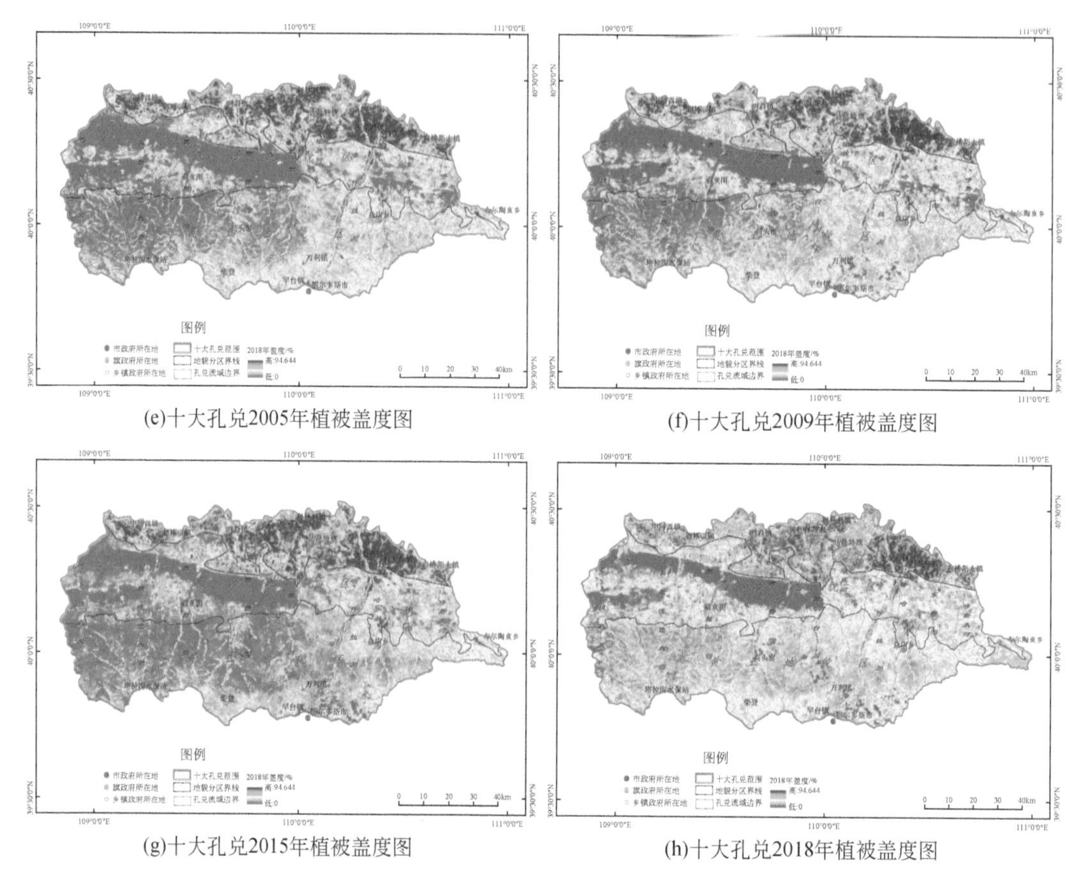

(e)十大孔兑2005年植被盖度图

(f)十大孔兑2009年植被盖度图

(g)十大孔兑2015年植被盖度图

(h)十大孔兑2018年植被盖度图

图 3-6 研究区 1985 ~ 2018 年植被盖度图

从分阶段特征来看（表 3-3，图 3-5，图 3-6），1985 ~ 2000 年研究区平均植被盖度变化在 14.40% ~ 18.37%，在 1990 年植被盖度最大，说明这一时期植被盖度变化主要受到当年降水量多少的影响，因为 1990 年是全域平均降水量最高的一年，达到 247.0mm。在 2000 ~ 2010 年，植被盖度明显增加，由 2000 年的 14.40% 增加到 2009 年的 19.37%；2010 年以后植被盖度增加更加明显，在 2018 年增加到了 31.89%。这两个时期植被盖度增加与同期的水土保持综合治理和沙漠化防治力度的增加密切相关，因为在这一时期内国家和地方分别启动了“三北防护林工程”“京津风沙源治理工程”“水土保持世行贷款一期和二期项目”“禁牧工程”等一系列治理项目，使区域植被状况得到了极大改善。

（4）不同盖度级别变化特征

从不同研究时期的植被盖度遥感解译结果来看（表 3-4，图 3-7），地区植被盖度 <15% 级别的面积变化在 523 ~ 1184km^2，多年平均 824km^2，整体变化趋势呈下降趋势［图 3-7（a）］。盖度为 15% ~ 30% 级别的地区，面积变化在 3529 ~ 5612km^2，多年平均为 4619km^2，整体变化趋势也呈减少趋势［图 3-7（b）］。盖度为 30% ~ 45% 级别的地区，面积变化在 2250 ~ 4220km^2，多年平均为 3056km^2，整体变化趋势呈下降趋势［图 3-7（c）］。盖度为 45% ~ 60% 级别的地区，面积变化在 798 ~ 2114km^2，多年平均为 1113km^2，

整体变化趋势呈增加趋势［图 3-7（d）］。盖度为 60%～75% 级别的地区，面积变化在 665～1203km²，多年平均为 796km²，整体变化趋势也呈增加趋势［图 3-7（e）］。盖度为 > 75% 级别的地区，面积变化在 215～626km²，多年平均为 359km²，整体变化趋势呈增加趋势［图 3-7（f）］。

表 3-4　不同时期植被盖度面积分级　　（单位：km²）

盖度分级	1985 年	1990 年	1995 年	2000 年	2005 年	2010 年	2015 年	2018 年	平均
<15%	960	671	918	1 184	875	775	683	523	824
15%～30%	5 250	3 582	4 882	5 612	3 947	4 901	5 245	3 529	4 619
30%～45%	2 756	4 220	3 050	2 250	3 641	3 105	2 655	2 772	3 056
45%～60%	861	1 221	916	797	1 176	936	885	2 114	1 113
60%～75%	725	739	743	665	762	747	786	1 203	796
>75%	215	334	258	259	366	303	513	626	359
合计	10 767	10 767	10 767	10 767	10 767	10 767	10 767	10 767	

总的来看，研究区植被盖度以 15%～45% 为主，二者合计为 7656km²，占总面积的 71.2%；45% 以上植被盖度区域所占面积为 2268km²，占总面积的 21.1%；小于 15% 植被覆盖区域占总面积的 7.7%。

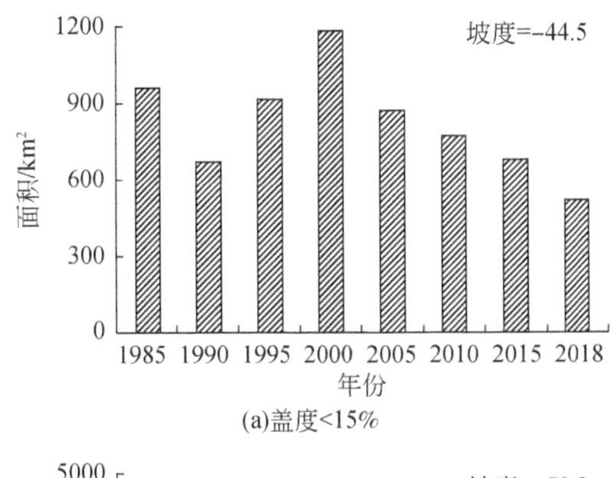

(a)盖度<15%

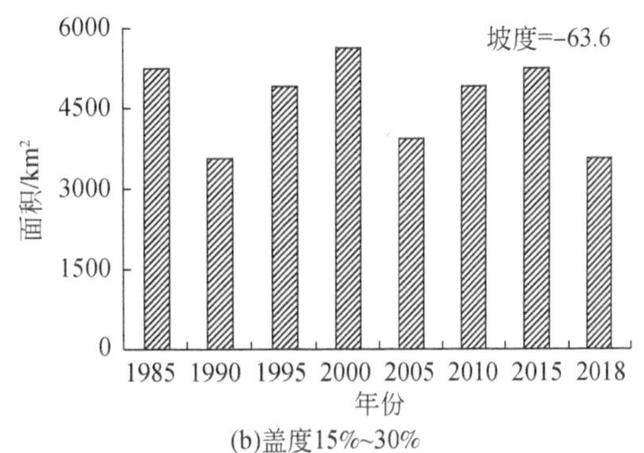

(b)盖度15%~30%

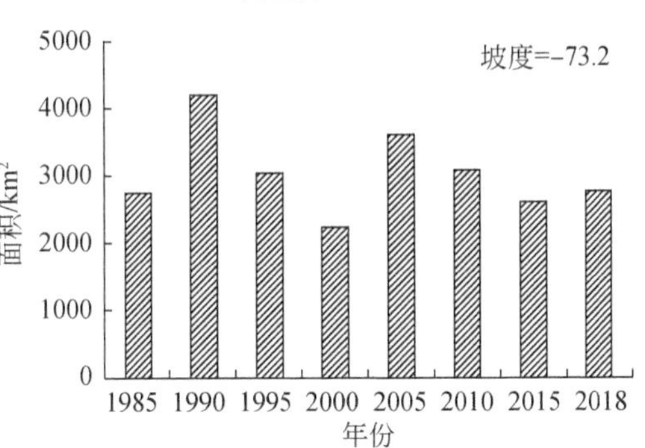

(c)盖度30%~45%

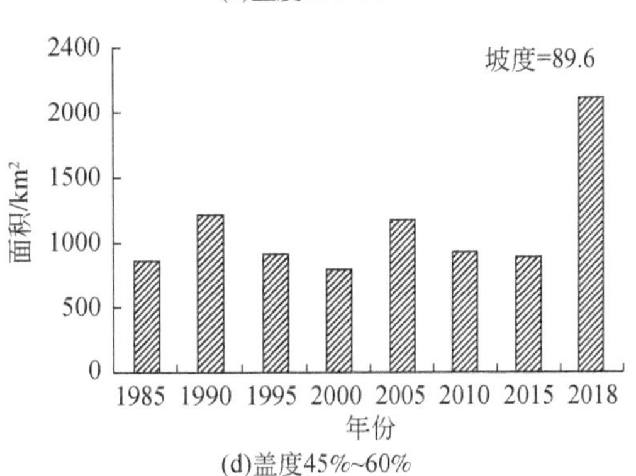

(d)盖度45%~60%

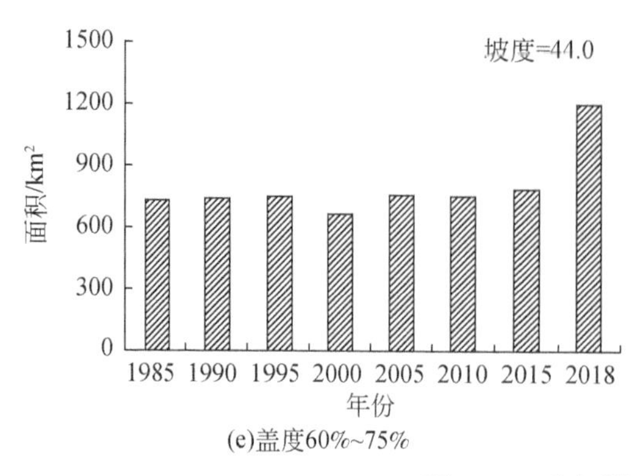

(e)盖度60%~75%

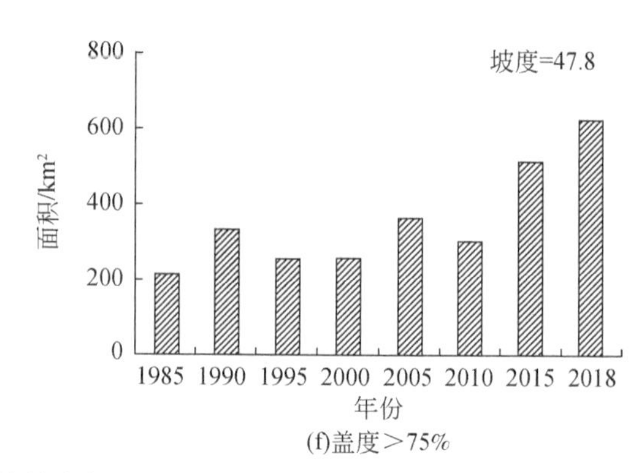

(f)盖度>75%

图 3-7　不同时期植被盖度变化趋势

(5) 主要认识

从整体上，研究区植被变化主要受到了年降水量变化和人工植被建设的影响，其中2000年之前主要受降水量波动影响，2000年之后降水量影响叠加了人为作用的影响，特别是2010年以后人工植被建设效果明显体现出来，2018年植被盖度与2010年前相比增加了12.61%。

在分级水平上，植被盖度<15%区域面积呈减少趋势，而植被盖度>75%区域面积呈增加趋势，变化的拐点分别出现在2000年和2005年。在拐点之前呈波动式变化，拐点之后呈线性减少（植被盖度<15%区）或线性增加（植被盖度>75%区）。

从不同时间段的变化特点来看，在总体平均水平上1985~2000年呈波动变化，在1990年达到最高（18.4%）；2000~2009年呈增加趋势，由14.4%增加到19.4%；2009年后植被盖度进入快速增加期，由19.4%增加到2018年的32.0%。

3.1.1.5　水土保持措施

水土保持措施包括工程措施因子 E（无量纲）和耕作措施因子 T（无量纲）。根据水利部《区域水土流失动态监测技术规定（试行）》，十大孔兑地区有鱼鳞坑、水平沟和梯田参与赋值计算，经查表（附录5-2）鱼鳞坑赋值0.249，水平沟赋值0.335，梯田赋值0.414，其他区域赋值1。根据水利部《区域水土流失动态监测技术规定（试行）》中耕作措施轮作区（附录5-2说明）十大孔兑处在03-32分区（黄土高原东部易旱喜温作物一熟区），T 因子赋值0.417，其他区域赋值1。具体范围确认采用以下流程。

(1) 数据源

水土保持治理坡面现状以研究区所涉及各旗县区水利水土保持部门提供的1986年以来各项水土保持治理工作的设计图、完工报表、分阶段调查表等为依据，结合2017~2019年野外抽样调查，在Landsat数据上进行分类提取。水土保持工程（坡面梯田、水平沟、鱼鳞坑和沟道库坝工程）以研究区所涉及旗县区水利部门实际调查成果统计数据为依据，在资源三号卫星遥感数据上进行点位确认标记。

(2) 研究方法

水土保持措施分三类进行数据整合和解译，其一是坡面治理工程，包括了1986年以来实施的梯田与各种植物治理措施，按照现存状况分为乔木造林区（主要为油松、杨树、樟子松等，林间混种草本植物）、灌木造林区（主要为小叶锦鸡儿、沙棘等，林间混种草本植物）和草地封育 3 种类型；其二是丘陵区沟道治理工程，按照工程级别分为骨干坝、中型坝和小型坝三类；其三是风沙区沙漠治理工程，分为沙障造林种草（小叶锦鸡儿、沙柳和沙蒿等）和沙漠封禁两类。

(3) 不同时期水土保持措施现状分析

第一，丘陵区淤地坝工程。

淤地坝建设开始于 1988 年达拉特旗罕台川的老陈沟，之后陆续开展了系列治理。从实施的淤地坝工程分布图（图 3-8）看，淤地坝工程主要集中分布于 7 个孔兑，剩余的壕庆河、母花沟和东柳沟没有分布。在研究时段内，共建设淤地坝 382 座，由于沙埋、改变用途（变为水库）、水毁、工程占压及洪水冲毁等原因，实际现存各类型淤地坝为 354 座。

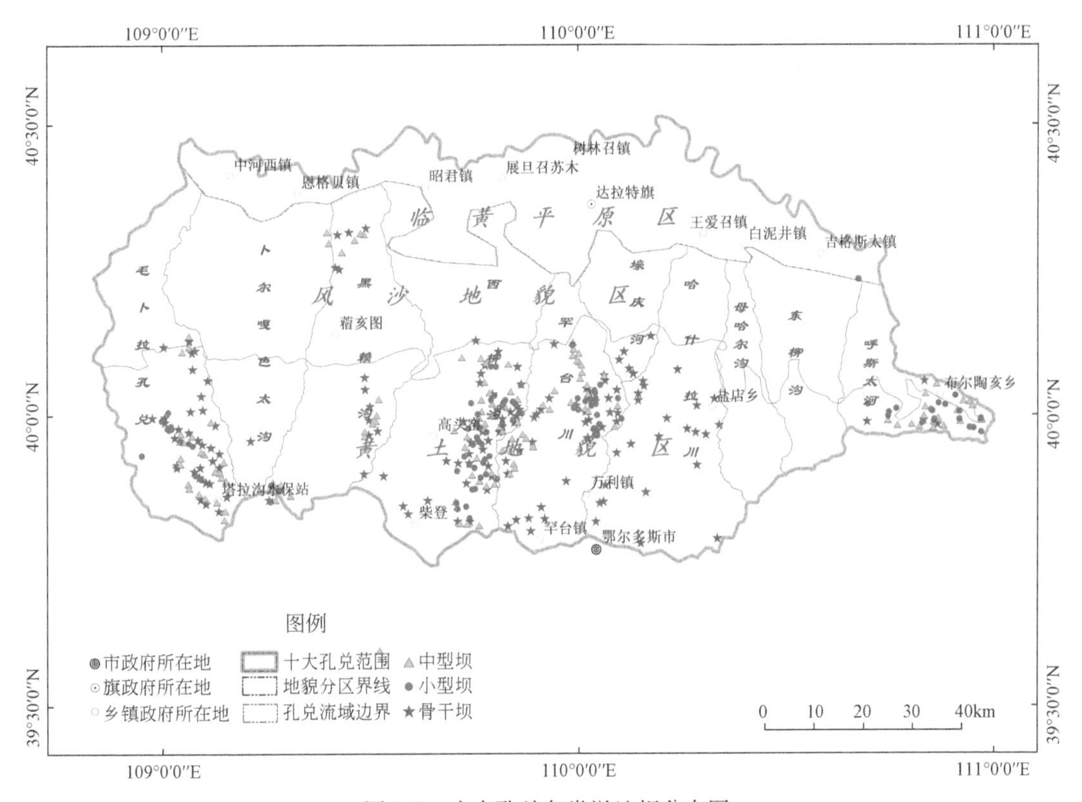

图 3-8 十大孔兑各类淤地坝分布图

从研究期间内各种淤地坝工程的关键指标变化趋势来看，其都呈增加趋势，且具有极高的关联度（$R>R_{0.01,5}=0.874$），说明十大孔兑地区在过去的 30 多年里淤地坝治理措施累积面积呈逐渐增加趋势（图 3-9）。从各类淤地坝工程的设计指标来看，工程控制面积由 1990 年前的 6.3km^{2}增加到 2015 年的 873.7km^2，增加了近 138 倍［图 3-9（a）］；设计库容由初始的 167.2 万 m^{3}增加到 2015 年的 15 873.5 万 m^3，增加了近 94 倍［图 3-9（b）］；

淤积库容也由初始的82.5万m^3增加到2015年的7609.4万m^3，增加了近91倍［图3-9（c）］；淤地面积也由开始的18.8hm^2增加到了2015年的2215.1hm^2，增加了近117倍［图3-9（d）］。

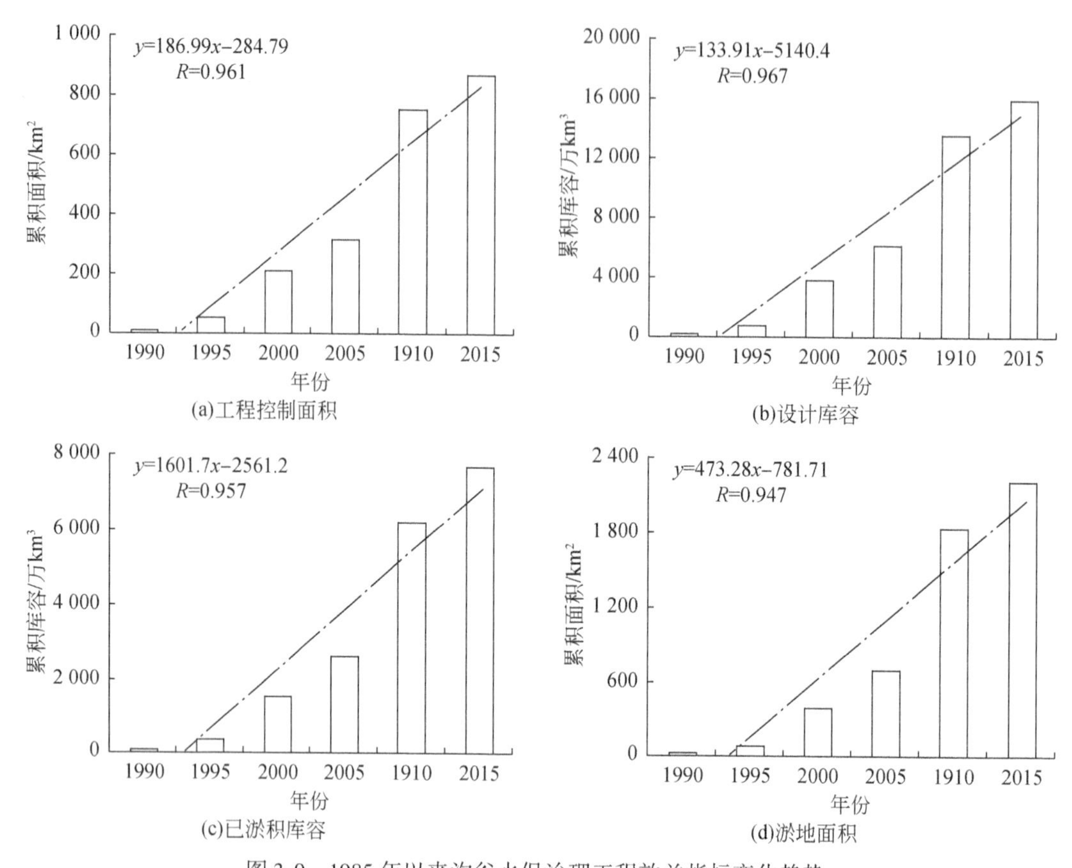

图3-9　1985年以来沟谷水保治理工程效益指标变化趋势

第二，面上治理措施。

面上治理措施在1985年有一定数量分布，主要在库布齐沙漠（风沙区）与平原区交界处，自2000年以后，治理范围迅速增加。从治理区空间分布格局来看，位于区域西部的毛不拉孔兑和布日嘎斯太沟变化最大（图3-10）；流域面上植物措施主要包括沙障造林种草、沙区封育、乔木林、灌木林、封育等措施，工程措施有梯田及造林整地中的鱼鳞坑与水平沟等。从分区特点来看，南部丘陵区治理措施以灌木、乔木和封育三种措施综合应用为主，在中部风沙区以沙障造林种草和沙区封育两种措施为主。

从1985年以来的生态治理保存面积（含林草部门治理面积）的变化趋势来看，在总体上呈增加趋势，由1985年的144.8km^2逐渐增加到2018年的2801.1km^2，变化趋势呈线性增加且具有极高的关联度［图3-11（a），$R>R_{0.01,6}=0.834$）。从总体水平不同治理措施面积比例变化来看［表3-5和图3-11（d）］，多年平均以沙障造林种草区面积为最大（392.5km^2），占植物工程面积的42.9%。人工灌木林措施所占比例次之，平均为

427.03km²，占比 29.5%。梯田面积最小，平均为 9.8km²，占比为 1.5%。

表 3-5　流域面上治理措施保存面积　　　　（单位：km²）

治理措施	1985 年	1990 年	1995 年	2000 年	2005 年	2010 年	2015 年	2018 年
沙障造林种草	83.7	85.2	85.4	85.8	492.3	702.8	703.0	905.2
沙区封育	0.0	0.0	0.0	40.3	57.8	103.3	446.6	410.4
人工乔木林	18.7	18.8	19.3	18.6	53.5	673	69.7	173.3
人工灌木林	42.3	42.4	46.8	41.1	640.5	868.4	867.4	867.4
丘陵封育区	0.0	0.0	0.0	158.0	158.2	137.3	442.5	428.8
梯田	0.1	0.6	7.1	7.8	14.9	16.0	16.0	16.0
合计	144.8	147.0	158.6	351.6	1417.2	1895.1	2545.2	2801.1

从分区治理来看，丘陵区水土保持治理保存面积由 1985 年的 61.1km² 逐渐增加到 2018 年的 1056.7km²，变化趋势也呈线性增加且具有极高的关联度［图 3-11（b），$R > R_{0.01,6} = 0.834$）。从丘陵区不同治理措施面积比例变化来看［图3-11（e）］，人工灌木林治

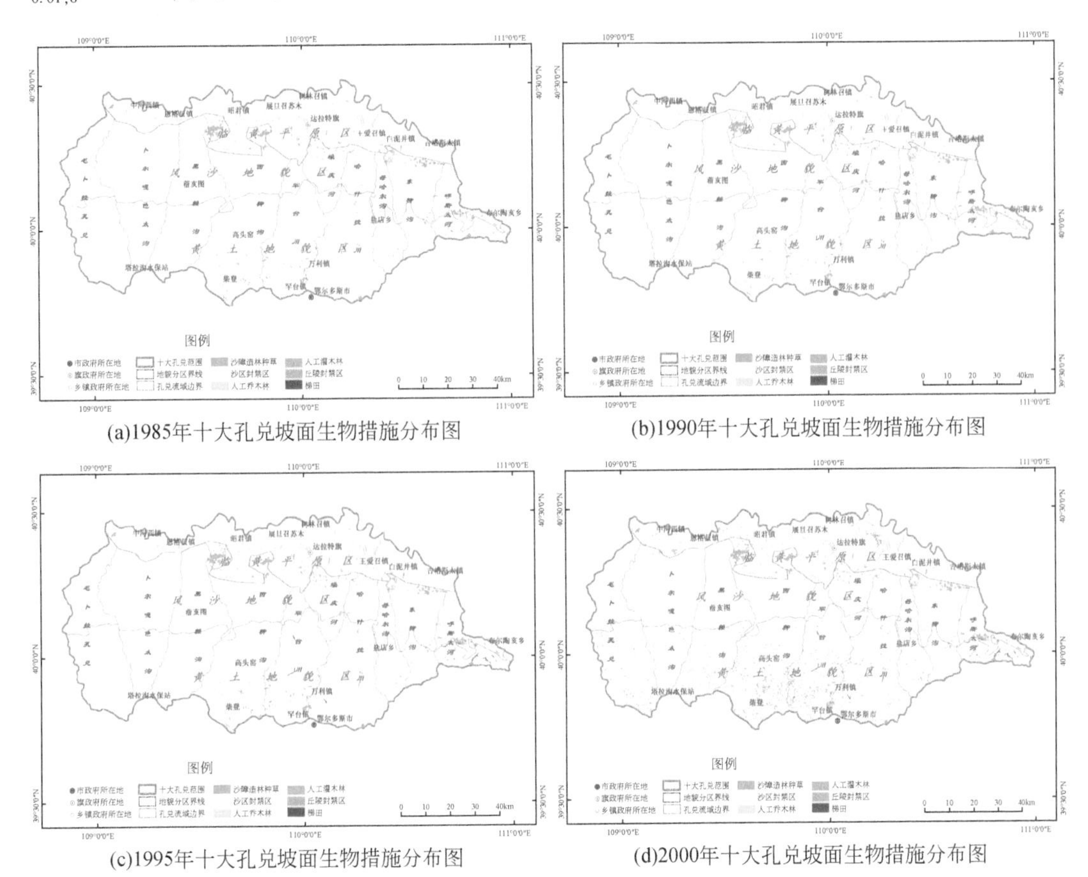

(a)1985年十大孔兑坡面生物措施分布图

(b)1990年十大孔兑坡面生物措施分布图

(c)1995年十大孔兑坡面生物措施分布图

(d)2000年十大孔兑坡面生物措施分布图

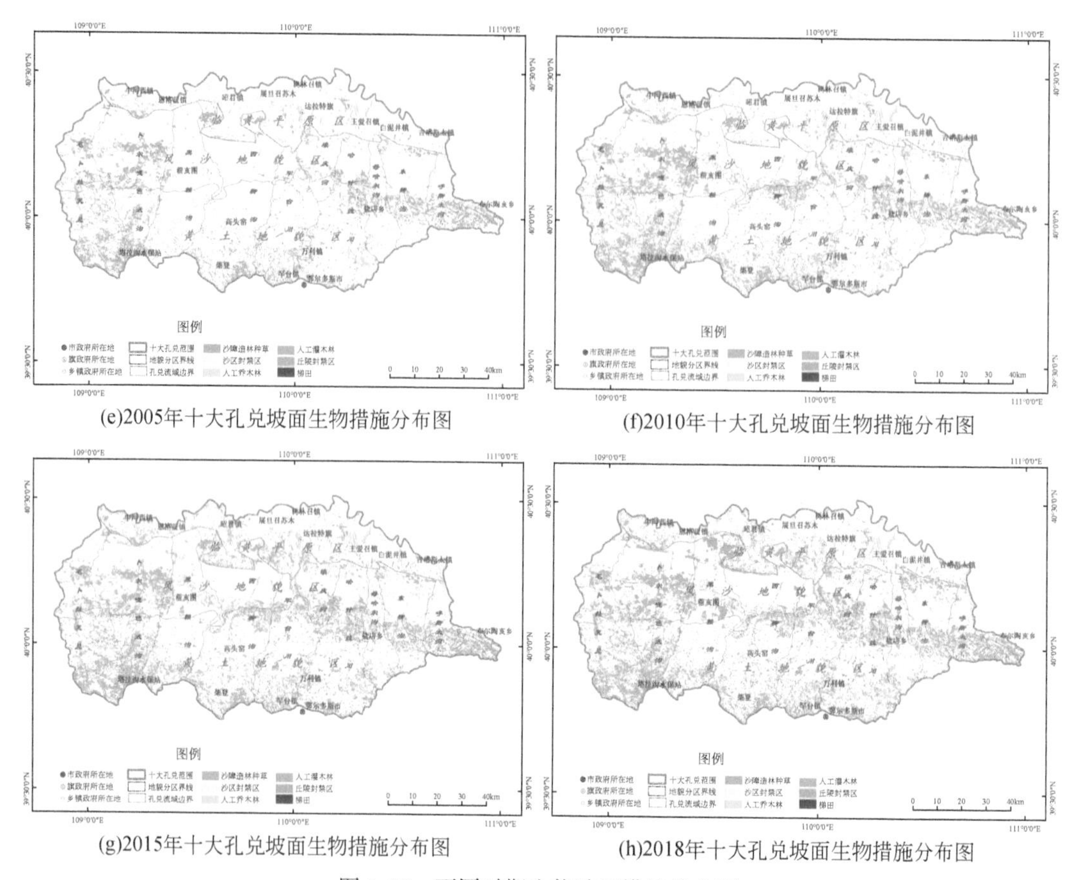

(e)2005年十大孔兑坡面生物措施分布图

(f)2010年十大孔兑坡面生物措施分布图

(g)2015年十大孔兑坡面生物措施分布图

(h)2018年十大孔兑坡面生物措施分布图

图 3-10　不同时期生物治理措施分布图

理措施面积平均水平最高为 55. 5%，呈波动式变化趋势，在 2000 年为低点；丘陵封育面积比例占 27. 2%，从 2000 年开始实施呈增加趋势，在 2015 年达到最大为 442. 5km²，占比达到 31. 71%；梯田治理面积在研究时期内呈逐渐增加趋势，由 1985 年的 0. 1km² 增加到 2018 年的 16km²，平均占比为 2. 9%。

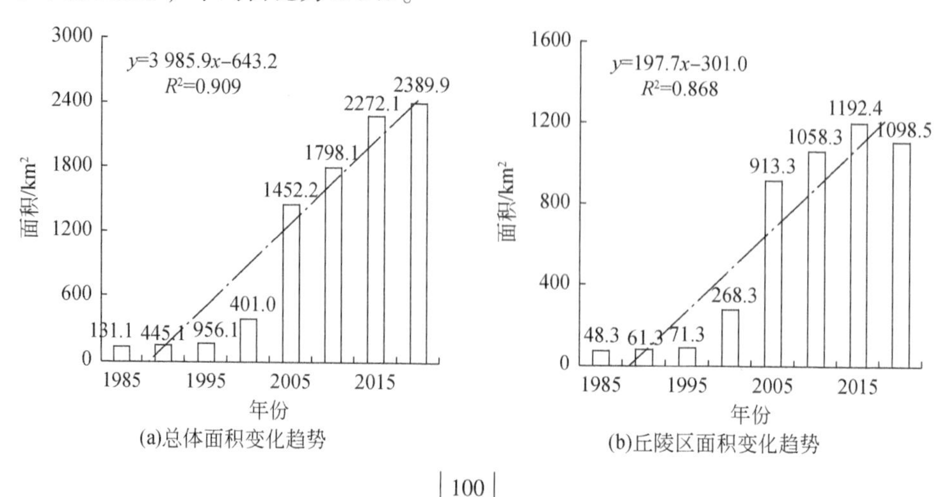

(a)总体面积变化趋势

(b)丘陵区面积变化趋势

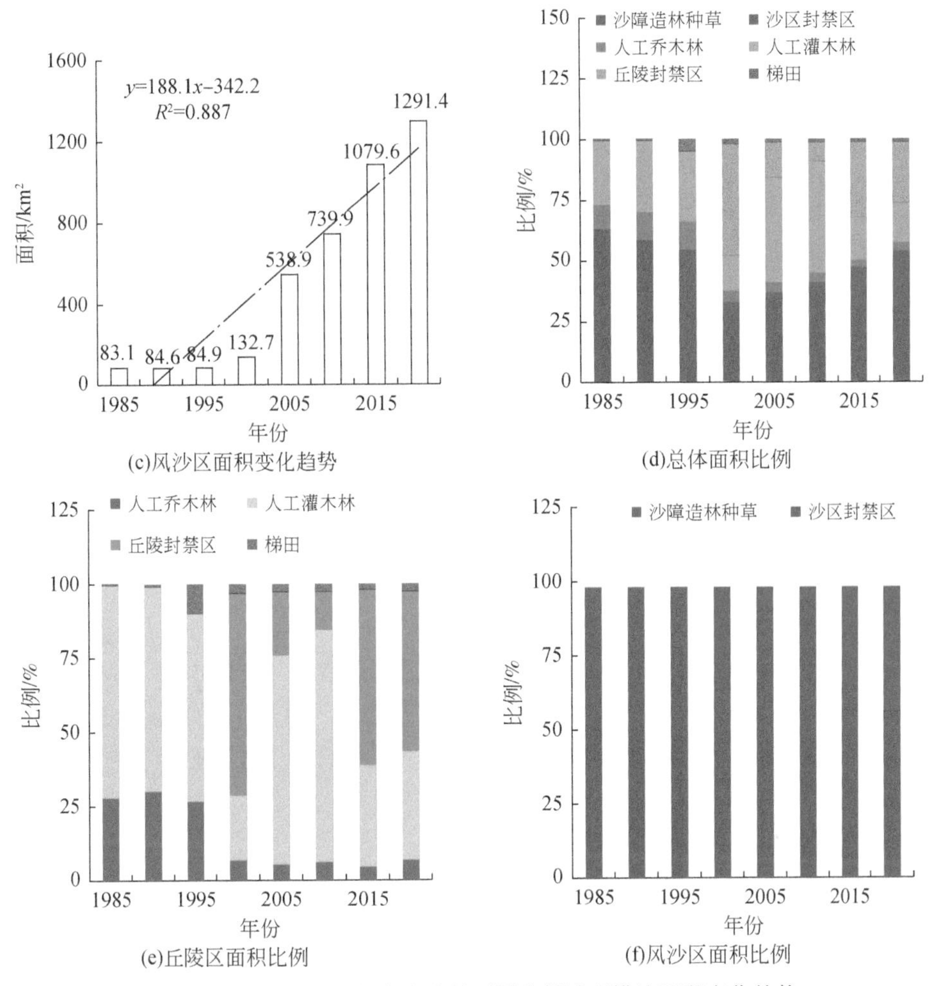

图 3-11 1985～2015 年十大孔兑不同水保治理措施面积变化趋势

第三，风沙区治理工程。

在中部风沙区，防沙治沙区面积由 1985 年的 83.7km² 逐渐增加到 2018 年的 1315.6km²，变化趋势也呈线性增加且具有极高的关联度［图 3-11（c），$R>R_{0.01,6}=0.834$）。从不同治理措施面积比例变化来看［表 3-5，图 3-11（f）］，沙障造林种草区面积平均为 370.7km²，占比 56.8%，在 2018 年最低，且沙障造林种草在 2000 年之前是唯一的治沙措施。封禁区从 2000 年开始实施，其后呈增加趋势，在 2015 年达到最高为 446.6km²，占比 43.2%。

（4）主要结果

沟谷治理工程在研究时间内增量显著，在工程控制面积、设计库容、已淤积库容和淤地面积累加量上都表现出明显的阶段性。其中，淤地坝控制面积从 1985 年到 2000 年由无增加到了 208.2km²，2010 年又在 2000 年基础上增加了 547.4km²，2015 年再在 2000 年的基础上增加了 118.1km²。

从水土保持治理效果的另外一个指标淤地面积变化来看，1985 ~ 2000 年淤地面积由无增加到了 389.3km^2，2010 年在 2000 年基础上增加了 1459.8km^2，2015 年在 2000 年的基础上增加了 366.0km^2。

3.1.1.6 工程措施因子 *E*

根据水利部《区域水土流失动态监测技术规定（试行)》，十大孔兑区域有鱼鳞坑、水平沟和梯田坡面水土保持整地措施参与赋值计算，经查表鱼鳞坑赋值 0.249，水平沟赋值 0.335，梯田赋值 0.414，其他区域赋值 1。

3.1.1.7 耕作措施因子 *T*

根据水利部《区域水土流失动态监测技术规定（试行)》，耕作措施轮作区（附录 5-2 说明），十大孔兑处在 03-32 分区（黄土高原东部易旱喜温作物一熟区），*T* 因子赋值 0.417，其他区域赋值 1。

水力侵蚀计算采用水利部《区域水土流失动态监测技术规定（试行)》的 CSLE 进行水力侵蚀计算，见式（5-10）。

$$A=R\times K\times L\times S\times B\times E\times T \tag{3-10}$$

式中，*A* 为土壤侵蚀模数 [t/(hm^2 · a)]；*R* 为降雨侵蚀力因子 [MJ · mm/(hm^2 · h · a)]；*K* 为土壤可蚀性因子 [t · h /(MJ · mm)]，*L* 和 *S* 为坡长和坡度因子（无量纲）；*B* 为植被覆盖与生物措施因子（无量纲）；*E* 为工程措施因子（无量纲）；*T* 为耕作措施因子（无量纲）。

3.1.2 土壤水力侵蚀计算结果

3.1.2.1 丘陵区

研究区内丘陵区总面积约为 4858.01km^2，1985 ~ 2018 年平均土壤侵蚀模数为 7121.6t/(km^2 · a)，其中 2000 年土壤侵蚀模数最小，为 3276.50t/(km^2 · a)；1985 年土壤侵蚀模数最大，为 12 681.40t/(km^2 · a)（表 3-6）。土壤侵蚀模数在研究时段内表现出明显的波动式下降趋势 [趋势分析斜率为负，图 3-12（a)]，2018 年仅为 1985 年的 62.45%，减少了 4798.3t/(km^2 · a)。分阶段特点表明，1985 ~ 2000 年，土壤侵蚀模数呈减小趋势，由 12 777.2t/(km^2 · a) 减少到 3214.9t/(km^2 · a)，减少了 74.8%。导致这一结果的原因与对应分析年份降雨侵蚀力波动有关，因为 1985 年的降雨侵蚀力为 997.6MJ · mm/(hm^2 · h · a)]，而 2000 年降雨侵蚀力仅为 295.6MJ · mm/(hm^2 · h · a)]，是 1985 年的 29.6%。2000 ~ 2009 年，丘陵区土壤侵蚀模数呈增加的趋势，由 3214.9t/(km^2 · a) 增加到 6071.2t/(km^2 · a)，增加了 88.8%。这个变化结果同样与降雨侵蚀力关系密切，因为同期降雨侵蚀力由 295.6MJ · mm/(hm^2 · h · a)] 增加到了 617.3MJ · mm/(hm^2 · h · a)]。2009 年后的土壤侵蚀模数呈波动增加同样与降雨侵蚀力变化一致 [图 3-1（c)]。

表 3-6　丘陵区不同时期土壤侵蚀情况

孔兑名称	土地面积/km²	1985 年(基准年)		研究期													
				1990 年		1995 年		2000 年		2005 年		2010 年		2015 年		2018 年	
		流失面积/km²	平均侵蚀模数/[t/(km²·a)]	流失面积/km²	侵蚀模数/[t/(km²·a)]	流失面积/km²	侵蚀模数/[t/(km²·a)]	流失面积/km²	侵蚀模数/[t/(km²·a)]	流失面积/km²	侵蚀模数/[t/(km²·a)]	流失面积/km²	侵蚀模数/[t/(km²·a)]	流失面积/km²	侵蚀模数/[t/(km²·a)]	流失面积/km²	侵蚀模数/[t/(km²·a)]
毛不拉孔兑	674.64	630.31	10 205	616.87	7 793	609.09	6 779	524.74	2 977	517.61	2 837	574.49	4 450	514.14	2 761.08	607.51	6 657
布日嘎斯太沟	342.43	325.30	13 210	318.00	9 686	316.04	8 500	278.00	3 560	280.32	3 632	303.68	5 806	275.99	3 390.75	314.51	8 127
黑赖沟	541.26	510.42	11 512	499.16	8 460	496.56	7 954	421.02	2 997	438.96	3 517	476.18	5 590	430.37	3 276.95	492.47	7 266
西柳沟	914.79	864.35	12 180	846.90	9 001	845.97	8 872	710.40	2 970	767.15	4 141	816.65	6 230	750.47	3 722.37	835.87	7 713
罕台川	761.93	724.96	13 897	711.76	10 239	711.83	10 196	604.52	3 237	657.97	4 931	688.02	6 911	642.16	4 282.01	701.93	8 614
壕庆河	73.46	68.64	10 187	67.22	7 863	67.81	8 689	55.53	2 696	61.76	4 154	65.74	6 282	61.22	3 964.70	65.85	6 572
哈什拉川	920.28	920.28	14 346	857.29	10 513	858.88	10 531	726.09	3 333	800.15	5 418	825.82	6 707	781.26	4 574.05	845.00	8 917
母花沟	241.09	241.09	15 403	225.34	11 287	225.64	11 271	195.16	3 791	212.03	6 003	216.83	6 985	207.68	5 055.28	222.12	9 362
东柳沟	182.11	171.44	12 221	167.91	9 098	168.61	9 338	142.77	3 268	156.91	5 115	160.05	5 720	153.67	4 438.68	164.83	7 529
呼斯太河	206.01	195.39	13 653	191.83	10 069	191.83	9 965	169.62	3 936	181.13	5 709	181.39	5 602	177.80	4 936.81	188.13	7 859
合计	4 858.01	4 652.18		4 502.28		4 492.27		3 827.83		4 073.99		4 308.85		3 994.76		4 438.22	

注：表中数据由遥感解译、土壤侵蚀模型计算所得

表 3-7　平原区土壤侵蚀情况

孔兑名称	土地面积/km^2	1985年(基准年)		研究期													
		流失面积/km^2	平均侵蚀模数/[t/(km^2·a)]	1990年		1995年		2000年		2005年		2010年		2015年		2018年	
				流失面积/km^2	侵蚀模数/[t/(km^2·a)]	流失面积/km^2	侵蚀模数/[t/(km^2·a)]	流失面积/km^2	侵蚀模数/[t/(km^2·a)]	流失面积/km^2	侵蚀模数/[t/(km^2·a)]	流失面积/km^2	侵蚀模数/[t/(km^2·a)]	流失面积/km^2	侵蚀模数/[t/(km^2·a)]	流失面积/km^2	侵蚀模数/[t/(km^2·a)]
毛不拉孔兑	32.38	16.84	1440	14.02	1150	18.53	1656	5.89	598	6.93	653	15.62	1329	10.54	895	7.60	740
布日嘎斯太沟	199.39	93.60	1275	77.42	1048	104.73	1454	23.97	495	26.44	507	76.60	1071	48.31	731	48.31	755
黑赖沟	52.90	28.47	1477	23.59	1171	31.17	1684	7.89	553	11.01	659	27.25	1415	18.15	922	17.12	908
西柳沟	566.32	372.44	2136	324.76	1663	391.16	2385	147.86	757	199.21	956	358.14	2006	249.89	1194	202.13	1054
罕台川	164.51	108.36	2139	94.20	1679	112.02	2306	41.32	741	55.06	918	100.59	1894	69.97	1164	63.17	1111
壕庆河	533.15	372.02	2409	340.56	2030	380.93	2590	166.19	850	211.89	1069	331.14	2040	261.13	1390	238.31	1339
哈什拉川	88.41	58.16	2112	47.20	1522	56.83	2037	19.52	691	26.46	851	42.77	1347	31.59	981	24.70	852
母花沟	45.82	33.34	2680	28.49	1949	32.73	2599	14.71	887	18.30	1092	23.95	1544	18.91	1137	15.76	1046
东柳沟	210.63	153.12	2607	138.07	2117	152.82	2627	70.76	909	92.91	1207	114.03	1590	100.20	1357	82.68	1218
呼斯太河	27.37	21.60	3376	20.19	2793	21.17	3220	12.96	1241	13.89	1429	15.67	1782	15.22	1693	13.31	1498
合计	1920.88	1257.95		1108.50		1302.09		511.07		662.10		1105.76		823.91		713.09	

注:表中数据由遥感解译、土壤侵蚀模型计算所得

3.1.2.2 冲洪积平原区

研究区冲洪积平原总面积约为 1920.88km^2，1985～2018 年，平均土壤侵蚀模数为 1510.5t/(km^2·a)，见表 3-7。2000 年土壤侵蚀模数最小，为 772.2t/(km^2·a)；1995 年土壤侵蚀模数最大，为 2255.8t/(km^2·a)。其在时间尺度上表现为下降趋势（斜率为 -138.3）[图 3-13（a）]，2018 年土壤侵蚀模数较 1985 年降低了 1061.7t/(km^2·a)，减少 48.8%。

从土壤侵蚀面积变化来看 [图 3-13（b），表 3-7]，1995 年土壤侵蚀面积最大，为 1302.09km^2，占总面积比例 67.79%；2000 年土壤侵蚀面积最小，为 511.07km^2，占该区总面积比例 26.61%。研究区多年土壤侵蚀强度以微度侵蚀为主，平均面积为 985.32km^2，所占总面积比例为 51.30%。这一特点从土壤侵蚀级别图可以明显看出（图 3-13）。

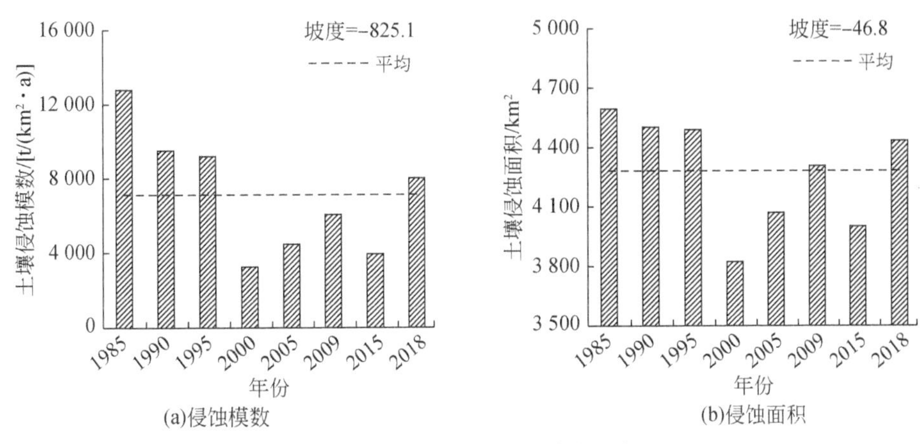

图 3-12 1985～2018 年土壤侵蚀模数与侵蚀面积

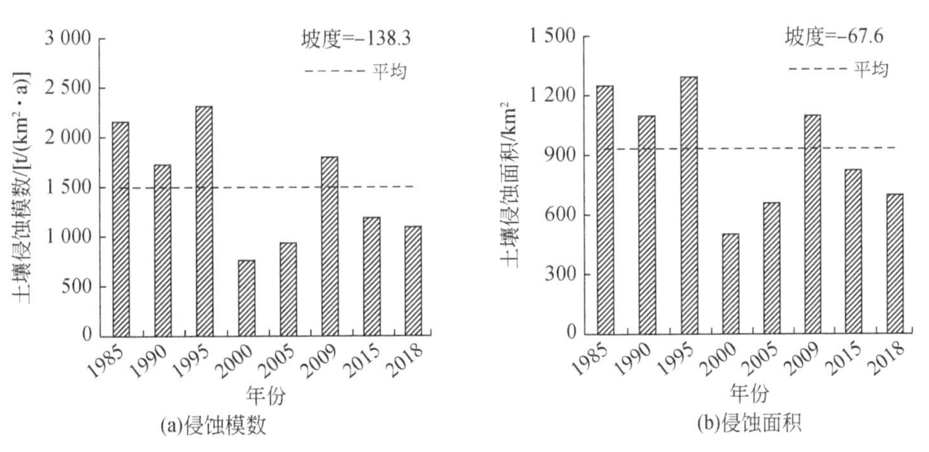

图 3-13 1985～2018 年土壤侵蚀模数与侵蚀面积

3.1.3 土壤水力侵蚀时空变化

3.1.3.1 丘陵区

从土壤侵蚀面积时间尺度变化来看（表3-8），丘陵区1985～2018年土壤侵蚀面积平均为4279.01km^2，其中2000年土壤侵蚀面积最小为3827.83km^2，1985年土壤侵蚀面积最大为4593.85km^2，土壤面积在研究时段内同样表现出明显的波动式下降趋势，到2018年土壤侵蚀面积减少了155.63km^2。分阶段特点表明在1985～2000年间土壤侵蚀模数呈减小趋势，减少了16.9%，面积为155.63km^2。2000～2009年丘陵区土壤侵蚀面积呈增加的趋势，增加了12.6%，增加面积481.02km^2。2009年后，土壤侵蚀面积也呈波动增加与土壤侵蚀模数变化一致（图3-13）。

表3-8 丘陵区土壤侵蚀强度分级面积 （单位：km^2）

侵蚀级别	1985年	1990年	1995年	2000年	2005年	2009年	2015年	2018年	平均
微度	264.16	355.30	365.74	1029.74	784.02	549.16	863.25	419.27	578.83
轻度	401.99	533.10	548.82	1357.14	1086.03	801.09	1181.29	623.72	816.65
中度	645.10	831.99	853.59	1449.63	1351.34	1152.51	1407.98	951.50	1080.46
强烈	705.83	855.24	870.36	721.43	895.81	997.63	852.77	928.75	853.48
极强烈	1259.65	1305.06	1302.86	289.07	635.53	1047.25	503.00	1255.28	949.71
剧烈	1581.30	976.89	916.64	10.55	105.28	310.36	49.71	678.96	578.71
土壤侵蚀面积	4593.85	4502.28	4492.27	3827.83	4073.99	4308.85	3994.76	4438.22	4279.01
合计	4858.03	4857.58	4858.01	4857.56	4858.01	4858.00	4858.00	4857.48	4857.84

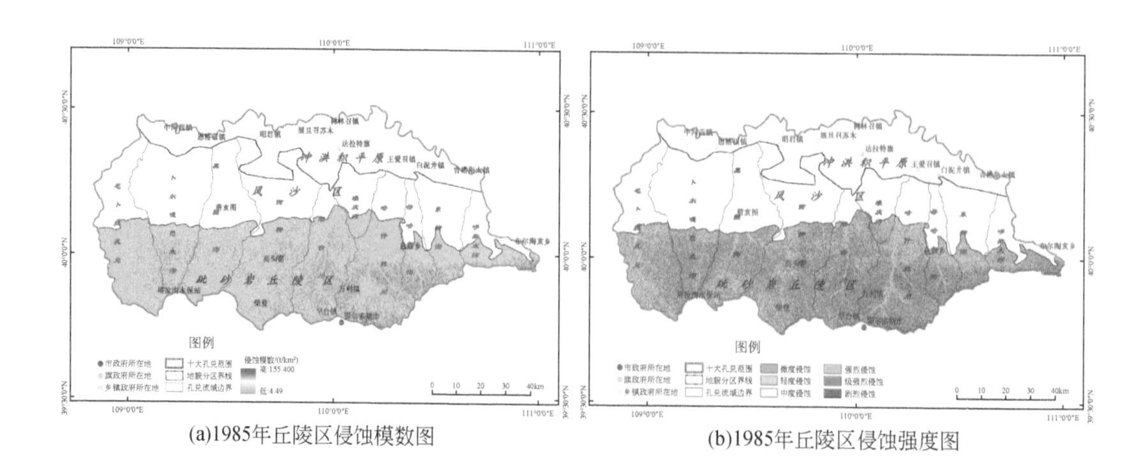

(a)1985年丘陵区侵蚀模数图　　(b)1985年丘陵区侵蚀强度图

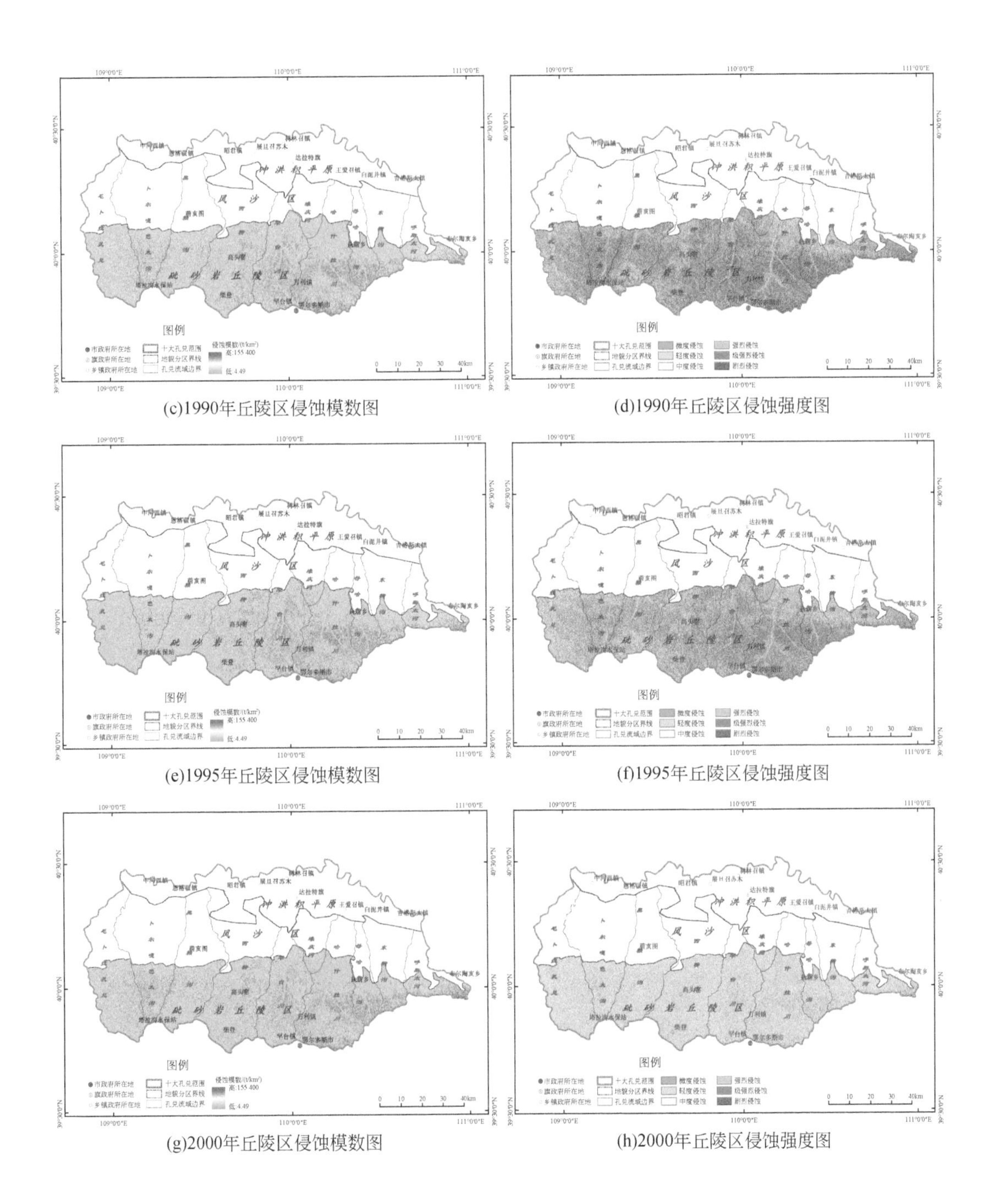

(c)1990年丘陵区侵蚀模数图

(d)1990年丘陵区侵蚀强度图

(e)1995年丘陵区侵蚀模数图

(f)1995年丘陵区侵蚀强度图

(g)2000年丘陵区侵蚀模数图

(h)2000年丘陵区侵蚀强度图

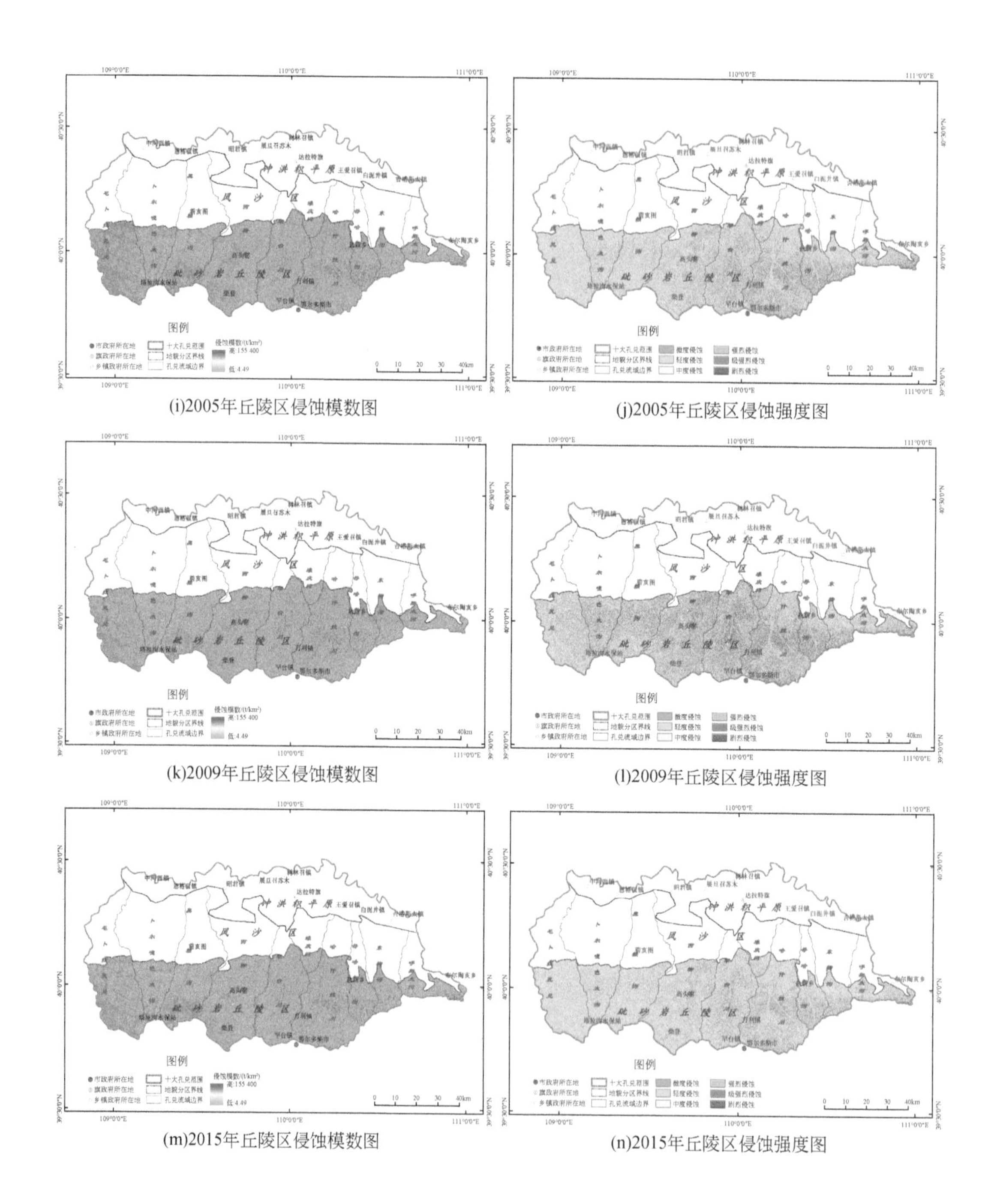

(i)2005年丘陵区侵蚀模数图

(j)2005年丘陵区侵蚀强度图

(k)2009年丘陵区侵蚀模数图

(l)2009年丘陵区侵蚀强度图

(m)2015年丘陵区侵蚀模数图

(n)2015年丘陵区侵蚀强度图

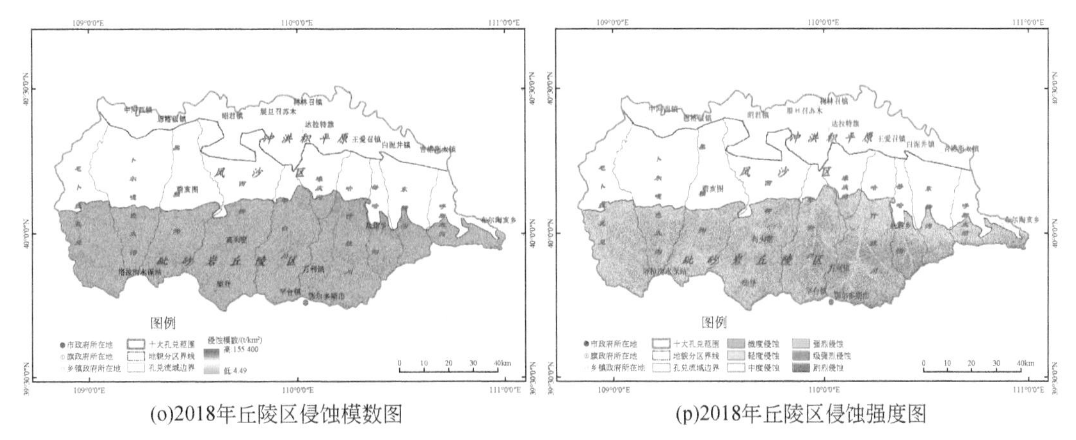

(o)2018年丘陵区侵蚀模数图　　(p)2018年丘陵区侵蚀强度图

图 3-14　南部丘陵区不同年份土壤侵蚀模数与分级

从不同侵蚀强度分布范围和面积变化来看（表 3-8 和图 3-14），多年平均以中度侵蚀分布面积最大为 1080.46km^2，其后依次为极强烈侵蚀、强烈侵蚀和轻度侵蚀，多年平均面积分别为 949.71km^2、853.48km^2 和 816.65km^2。微度侵蚀和剧烈侵蚀分布面积几乎相等，分别为 578.83km^2 和 578.71km^2。

从不同土壤侵蚀强度面积分布范围变化来看（图 3-15），1985～2018 年，微度、轻度、中度侵蚀和强烈侵蚀面积为增加趋势，从变化斜率大小来看，中度侵蚀面积增加最快，斜度为 0.313，其后依次为轻度（0.289）、微度（0.216）和强烈侵蚀（0.106）。极强烈侵蚀和剧烈侵蚀面积呈下降趋势，其中剧烈侵蚀面积斜率为-0.672，在各种类型种绝

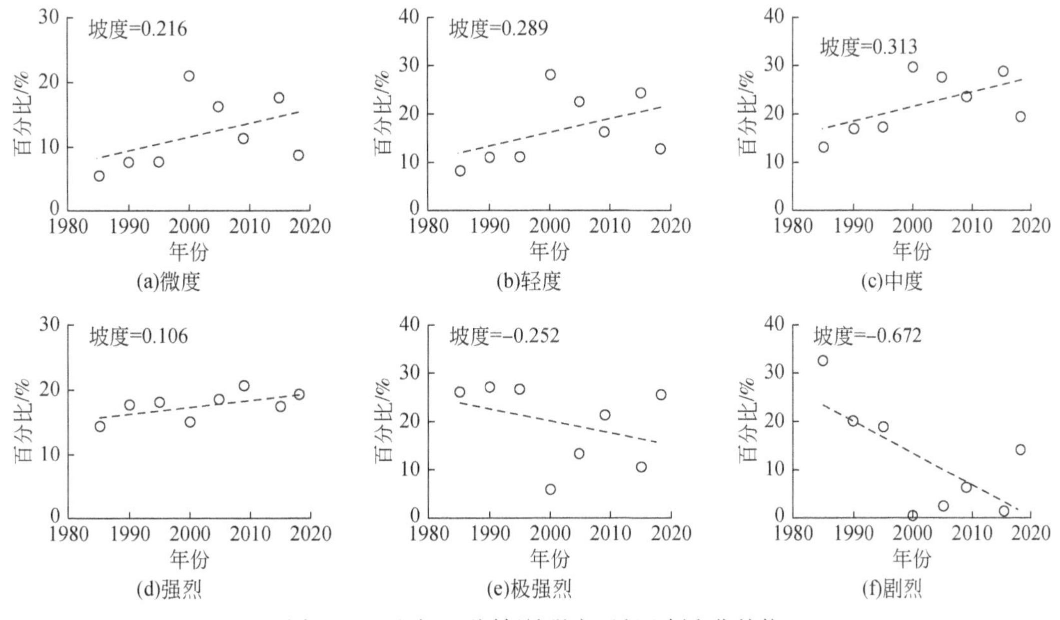

(a)微度　(b)轻度　(c)中度　(d)强烈　(e)极强烈　(f)剧烈

图 3-15　丘陵区不同侵蚀强度面积比例变化趋势

对值最大，说明剧烈侵蚀面积减少最明显。综合各级别侵蚀面积比例变化趋势判断，十大孔兑土壤侵蚀强度整体呈减弱趋势，而在个别年份（如 2018 年）出现的面积增加则与当年降水量偏多有关。

以轻度侵蚀和剧烈侵蚀面积比例的变化为例，分阶段特征来看［图 3-15（b）和图 3-15（f）］，1985～2000 年为轻度侵蚀面积比例增加时期，由 8.27% 增加到 27.94%，这种现象在微度和中度侵蚀面积比例变化中同样存在。剧烈侵蚀面积比例在该时段呈下降趋势，由 32.55% 减少到 0.22%，强烈和极强烈侵蚀面积比例变化在该时段同样出现这种趋势。2000～2009 年，轻度侵蚀面积比例出现了减少趋势，到 2009 年减少到 11.45%，微度和中度侵蚀面积比例变化在该时段也具有相同趋势。剧烈侵蚀面积在 2000～2009 年呈增加趋势，增加到 6.17%，在该时段强烈和极强烈侵蚀面积比例变化也是呈增加趋势。2010～2018 年，微度土壤侵蚀面积经历了低—高—低的波动变化，最终面积比例减少了 3.65%，轻度和中度侵蚀面积比例变化趋势与微度一致，仅变化程度有所不同。剧烈侵蚀面积比例变化经历了高—低—高波动，最终增加了 7.59%，强烈和极强烈侵蚀面积比例变化趋势与剧烈侵蚀面积比例变化趋势仍保持一致。

3.1.3.2 平原区

从时间尺度来看，平原区 1985～2018 年平均土壤侵蚀模数为 1510.5t/(km^2·a)。2000 年土壤侵蚀模数最小，为 769.8t/(km^2·a)；1995 年土壤侵蚀模数最大，为 2334.6t/(km^2·a)。时间尺度上，土壤侵蚀模数表现为下降趋势［图 3-16（a），表 3-9］，2018 年土壤侵蚀模数较 1985 年降低了 1061.7t/hm^2/a，减少 48.8%。从土壤侵蚀面积变化来看［图 3-16（b），表 3-7］，1995 年土壤侵蚀面积最大，为 1302.11km^2，占总面积比例 67.79%；2000 年土壤侵蚀面积最小，为 511.06km^2，占该区总面积比例 26.61%。平原区多年土壤侵蚀强度以微度侵蚀为主，平均面积为 985.32km^2，所占总面积比例为 51.30%。这一特点从土壤侵蚀强度图可以明显看出（图 3-17）。

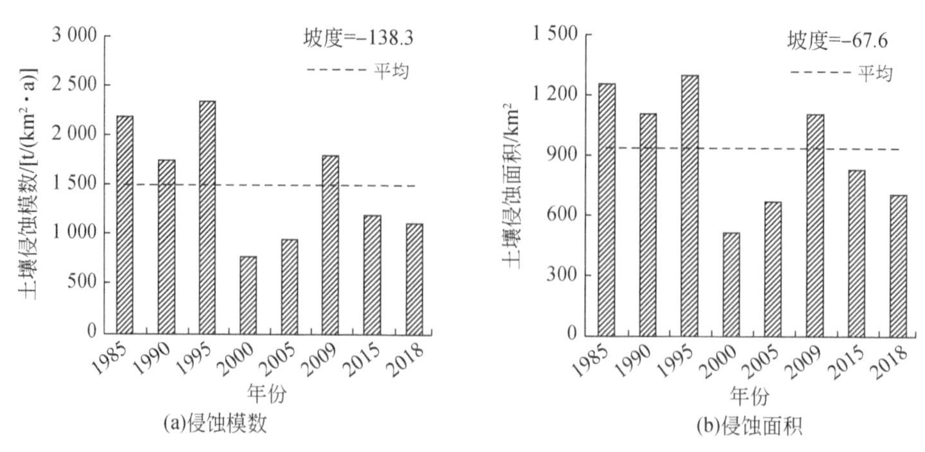

图 3-16　1985～2018 年土壤侵蚀模数与侵蚀面积

表 3-9　冲洪积平原区土壤侵蚀强度分级面积　　　　（单位：km^2）

侵蚀级别	1985 年	1990 年	1995 年	2000 年	2005 年	2009 年	2015 年	2018 年	平均
微度	662.93	812.39	618.77	1409.81	1258.78	815.12	1096.97	1207.81	985.32
轻度	656.79	670.01	647.64	444.42	527.92	644.69	597.55	507.78	587.10
中度	425.48	337.95	447.83	63.32	121.63	348.92	193.59	165.72	263.05
强烈	132.94	80.25	151.62	3.09	11.39	88.08	28.34	31.07	65.85
极强烈	40.50	19.31	51.70	0.23	1.11	22.91	4.27	7.93	18.50
剧烈	2.22	0.97	3.32	0.01	0.05	1.16	0.16	0.57	1.06
土壤侵蚀面积	1257.95	1108.49	1302.11	511.06	662.09	1105.76	823.91	713.07	935.56
分区总面	1920.86	1920.88	1920.88	1920.88	1920.88	1920.88	1920.88	1920.88	1920.88

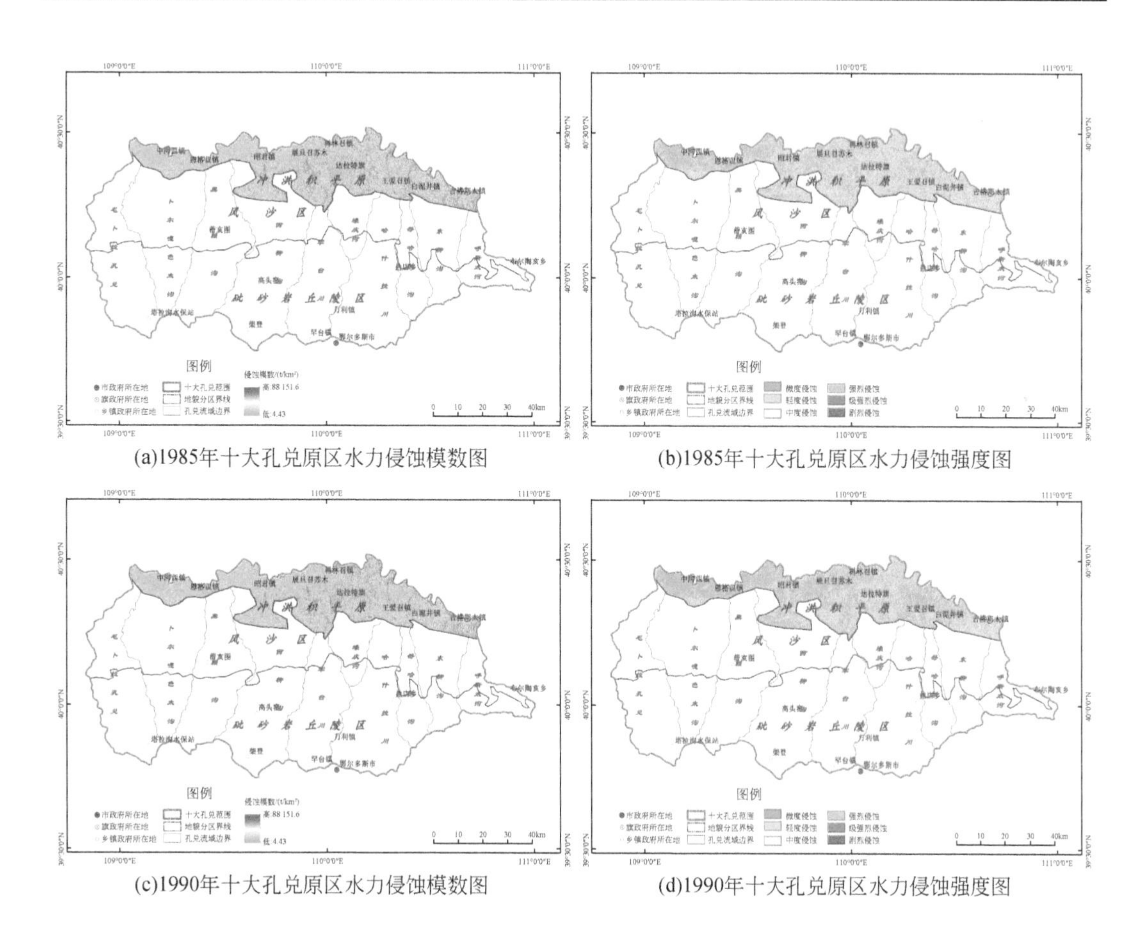

(a)1985年十大孔兑原区水力侵蚀模数图　　(b)1985年十大孔兑原区水力侵蚀强度图

(c)1990年十大孔兑原区水力侵蚀模数图　　(d)1990年十大孔兑原区水力侵蚀强度图

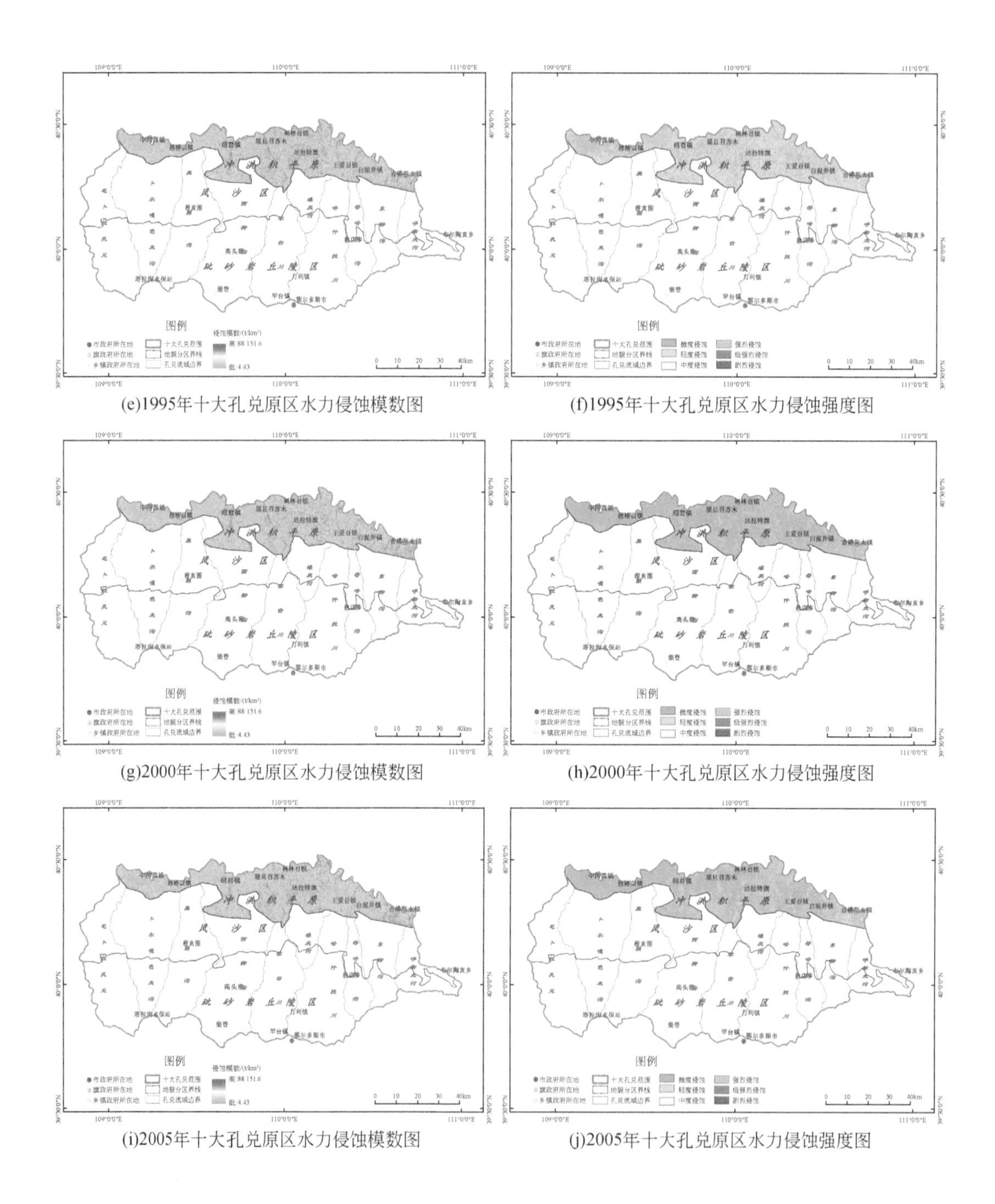
(e)1995年十大孔兑原区水力侵蚀模数图
(f)1995年十大孔兑原区水力侵蚀强度图
(g)2000年十大孔兑原区水力侵蚀模数图
(h)2000年十大孔兑原区水力侵蚀强度图
(i)2005年十大孔兑原区水力侵蚀模数图
(j)2005年十大孔兑原区水力侵蚀强度图

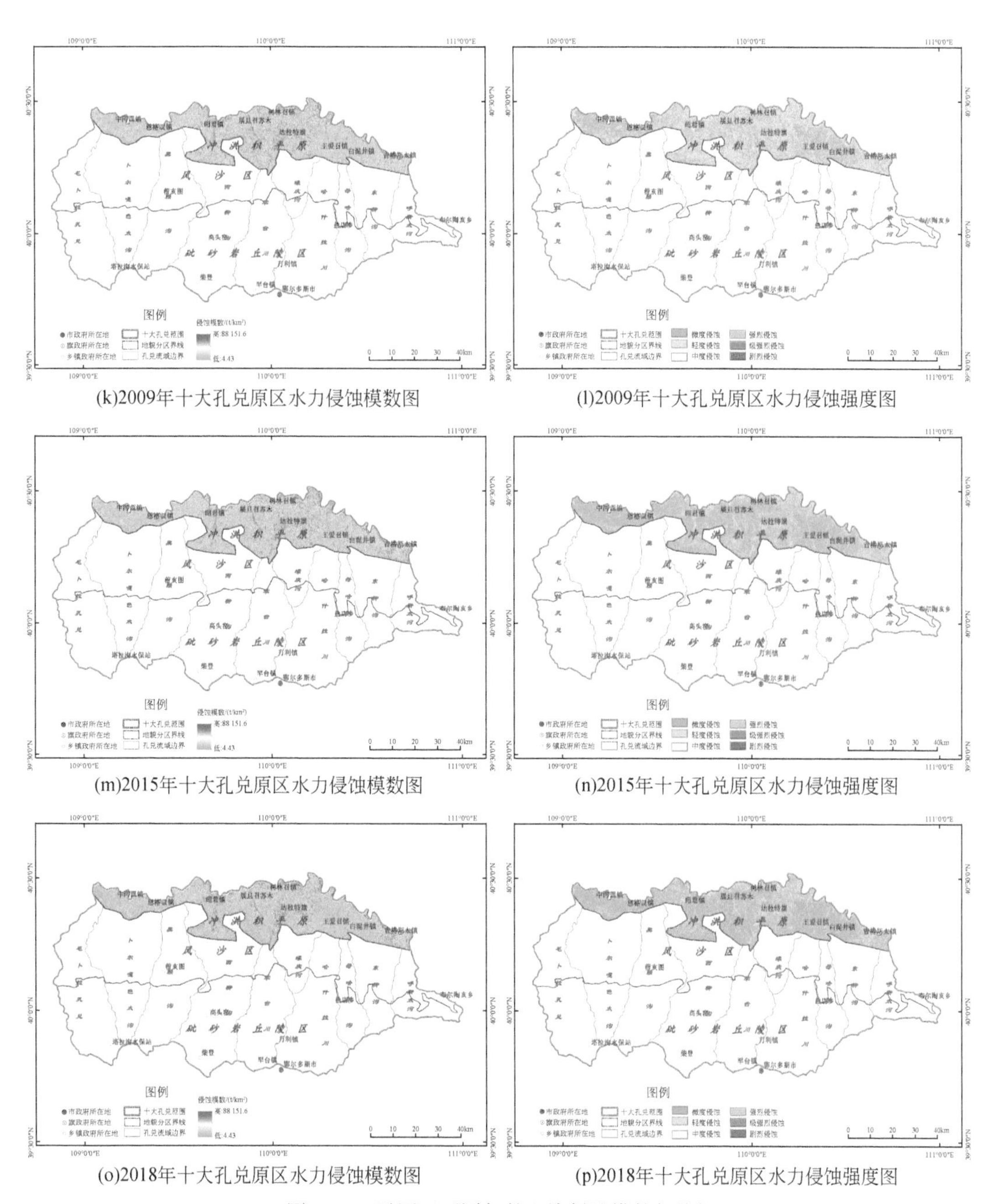

(k)2009年十大孔兑原区水力侵蚀模数图

(l)2009年十大孔兑原区水力侵蚀强度图

(m)2015年十大孔兑原区水力侵蚀模数图

(n)2015年十大孔兑原区水力侵蚀强度图

(o)2018年十大孔兑原区水力侵蚀模数图

(p)2018年十大孔兑原区水力侵蚀强度图

图 3-17　平原区不同年份土壤侵蚀模数与分级

同时，从不同土壤侵蚀强度面积分布范围变化来看（图 3-18），1985～2018 年除微度侵蚀面积比例为增加趋势外（斜率为 0.748），其他级别面积比例都呈减少趋势（斜率为负值）。从不同侵蚀级别面积所占比例的变化幅度来看，微度侵蚀变化在 32.21%～73.39%，平均为 51.30%；轻度侵蚀面积比例变化在 23.14%～34.88%，平均为 30.56%；

中度侵蚀面积比例变化在 3.30%~23.31%，平均为 13.69%。上述三类侵蚀级别总平均面积比例超过 95%。强烈、极强烈和剧烈侵蚀平均面积所占比例不足 5%。说明冲洪积平原区土壤水力侵蚀较弱。

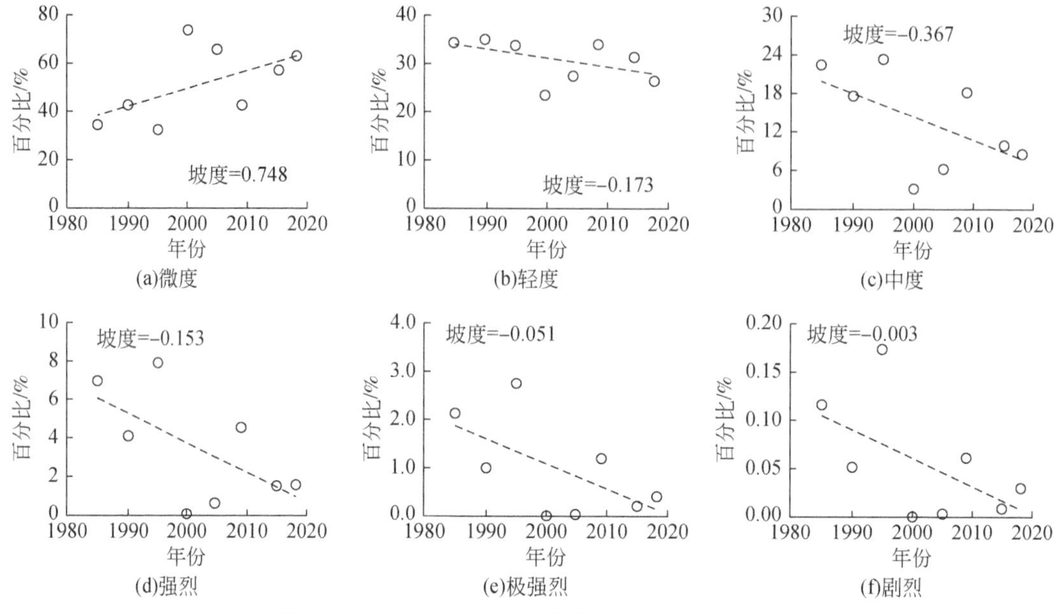

图 3-18　平原区不同侵蚀强度面积比例变化趋势

以侵蚀面积比例最大的微度侵蚀和比例最小的剧烈侵蚀的分阶段特征来看（图 3-18），1985~2000 年为微度侵蚀面积比例波动增加时期，由 34.51% 增加到了 73.39%，其他级别在该时段变化趋势恰好相反呈减少趋势。剧烈侵蚀面积比例在该时段呈波动下降趋势，由 0.12% 减少到接近于 0%，这种趋势同样出现在该时段的强烈和极强烈侵蚀面积比例变化中。2000~2009 年，微度侵蚀面积比例出现了减少趋势，到 2009 年减少了 30.96%，而其他级别变化趋势相反呈增加趋势。以剧烈侵蚀面积比例为例，2000~2009 年由 0% 增加到了 0.06%。2010~2018 年，微度土壤侵蚀面积比例再一次出现增加趋势，由 42.43% 增加到了 62.88%，增加 20.45 个百分点。而其他侵蚀级别在该时段又出现了相反变化，呈波动式减少趋势，以剧烈侵蚀面积比例为例，由 2010 年的 0.06% 减少到 2018 年的 0.03%。

3.1.3.3　水力侵蚀空间变化

在两个水力侵蚀区中，丘陵区最为典型，因此对空间分异规律的分析将以该区为案例。研究区十个孔兑呈狭条状自西向东分布，因此在分析中采用每个分析单元重心的经度坐标作为空间位置的标定（表 3-10），然后分别对不同地貌类型中各孔兑分布范围内的土壤侵蚀模数和土壤侵蚀面积在空间梯度上（自西向东）的格局进行分析。另外，研究期内包括了 8 个研究年份，因此在分析案例选择中分别选取其中的最大和最小侵蚀年进行比较分析。

分析采用线性趋势分析和 P 值检验的方法，其中显著性检查阈值采用 $P=0.05$，当 $P>0.05$ 时为不显著，当 $P<0.05$ 时为显著。

表 3-10　不同分析单元经度坐标　　（单位：°E）

方位	孔兑名称	丘陵区	风沙区	平原区
	毛不拉孔兑	108.9905	108.9361	109.0616
	布日嘎斯太沟	109.1785	109.1890	109.2178
	黑赖沟	109.3782	109.4565	109.4521
西	西柳沟	109.6462	109.7011	109.7243
↓	罕台川	109.9082	109.9208	109.9482
↓	壕庆河	110.0907	110.0793	110.1431
东	哈什拉川	110.1632	110.2432	110.3123
	母花沟	110.3649	110.3453	110.3704
	东柳沟	110.5008	110.4924	110.5029
	呼斯太河	110.7443	110.6927	110.6730

丘陵区 10 个区域重心经度变化在 108.9905°～110.7443°E。从土壤侵蚀最大年份（1985 年）土壤侵蚀模数空间分异来看［图 3-19（a）］，土壤侵蚀模数由重心坐标低值区（毛不拉孔兑）到高值区（呼斯太河）呈不显著增加趋势（$P=0.160$）。其中在毛不拉孔兑和壕庆沟土壤侵蚀模数最低，分别为 10 204.6t/(km^2·a) 和 10 186.7t/(km^2·a)。在西柳沟达到最大值为 15 403.1t/(km^2·a)。从土壤侵蚀面积空间分异特点来看［图 3-19（b）］，在由西至东经度梯度上，土壤侵蚀面积变化趋势与土壤侵蚀模数相反呈不显著减少趋势（$P=0.261$）。其中，壕庆河土壤侵蚀面积最小为 68.6km^2，哈什拉川（110.16°E）和西柳沟面积相对较大，分别为 920.3km^2 和 864.4km^2。

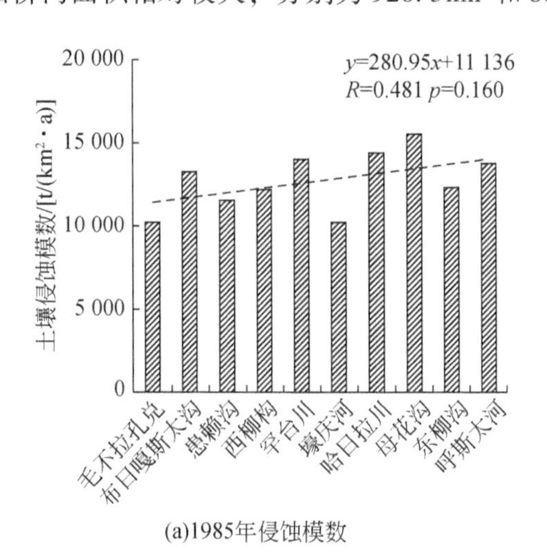

(a)1985年侵蚀模数

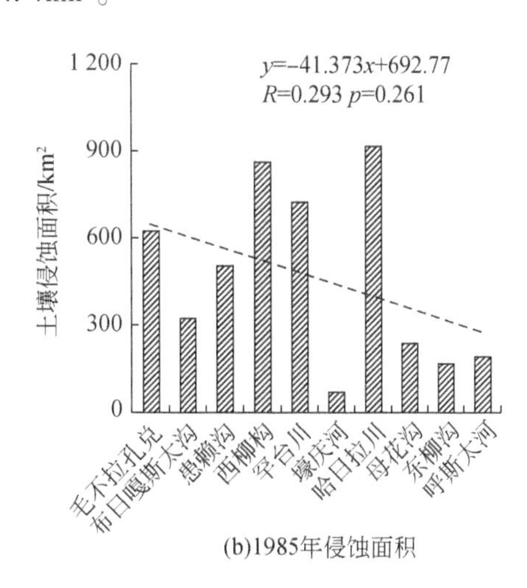

(b)1985年侵蚀面积

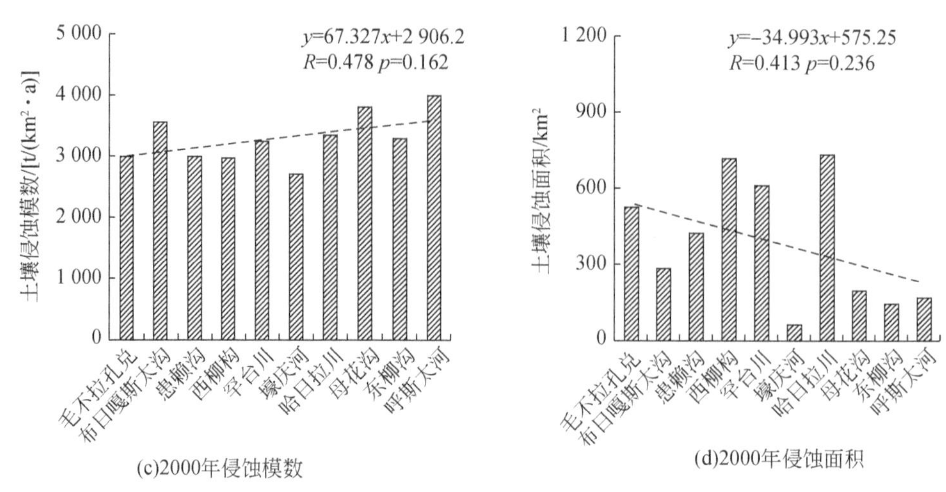

图 3-19　丘陵区最大土壤水力侵蚀年（1985 年）和最小侵蚀年（2000 年）土壤侵蚀模数和面积空间异质性

从丘陵区土壤侵蚀最小年份（2000 年）的土壤侵蚀模数空间分异来看［图 3-19（c）］，土壤侵蚀模数变化趋势与最大年份一致，由重心坐标低值区（毛不拉孔兑）到高值区（呼斯太河）呈不显著增加趋势（$P=0.162$）。其中，呼斯太河和母花沟土壤侵蚀模数最高，分别为 3936.2t/(km² · a) 和 3790.7t/(km² · a)。在壕庆沟降到最低值，为 2695.9t/(km² · a)。从土壤侵蚀面积空间分异特点来看［图 3-19（b2）］，在由西至东经度梯度上，最小年份土壤侵蚀面积变化趋势与最大年份土壤侵蚀面积一致呈不显著减少趋势（$P=0.236$）。其中，最低值也出现在壕庆河土壤侵蚀面积为 55.5km²，哈什拉川和西柳沟面积相对较大，分别为 726.1km² 和 710.4km²。

从最大年份和最小年份土壤侵蚀模数空间分异共同特点来看，在自西向东的经度梯度上，土壤侵蚀模数呈增加趋势，西部的毛不拉孔兑和中部的壕庆沟是土壤侵蚀模数较低的区域。在土壤侵蚀面积方面，壕庆沟是土壤侵蚀面积最低区域，而哈什拉川和西柳沟是土壤侵蚀面积较高区域。

3.1.4　水力侵蚀驱动力分析

水力侵蚀受到自然和人为干扰的影响，是多因素综合作用的过程。水力侵蚀和风力侵蚀在分析过程中采用的因子是不同的（表 3-11）。

表 3-11　土壤水力侵蚀影响因子

土壤侵蚀类型	干扰类型	因子代码	影响因子
丘陵区	人工干扰	X_{11}	人工乔木林
		X_{12}	人工灌木林
		X_{13}	草地封禁
		X_{14}	梯田

续表

土壤侵蚀类型	干扰类型	因子代码	影响因子
丘陵区	自然干扰	X_{15}	降雨侵蚀力
		X_{16}	年降水量
		X_{17}	植被盖度

在影响因子选定后，采用主成分分析（Principal Component Analysis，PCA）法分别对丘陵区和风沙区进行土壤侵蚀驱动机制分析。PCA 法不仅能简化多个变量，还能通过不同因子载荷量在分量轴上的正负关系和值的大小判断分量轴的属性（代表哪种干扰过程），同时根据不同分量轴在主成分中的贡献率大小确定哪个轴在土壤侵蚀过程中的贡献率大，从而揭示影响区域土壤侵蚀过程的主要成因与机制。

根据表 3-12 可以看出，在 7 个影响因子中，前 2 个主成分累计贡献率达到 87.01%，各主成分的贡献率分别为 68.92% 和 18.09%，说明影响十大孔兑丘陵区土壤侵蚀过程的各种因子综合作用主要集中在两个方面（主成分）。其中，在第一主成分中（PC1）起正向作用的因子有梯田、人工乔木林、人工灌木林、植被盖度和草地封禁 5 个因子，其在 PC1 轴上的载荷量分别为 0.988、0.971、0.856、0.792 和 0.740。在这些因子中除植被盖度是人工和自然干扰的集成表述外，其余 4 个因子都为人工干扰决定因子。起负向作用的因子有降雨侵蚀力和年降水量，在 PC1 轴的载荷量分别为-0.489 和-0.871，是自然干扰决定因子。

表 3-12　1985～2018 年土壤水力侵蚀影响因子主成分载荷矩阵

影响因子	PC1	PC2	PC3	PC4	PC5
人工乔木林	0.971	0.194	0.122	0.045	0.045
人工灌木林	0.856	-0.213	0.464	0.016	0.034
草地封禁	0.740	0.391	-0.516	-0.170	0.025
梯田	0.988	-0.010	0.023	-0.028	0.112
降雨侵蚀力	-0.489	0.738	0.418	-0.204	-0.008
年降水量	-0.871	0.420	-0.063	0.207	0.136
植被盖度	0.792	0.556	-0.008	0.224	-0.111
特征根	4.824	1.266	0.676	0.167	0.047
贡献率/%	68.92	18.09	9.65	2.38	0.67
累计贡献率/%	68.92	87.01	96.66	99.04	99.71

因此，综合 PC1 轴的贡献率和各因子的载荷量正负关系可以判断，丘陵区 1985～2018 年土壤水力侵蚀过程变化的最大驱动力是人为干扰。

在第二主成分（PC2）中，起正向作用因子有降雨侵蚀力、植被盖度、年降水量、草地封禁和人工乔木林 5 个因子，其在 PC2 轴上的载荷量分别为 0.738、0.556、0.420、0.391 和 0.194。在这些因子中，草地封禁和人工乔木林是人工干扰因子，其载荷量相对较小，植被盖度是中性因子，其余 2 个因子为自然干扰决定因子。起负向作用的因子有人工灌木林和梯田，其在在 PC2 轴的载荷量分别为-0.213 和-0.010，是人工干扰决定因子。因此，综合 PC2 轴的贡献率和各因子的载荷量正负关系可以判断，丘陵区 1985～2018 年土壤水力侵蚀过程变化的第二大驱动力是自然干扰。第四主成分和第五主成分贡献率不足 10%，属于偶然因子组合，对丘陵区土壤水力侵蚀过程影响不明显。总的来看，丘陵区人为干扰因子主要贡献者是梯田和人工乔木林和人工灌木造林，自然干扰因子主要贡献者是降雨侵蚀力。

3.2 土壤风力侵蚀时空变化及其影响因素

3.2.1 影响土壤风力侵蚀因子及其变化

十大孔兑风沙区土壤风蚀计算涉及风蚀模数中值（K）、植被盖度因子（V）、地表湿度因子（SM）和风力因子（W）。

3.2.1.1 风蚀模数中值

风蚀模数中值由水利部土壤侵蚀分类分级标准（SL 190—2007）中的每一级别最大值和最小值的平均值来表示，见表 3-13。

表 3-13 风力侵蚀强度分级

级别	地表形态	植被盖度/%	侵蚀模数/[t/(km^2 · a)]	侵蚀模数中值/[t/(km^2 · a)]
微度	固定沙丘、沙地和滩地	>70	<200	100
轻度	固定沙丘、半固定沙丘、沙地	70～50	200～2 500	1 350
中度	半固定沙丘、沙地	50～30	2 500～5 000	3 750
强烈	半固定沙丘、流动沙丘、沙地	30～10	5 000～8 000	6 500
极强烈	流动沙丘、沙地	<10	8 000～15 000	11 500
剧烈	大片流动沙丘	<10	>15 000	15 000

3.2.1.2 植被盖度因子

植被盖度采用 $V_{ij}=v_{ij}/v_{jmean}$ 计算（式中，v_{ij} 为第 i 年第 j 级别植被盖度；v_{jmean} 为第 j 级别多年平均植被盖度），即在任一级别中，某年的植被盖度与多年同级平均植被盖度之比。

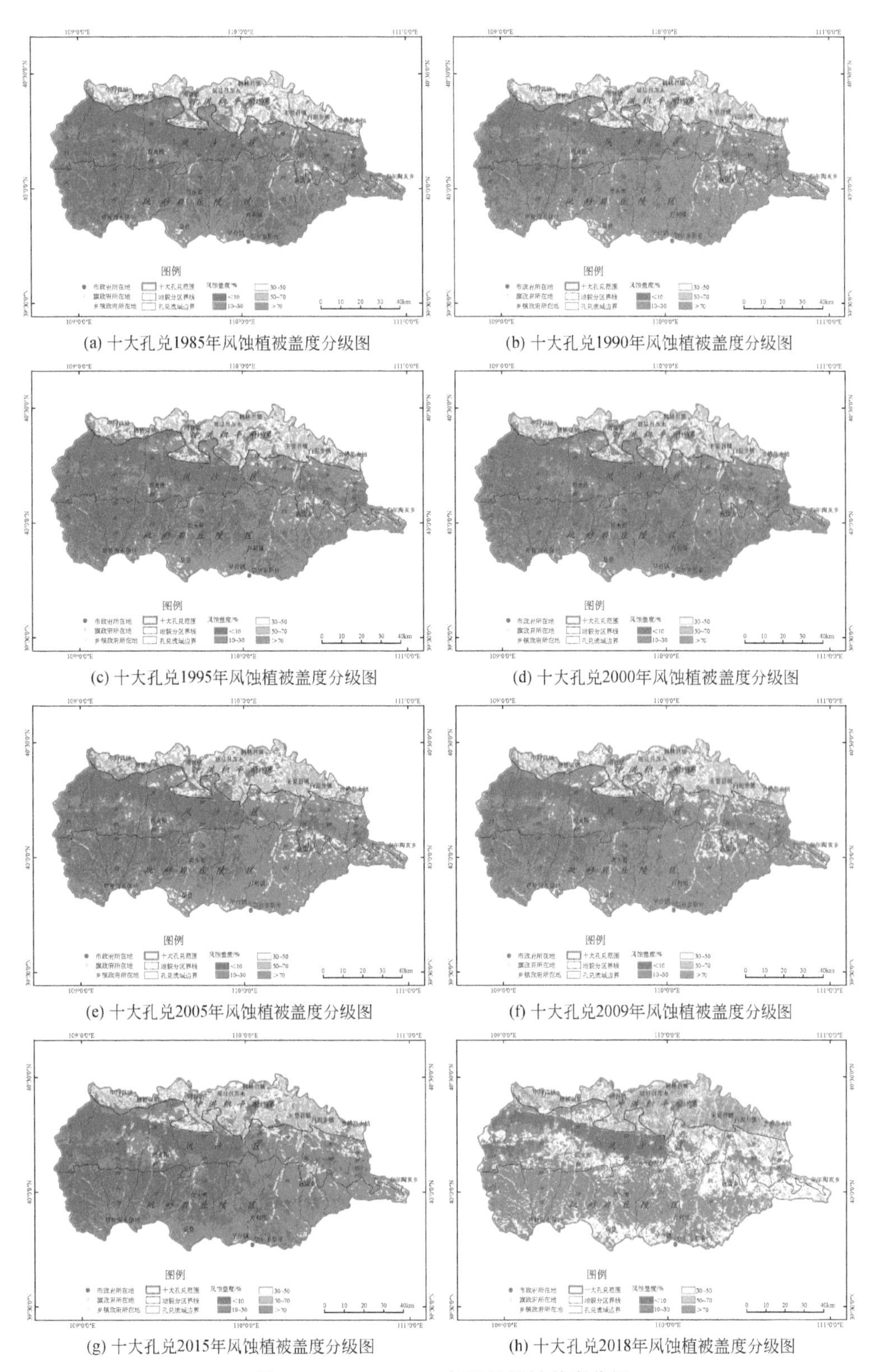

(a) 十大孔兑1985年风蚀植被盖度分级图

(b) 十大孔兑1990年风蚀植被盖度分级图

(c) 十大孔兑1995年风蚀植被盖度分级图

(d) 十大孔兑2000年风蚀植被盖度分级图

(e) 十大孔兑2005年风蚀植被盖度分级图

(f) 十大孔兑2009年风蚀植被盖度分级图

(g) 十大孔兑2015年风蚀植被盖度分级图

(h) 十大孔兑2018年风蚀植被盖度分级图

图 3-20　1985 ~ 2018 年风蚀植被盖度分级

3.2.1.3 地表湿度因子

在风蚀公式中，地表湿度因子 SM 采用研究时段年均温度与多年平均温度比除以年降水量与多年平均降水量比来计算（M_i），研究时段具体地表湿度因子值见表 3-14。M_i越大土壤侵蚀量越大。

表 3-14　1985 ~ 2018 年地表湿度因子

年份	年降水量/mm	年均温度/℃	年降水量/多年平均降水量	年均温度/多年平均温度	地表湿度因子
1985	317.6	5.97	1.158	0.797	0.830
1990	347.0	7.31	1.265	0.976	0.878
1995	332.3	6.82	1.212	0.911	0.867
2000	287.5	7.28	1.049	0.972	0.963
2005	191.8	7.56	0.699	1.009	1.201
2009	229.4	8.40	0.837	1.121	1.158
2015	213.8	9.12	0.780	1.218	1.250
2018	267.3	8.92	0.975	1.191	1.105
平均	273.3	7.67	0.997	1.024	1.032

3.2.1.4 风力因子

风力因子 W 由平均风速日数因子（W_{di}），平均风速因子（W_{msi}）和最大风速因子（W_{maxsi}）组成，其中 W_{di}为第 i 年 4 ~ 6 月大于 5m/s 日平均风速日数/多年平均风速，W_{msi}和 W_{maxsi}分别为同期平均风速和最大风速与多年平均风速比。研究区风力因子值见表 3-15。

表 3-15　1985 ~ 2018 年风力因子

年份	>5m/s 日数/d	平均风速	最大风速	>5m/s 日平均风速日数/多年平均风速	平均风速/多年平均风速	最大风速/多年平均风速	风力因子
1985	28	6.5	11.5	1.211	1.043	1.018	2.273
1990	21	6.3	10.5	0.908	1.011	0.929	1.848
1995	31	5.9	10.2	1.341	0.947	0.903	2.195
2000	17	6.0	10.7	0.735	0.963	0.947	1.647
2005	11	5.6	9.4	0.476	0.899	0.832	1.223
2010	10	6.3	9.4	0.432	1.018	0.835	1.282
2015	30	6.8	12.2	1.297	1.091	1.080	2.476
2018	37	6.4	11.3	1.600	1.027	1.000	2.627
平均	23.1	6.23	10.7	1.000	1.000	0.943	1.946

依据表 3-13，对研究区沙地土壤风蚀采用式（1-7）~式（1-10）。

3.2.2 风蚀计算结果

十大孔兑风沙区总面积约为 3988.12km²，1985 ~ 2018 年平均土壤侵蚀模数为 7614.8t/(km²·a)，在研究时段内，风力侵蚀模数变化在 5379.8 ~ 10 144.7t/(km²·a)。其中，最大值和最小值出现时间分别为 2015 年和 2018 年［图 3-21（a）］，从整体水平来看，2018 年土壤侵蚀模数较 1985 年降低了 3458.6t/(km²·a)，减少 39.13%，是三种地貌类型中侵蚀模数减少最低的。

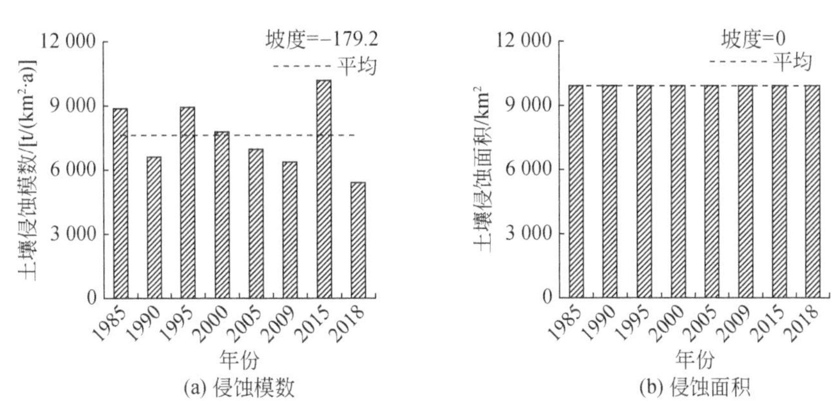

图 3-21 1985 ~ 2018 年风沙区土壤侵蚀模数与侵蚀面积

从不同风力侵蚀面积变化来看，在研究时段内微度侵蚀面积为 0（表 3-16），中部风沙区全部处于风蚀状态（图 3-22）。其中，轻度侵蚀面积由 0km² 增加到 63.11km²，中度侵蚀面积由 117.04km²增加到了 838.92km²。强烈和极强烈侵蚀面积呈波动式变化，而剧烈侵蚀面积由 1985 年的 2412.13km²减少到了 787.99km²。这一特点从土壤侵蚀强度面积分布图可以明显看出（图 3-22）。

表 3-16 风沙区土壤侵蚀强度分级面积 （单位：km²）

侵蚀级别	1985 年	1990 年	1995 年	2000 年	2005 年	2009 年	2015 年	2018 年	平均
微度	0	0	0	0	0	0	0	0	
轻度	0.00	0.09	0.01	0.03	0.00	0.14	0.69	63.11	8.01
中度	117.04	243.00	149.96	138.16	262.71	374.05	101.09	838.92	278.12
强烈	780.99	1834.68	642.40	1368.09	1664.54	1934.93	482.16	1017.68	1215.68
极强烈	677.96	0.00	797.77	0.00	0.00	0.00	1547.56	1280.43	537.97
剧烈	2412.13	1910.33	2397.99	2481.84	2060.87	1678.99	1856.61	787.99	1948.34
土壤侵蚀面积	3988.12	3988.12	3988.12	3988.12	3988.11	3988.12	3988.12	3988.13	3988.12
分区总面积	3988.12	3988.12	3988.12	3988.12	3988.11	3988.12	3988.12	3988.13	3988.12

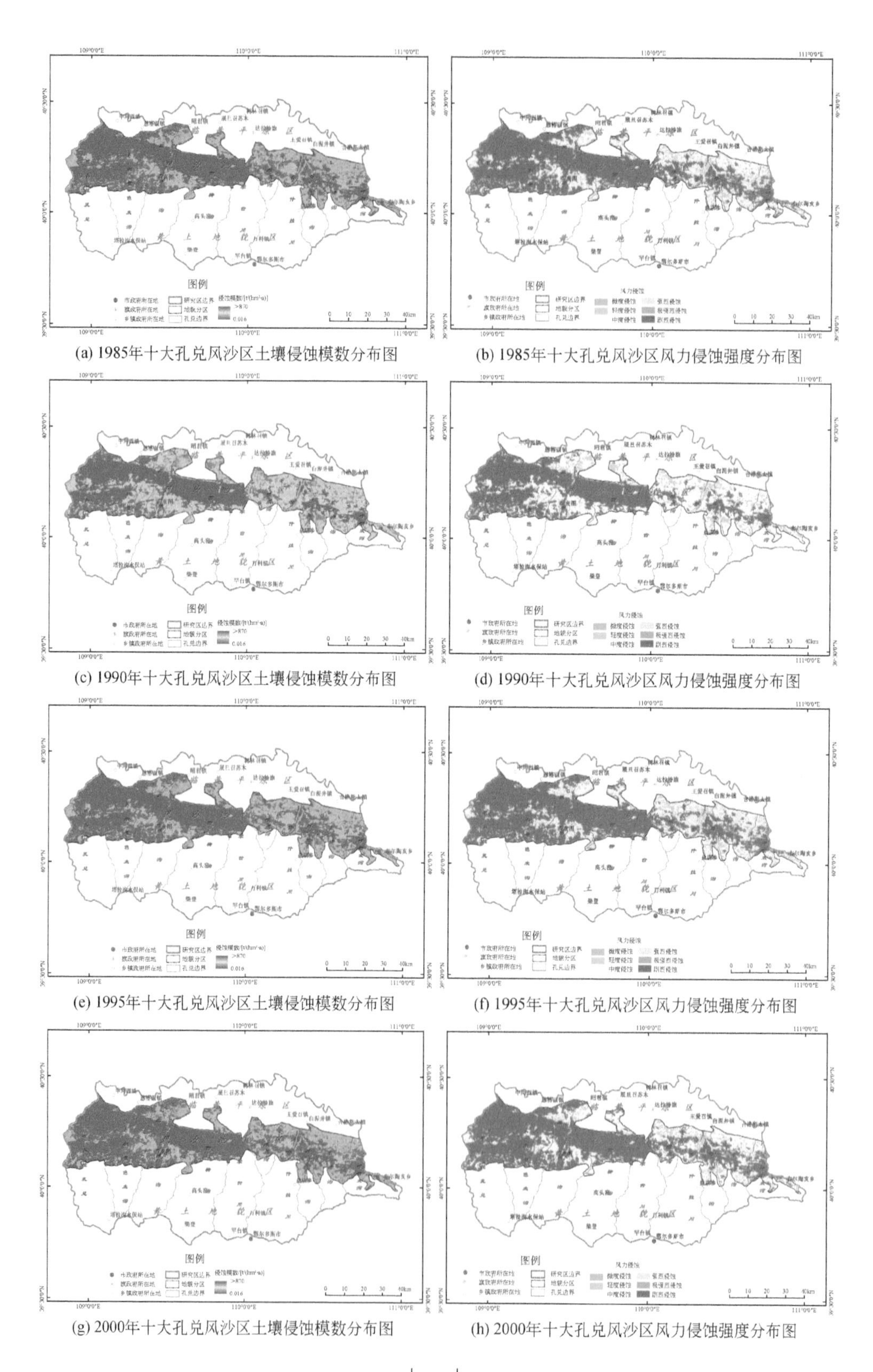

(a) 1985年十大孔兑风沙区土壤侵蚀模数分布图

(b) 1985年十大孔兑风沙区风力侵蚀强度分布图

(c) 1990年十大孔兑风沙区土壤侵蚀模数分布图

(d) 1990年十大孔兑风沙区风力侵蚀强度分布图

(e) 1995年十大孔兑风沙区土壤侵蚀模数分布图

(f) 1995年十大孔兑风沙区风力侵蚀强度分布图

(g) 2000年十大孔兑风沙区土壤侵蚀模数分布图

(h) 2000年十大孔兑风沙区风力侵蚀强度分布图

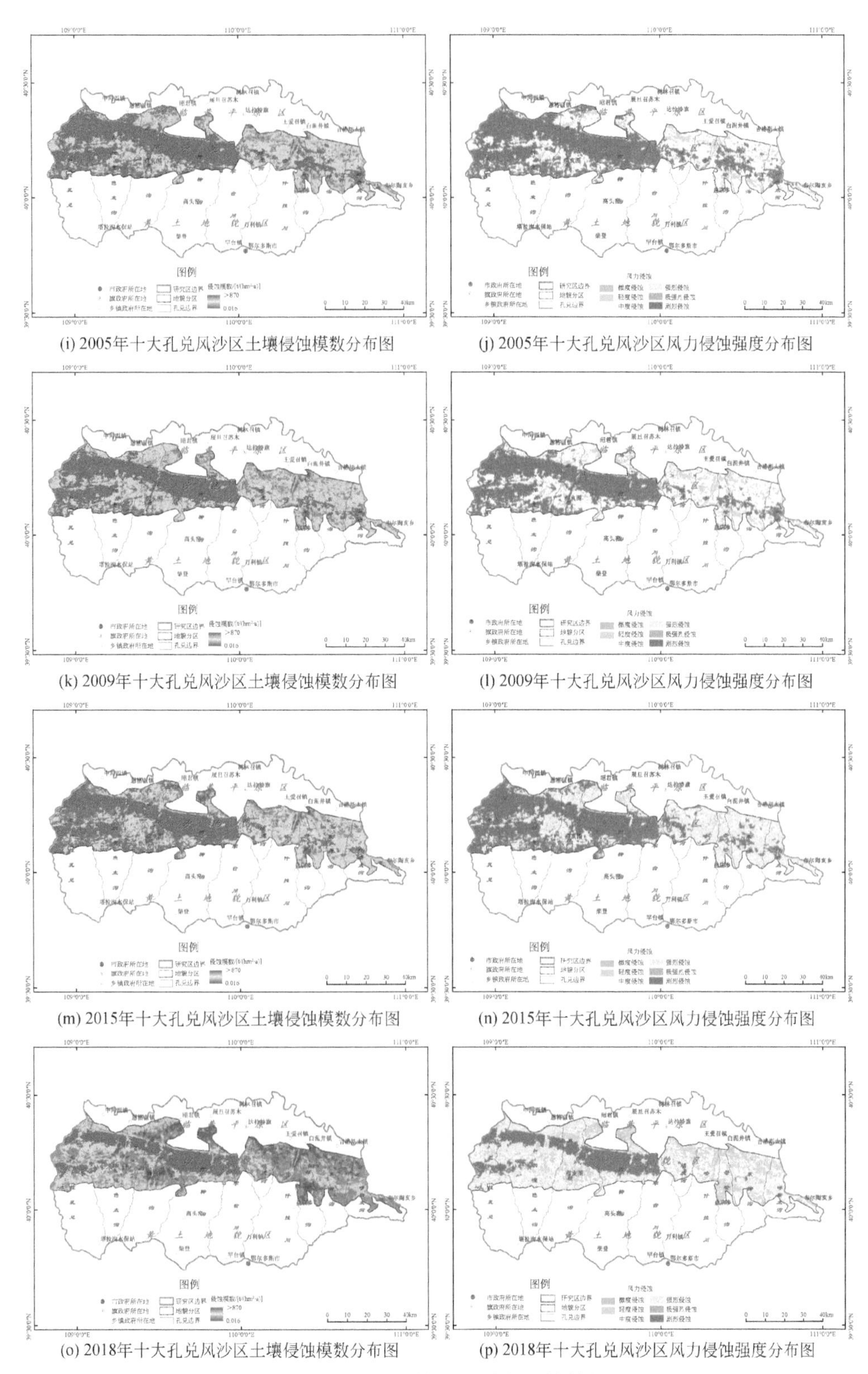

(i) 2005年十大孔兑风沙区土壤侵蚀模数分布图
(j) 2005年十大孔兑风沙区风力侵蚀强度分布图
(k) 2009年十大孔兑风沙区土壤侵蚀模数分布图
(l) 2009年十大孔兑风沙区风力侵蚀强度分布图
(m) 2015年十大孔兑风沙区土壤侵蚀模数分布图
(n) 2015年十大孔兑风沙区风力侵蚀强度分布图
(o) 2018年十大孔兑风沙区土壤侵蚀模数分布图
(p) 2018年十大孔兑风沙区风力侵蚀强度分布图

图 3-22　风沙区不同年份土壤侵蚀模数与分级

3.2.3 风沙区风蚀面积时空变化

从不同风力侵蚀强度面积比例变化来看（图3-23），在1985～2018年，中度侵蚀面积为波动增加趋势（斜率为0.300）；强度侵蚀呈波动减少趋势但不明显（斜率为-0.068）；极强烈侵蚀面积呈增加趋势，由1985年的17.00%增加到2018年32.11%；剧烈侵蚀面积呈减少趋势，从60.48%减少到19.76%。这一点从斜率绝对值大小也明显可以看出，剧烈侵蚀面积比例变化斜率为-0.850，在所有类型中变化最快。轻度侵蚀在中部风沙区所占比例极少，仅在1990～2000年和2009～2018年有分布，所占面积最大比例（2018年）不足2%，但呈增加趋势。

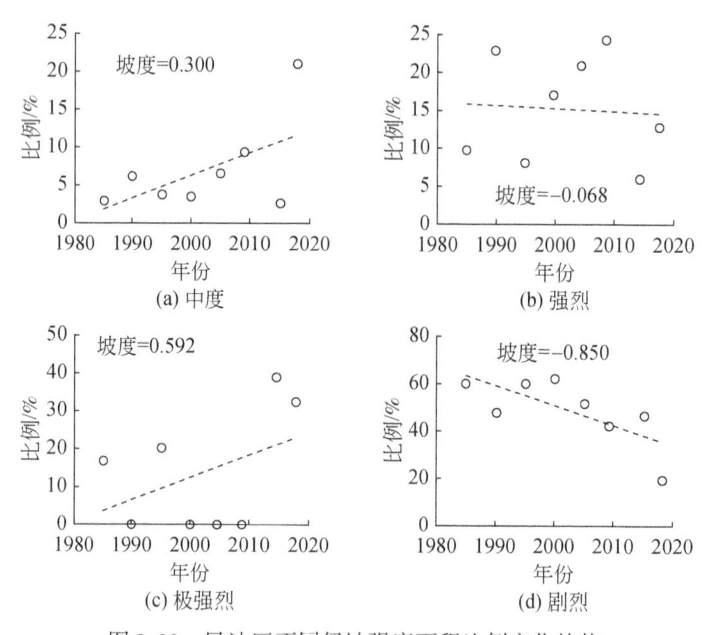

图3-23　风沙区不同侵蚀强度面积比例变化趋势

从不同侵蚀面积比例分阶段特征来看，中度和剧烈侵蚀面积比例变化具有一定规律性［图3-23（a）和图3-23（d）］。中度侵蚀在1985～2000年呈波动式增加，由2.93%增加到3.46%，在2000～2009年几乎呈线性增加，由3.46%增加到9.38%，2010年后开始波动增加（高—低—高）且变幅明显加大，2018年与该段最低的2015年相比较，由2.53%增加到了21.04%；剧烈侵蚀与中度侵蚀面积比例变化在1985～2000年一致呈波动式增加，由60.48%增加到62.23%（研究期间最高），在2000～2009年几乎呈线性减少，由62.23%减少到42.10%，2010年后进入波动减少（低—高—低），2018年与该段最高的2000年相比较由46.55%减少到了19.76%；强烈和极强烈侵蚀的分阶段特征不明显，其中强烈侵蚀面积比例在2000～2009年出现了一个明显的增加趋势，由34.30%增加到48.52%（研究期间最高）；极强烈侵蚀在同一时段基本上没有变化（2000～2009年无分布面积）。

表 3-17　风沙区不同时期土壤侵蚀情况

孔兑名称	土地面积/km^2	1985年（基准年）		研究期													
		流失面积/km^2	平均侵蚀模数/[t/(km^2·a)]	1990年		1995年		2000年		2005年		2010年		2015年		2018年	
				流失面积/km^2	侵蚀模数/[t/(km^2·a)]	流失面积/km^2	侵蚀模数/[t/(km^2·a)]	流失面积/km^2	侵蚀模数/[t/(km^2·a)]	流失面积/km^2	侵蚀模数/[t/(km^2·a)]	流失面积/km^2	侵蚀模数/[t/(km^2·a)]	流失面积/km^2	侵蚀模数/[t/(km^2·a)]	流失面积/km^2	侵蚀模数/[t/(km^2·a)]
毛不拉孔兑	434.72	434.72	10 677	434.72	8 819	434.72	11 269	434.72	9 495	434.72	9 061	434.72	8 694	434.72	14 731	433.84	7 619
布日嘎斯太沟	892.63	892.63	10 955	892.63	8 593	892.63	11 208	892.63	9 539	892.63	8 732	892.63	8 356	892.63	13 051	887.27	6 883
黑赖沟	538.88	538.88	9 163	538.88	6 651	538.88	9 507	538.88	8 074	538.88	7 495	538.88	6 710	538.88	11 229	532.90	5 428
西柳沟	625.95	625.95	9 961	625.95	7 686	625.95	10 340	625.95	8 583	625.95	8 755	625.88	8 011	625.56	12 641	607.93	8 628
罕台川	99.02	99.02	11 450	99.02	8 865	99.02	11 643	99.02	9 837	99.02	9 628	99.02	9 061	99.02	13 950	98.93	9 972
壕庆河	284.43	284.43	7 623	284.43	5 138	284.43	6 882	284.43	6 445	284.43	4 909	284.43	4 523	284.43	8 432	281.08	3 659
哈什拉川	221.16	221.16	6 685	221.13	4 388	221.16	6 608	221.16	6 366	221.16	4 652	221.15	3 586	221.16	6 301	213.63	2 666
母花沟	163.45	163.45	6 952	163.36	4 864	163.45	7 165	163.41	6 212	163.45	5 443	163.43	4 430	163.13	6 264	152.20	2 521
东柳沟	464.11	464.11	6 767	464.11	4 979	464.11	6 920	464.11	6 133	464.11	5 229	464.04	4 409	464.11	7 441	454.85	3 102
呼斯太河	263.78	263.78	8 152	263.78	5 727	263.78	7 807	263.78	7 213	263.78	5 595	263.78	5 321	263.78	7 406	262.39	3 320
合计	3 988.12	3 988.12	8838.50	3 988.01		3 988.12		3 988.08		3 988.12		3 987.96		3 987.42		3 925.02	

注：表中数据通过遥感解译技术、土壤侵蚀模型计算所得

从空间变化的角度来看，风沙区10个区域重心经度变化在108.9361°~110.6927°E。从土壤侵蚀最大年份（2015年）土壤风蚀模数空间分异来看［图3-24（a）］，土壤侵蚀模数由重心坐标低值区（毛不拉孔兑）到高值区（呼斯太河）呈显著减少趋势（$P=0.002$）。其中，毛不拉孔兑和罕台川土壤风蚀模数最高，分别为14 731.3t/(km²·a)和13 949.5t/(km²·a)。哈什拉川和母花沟相对最小分别为6301.3t/(km²·a)和6264.4t/(km²·a)。从土壤风蚀面积空间分异特点来看［图3-24（b）］，在由西至东经度梯度上，土壤风蚀面积变化趋势与土壤侵蚀模数一致，也呈减少趋势，但不显著（$P=0.064$）。其中，罕台川土壤风蚀面积最小为99.0km²，在布日嘎斯太沟风蚀面积最大为982.6km²。

从风沙区土壤风蚀最小年份（2018年）土壤风蚀模数空间分异来看［图3-24（c）］，土壤风蚀模数变化趋势与最大年份一致，由重心坐标低值区（毛不拉孔兑）到高值区（呼斯太河）呈显著减少趋势（$P=0.039$）。其中，哈什拉川和母花沟土壤风蚀模数相对最低，分别为2666.2t/(km²·a)和2520.8t/(km²·a)。在罕台川，土壤风蚀模数达到最高值，为9972.1t/(km²·a)。从土壤风蚀面积空间分异特点来看［图3-24（d）］，在由西至东经度梯度上，土壤风蚀面积变化趋势与最大年份土壤风蚀面积一致，呈不显著减少趋势（$P=0.064$）。其中，最低值出现在罕台川，土壤侵蚀面积为98.9km²，布日嘎斯太沟面积相对最大，为887.3km²。

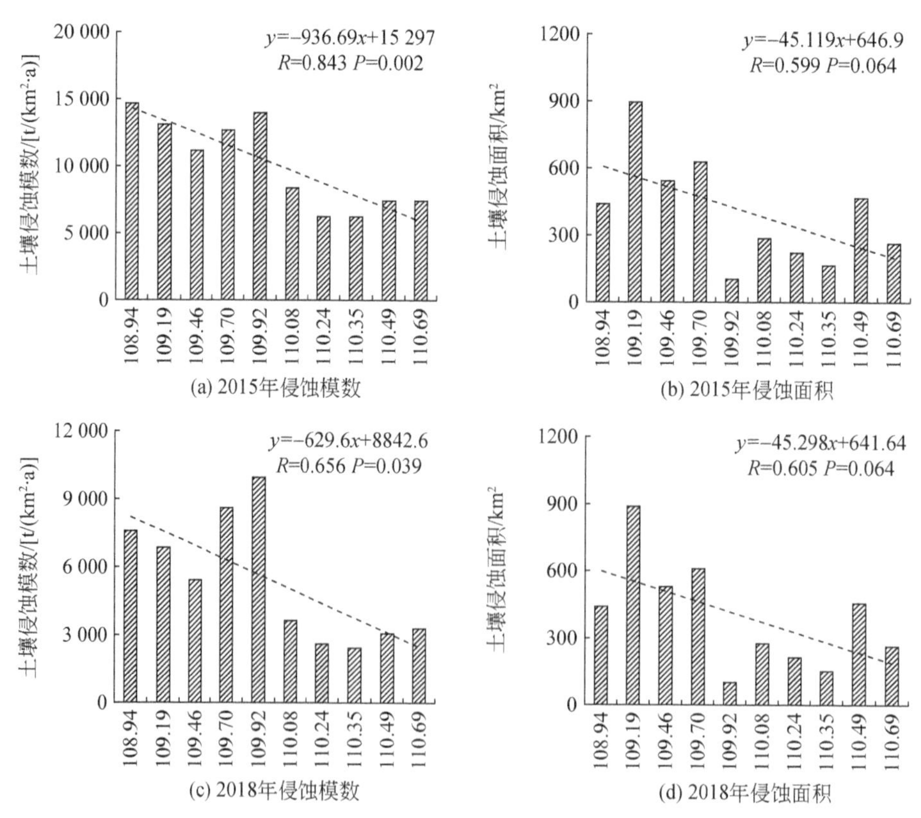

图3-24　风沙区最大土壤风力侵蚀年（2015年）和最小侵蚀年（2018年）土壤侵蚀模数和面积空间异质性

从最大年份和最小年份土壤风蚀模数空间分异共同特点来看，在自西向东的经度梯度上，土壤风蚀模数和面积都呈减少趋势，从土壤风蚀模数来看，哈什拉川和母花沟在不同年份侵蚀强度都相对最低，罕台川、西柳沟和毛不拉孔兑是土壤风蚀模数的较高区域。在土壤侵蚀面积方面，其在最大年份和最小年份的空间分异规律一致，罕台川是土壤风力侵蚀面积最低区域，而布日嘎斯太沟是土壤风力侵蚀面积最高区域。

3.2.4 风沙区土壤风力侵蚀驱动力分析

风沙区土壤风力侵蚀主成分分析表明，在 9 个影响因子中（表 3-18），前 3 个主成分累计贡献率达到 87.16%，各主成分的贡献率分别为 45.66%、32.72% 和 8.78%（表 3-19），说明影响风沙区土壤风力侵蚀过程的各种因子综合作用主要集中在 3 个方面（主成分）。其中，在第一主成分中（PC1）起正向作用的因子有年均温度、植物固沙、植被盖度、沙区封禁、4～6 月平均风速、4～6 月最大风速和 4～6 月>5m/s 风速日数 7 个因子，其在 PC1 轴上的载荷量分别为 0.929、0.910、0.897、0.848、0.499、0.372、和 0.294。在这些因子中，除植被固沙和沙区封禁是人工干扰因子和植被盖度为混合干扰因子外，其余 4 个因子都为自然干扰决定因子。起负向作用的因子有年降水量和流动沙地面积，其在 PC1 轴的载荷量分别为-0.617 和-0.199，其中年降水量是自然干扰因子，流沙面积是混合干扰因子。因此，综合 PC1 轴的贡献率和各因子的载荷量正负关系可以判断，风沙区 1985～2018 年土壤风力侵蚀过程变化的最大驱动力是自然干扰为主并叠加了人工干扰。

表 3-18　不同土壤风力侵蚀类型影响因子

1	2	3	4
库布齐风沙区	人工干扰	X_{21}	植物固沙
		X_{22}	沙区封禁
	自然干扰	X_{23}	年降水量
		X_{24}	年均温度
		X_{25}	4～6 月平均风速
		X_{26}	4～6 月>5m/s 风速日数
		X_{27}	4～6 月最大风速
		X_{28}	植被盖度
		X_{29}	流动沙地面积

表 3-19 1985～2018 年土壤风力侵蚀影响因子主成分载荷矩阵

影响因子	PC1	PC2	PC3	PC4	PC5
植物固沙	0.910	-0.305	-0.155	0.045	0.225
沙区封禁	0.848	0.243	0.133	-0.278	-0.346
年降水量	-0.617	0.522	0.560	0.128	0.031
年均温度	0.929	-0.184	-0.009	0.054	-0.033
4～6 月>5m/s 风速日数	0.294	0.847	0.256	-0.268	0.237
4～6 月平均风速	0.499	0.595	-0.079	0.620	0.053
4～6 月最大风速	0.372	0.880	-0.116	0.090	-0.213
植被盖度	0.897	-0.171	0.324	-0.107	0.168
流动沙地面积	-0.199	0.781	-0.495	-0.274	0.147
特征根	4.109	2.945	0.79	0.649	0.327
贡献率/%	45.66	32.72	8.78	7.22	3.63
累计贡献率/%	45.66	78.38	87.16	94.38	98.01

在第二主成分（PC2）中，起正向作用因子有 4～6 月最大风速（载荷量 0.880）、4～6 月>5m/s 风速日数（载荷量 0.847）、流动沙地面积（载荷量 0.781）、4～6 月平均风速（载荷量 0.595）、年降水量（载荷量 0.522）和沙区封禁（载荷量 0.243）6 个因子。在这些因子中除沙区封禁是人工干扰因子且载荷量较小外，其余 5 个因子都为自然干扰决定因子。起负向作用的因子有植物固沙（载荷量-0.305）、年均温度（载荷量-0.184）和植被盖度（载荷量-0.171）。因此，综合 PC2 轴的贡献率和各因子的累积载荷量正负关系可以判断，风沙区 1985～2018 年土壤侵蚀过程变化的第二大驱动力是自然干扰。

第三主成分的贡献率不足 10%，各影响因子子载荷量最大正值为年降水量（0.560），最小负值为流动沙地面积（-0.495），驱动因素仍以自然干扰为主的，但组合因素与前二轴不同且对风沙区土壤力侵风蚀过程影响相对较小。

3.2.5 丘陵区和平原区风蚀分析

丘陵区和平原区虽然以水力侵蚀为主，但由于地处中温带草原区，丘陵区发育的自然植被以本氏针茅、百里香等优势种草原植被为主，在每年的春末夏初（4～6 月）也存在风蚀现象。同时，平原区虽然在水利部已经公布的土壤侵蚀类型数据中属于水力侵蚀类型，但是该区以农业生产占绝对优势，在每年的春末夏初（4～6 月）同样存在风蚀现象。因此采用式（1-7）对该区风力侵蚀进行了分析。

研究结果表明［图 3-25（a)］，丘陵区最大风力侵蚀模数为 1389.998t/(km²·a)，发生在 2018 年；最小风力侵蚀模数为 48.217t/(km²·a)，发生在 1985 年。从土壤侵蚀强度来看（表 3-20)，1985～2009 年，微度侵蚀占绝对优势，分布面积在 3587.0～4619.0km²；2015～2018 年，轻度侵蚀占绝对优势，分布面积在 4761km²以上。

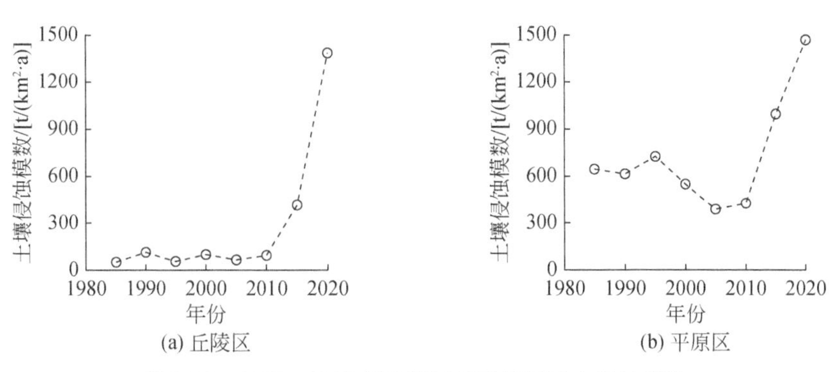

图 3-25　1985～2018 年丘陵区和平原区风力侵蚀模数

同样，平原区的风力侵蚀分析表明［图 3-25（b)］，该区最大风力侵蚀模数为 147.397t/(km²·a)，发生在 2018 年；最小风力侵蚀模数为 39.10t/(km²·a)，发生在 2005 年。从土壤侵蚀强度来看（表 3-21)，1985～2018 年，微度侵蚀占绝对优势，分布面积在 1788.8～1997.1km²；2015 年和 2018 年出现了少量的轻度侵蚀，分布面积分别为 10.6km²和 208.3km²。

表 3-20　丘陵区土壤风蚀强度分级面积　　（单位：km²）

风蚀强度	1985 年	1990 年	1995 年	2000 年	2005 年	2009 年	2015 年	2018 年
微度侵蚀	4619.0	3587.0	4607.0	4429.5	4599.0	4597.5	14.5	14.8
轻度侵蚀	158.3	1190.3	170.3	347.8	178.3	179.8	4762.8	4761.5
合计	4777.3	4777.3	4777.3	4777.3	4777.3	4777.3	4777.3	4776.3

表 3-21　平原区土壤风蚀强度分级面积　　（单位：km²）

风蚀强度	1985 年	1990 年	1995 年	2000 年	2005 年	2009 年	2015 年	2018 年
微度侵蚀	1997.1	1997.1	1997.1	1997.1	1997.1	1997.1	1986.5	1788.8
轻度侵蚀	0	0	0	0	0	0	10.6	208.3
合计	1997.1	1997.1	1997.1	1997.1	1997.1	1997.1	1997.1	1997.1

3.2.6　主要结果

1）土壤侵蚀模数、侵蚀面积具有相同的变化趋势，其区别仅仅表现为变化幅度存在差异，其在高土壤侵蚀年份的波动幅度大于低封侵蚀年份。

2）南部丘陵区土壤侵蚀自西向东侵蚀模数、年面积分别呈不显著增加和不显著减少趋势（$P>0.05$）。水力侵蚀模数在最大侵蚀年以母花沟最高、壕庆河最低为特点；在最小侵蚀年以呼斯太河最高、壕庆河最低为特点。土壤侵蚀面积在不同年份都以哈什拉川最高、壕庆河最低为特征。

3）中部风沙区土壤侵蚀在不同年份中都呈减少趋势，其中土壤风蚀模数变化达到显著程度（$P<0.05$）。在最大年份土壤风蚀模数在毛不拉孔兑最高，在哈什拉川最低；在最小年份罕台川最高，母花沟最低。土壤侵蚀面积在不同年份都以布日嘎斯太沟最高、罕台川最低为特征。

4）在丘陵区最大风力侵蚀模数为 1390.0t/(km^2·a)（2018 年），最小为 48.2t/(km^2·a)（1985 年）。土壤侵蚀强度以微度侵蚀占绝对优势，分布面积在 3587.0～4619.0km^2。北部平原区最大风力侵蚀模数为 147.397t/(km^2·a)（2018 年），最小为 39.10t/(km^2·a)（2005 年）。土壤侵蚀强度以微度侵蚀占绝对优势，分布面积在 1788.8～1997.1km^2。

5）丘陵区 1985～2018 年土壤侵蚀过程变化的最大驱动力是人为干扰，其合成贡献率 68.92%，其次是自然干扰，贡献率为 18.09%。风沙区 1985～2018 年土壤风蚀过程变化的最大驱动力是降雨气温风速等自然因素作用为主并叠加了人类活动干扰，其合成贡献率为 45.66%；其次为气候干燥度、植物固沙面积和风力状况合成作用，其贡献率为 32.72%；其他因子为 21.62%。与丘陵区相比，风沙区 PC1 和 PC2 贡献率相差较小，说明自然因干扰土壤风蚀影响大于人类干扰。

3.3 影响区域土壤侵蚀关键动态因子分析

3.3.1 降雨侵蚀力变化及对土壤侵蚀的影响

降雨侵蚀力是水力侵蚀模型中的一个重要因子，降雨侵蚀力对土壤侵蚀模数有极大的影响。

3.3.1.1 分析方法

从图 3-26 可以看出，区域水力侵蚀主要发生在丘陵区和平原区。因此，以下分析采用上述两个区域 1985～2018 年的平均侵蚀模数和对应的降雨侵蚀力为数据源，采用一元线性回归模型进行关联分析。回归模型显著性检查阈值采用 $P=0.01$ 和 $P=0.001$，即当 $P>0.01$ 时回归模型为不显著，当 $0.01<P<0.001$ 时回归模型为显著，$P<0.001$ 时回归模型为极显著。

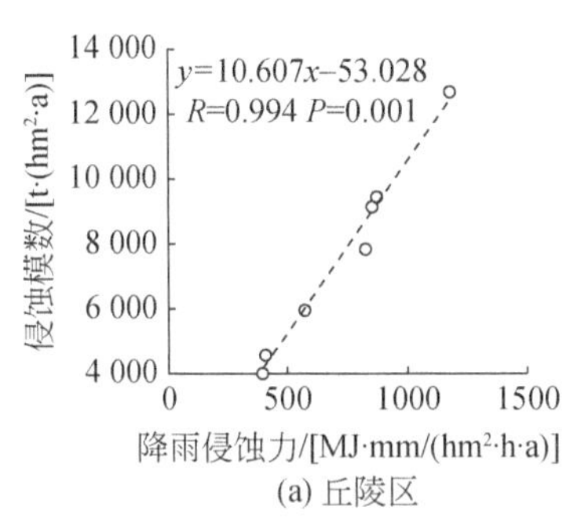

(a) 丘陵区

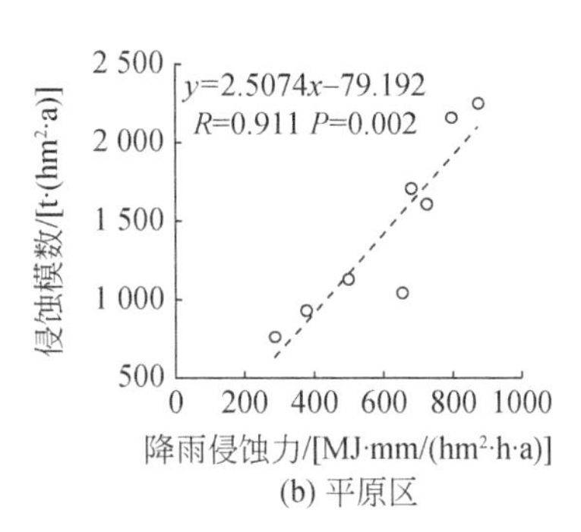

(b) 平原区

图 3-26　丘陵区和平原区降雨侵蚀力对侵蚀模数的影响

3.3.1.2　结果分析

从丘陵区降雨侵蚀力对侵蚀模数的影响来看［图 3-26（a）］，两者之间存在极显著的线性回归关系（$P<0.001$），说明降雨侵蚀力在丘陵区对土壤侵蚀模数的影响达到极显著，考虑到该区 1985～2018 年植被盖度和水土保持工程呈持续增加的背景，说明目前的水土保持措施在应对丰水年时还存在不足。这一点与 2018 年仍出现高侵蚀模数［7121.6t·(km^2·a)］的结果完成全一致。

从平原区降雨侵蚀力对侵蚀模数的影响来看［图 3-26（b）］，两者之间存在显著的线性回归关系（$P=0.002$），说明降雨侵蚀力在平原区对土壤侵蚀模数的影响显著，考虑到该区 1985～2018 年农田面积和平原区植树造林面积不断加大的背景，同样说明平原区当出现丰水年时土壤侵蚀模数会对应增加。与丘陵区不同之处是，由于农业植被盖度高、平原区地形平缓，平原区土壤侵蚀模数最高只能达到 2256t·(hm^2·a)，尚未出现较严重的土壤水力侵蚀现象。

3.3.1.3　主要结果

无论是在地形起伏较大的丘陵区还是地形起伏较小的平原区，降雨侵蚀力对土壤水力侵蚀模数的影响都比较显著，其对丘陵区的影响要比对平原区显著。从预防丰水年对区域土壤侵蚀的角度来看，丘陵区水土保持综合治理工作还需要高质量持续进行。

3.3.2　植被盖度变化及对土壤侵蚀的影响

大量研究表明，植被是控制和减少土壤侵蚀的有效途径之一，尤其是近地表的草地植被恢复在控制土壤侵蚀的生态建设中起着至关重要的作用。因此，在十大孔兑研究区，植被盖度对土壤侵蚀量的影响是备受水土保持研究人员关注的重要问题，因为两者数量化关系确定可为研究区土壤侵蚀量预判提供相对便捷的途径。

3.3.2.1 研究方法

为了分析植被盖度与土壤水力侵蚀模数的关系，同时避免植被类型造成的干扰，在ArcGIS环境中，以不同年份土地利用/覆盖数据为依据，仅选取了十大孔兑丘陵区草原（草地）区为研究对象，采用MODIS NDVI计算的植被盖度和土壤侵模数为基础（分辨率250m），对2000～2017年的数据进行分析。

从两个层面进行分析：一是对2000～2017年土壤侵蚀模数和植被盖度平均后进行分析；二是对典型年份分析，以图3-27确认的（图中的黑色柱状）土壤侵蚀模数最接近平均年（2010年）、最小年（2011年）和最大年（2016年）进行分析。

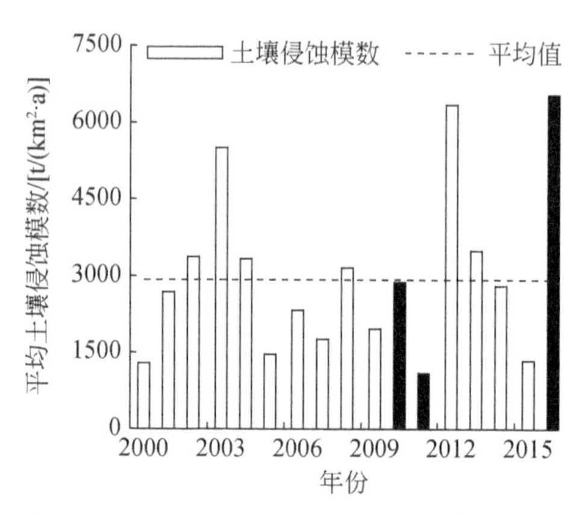

图3-27 丘陵区2000～2017年土壤侵蚀模数
图中黑柱状表示典型年份

分析中植被盖度每2%分为一级，并与对应空间的土壤侵蚀模数平均值生成数据系列，同时为了控制坡度对研究结果的影响，分别以<5°、5°～10°和>10°作为控制条件进行分析。

3.3.2.2 结果分析

（1）总体特征

从多年平均特征来看（图3-28），在不同坡度等级，随着植被盖度增加，土壤侵蚀模数变化在整体上都呈典型的抛物线型（$P<0.001$）。

坡度<5°时，土壤侵蚀模数在植被盖度<14%时呈增加趋势［图3-28（a）］，土壤侵蚀模数变化于12.72～22.56t/(hm^2·a)；当盖度>14%时，土壤侵蚀模数呈减少趋势，变化于2.02～18.66t/(hm^2·a)。对植被盖度和土壤侵蚀模数关系函数进行求导，土壤侵蚀模数阈值为18.18t/(hm^2·a)，对应植被盖度为11.42%。

坡度为5°～10°时，土壤侵蚀模数在植被盖度<18%时呈增加趋势［图3-28（b）］，土壤侵蚀模数变化于26.91～35.85t/(hm^2·a)；当盖度>18%时，土壤侵蚀模数呈减少趋势，变化于6.76～33.73t/(hm² · a) 之间。对植被盖度和土壤侵蚀模数函数进行求导，土壤侵蚀模数阈值为34.29t/(hm² · a)，对应植被盖度为16.51%。

坡度>10°时，土壤侵蚀模数在植被盖度<18%时呈增加趋势［图3-28（c）］，土壤侵蚀模数变化于52.87～75.59t/(hm² · a)；当盖度>18%时，土壤侵蚀模数呈减少趋势，变化于12.23～72.61t/(hm² · a)。对植被盖度和土壤侵蚀模数函数进行求导，土壤侵蚀模数阈值为74.56t/(hm² · a)，对应植被盖度为16.5%。

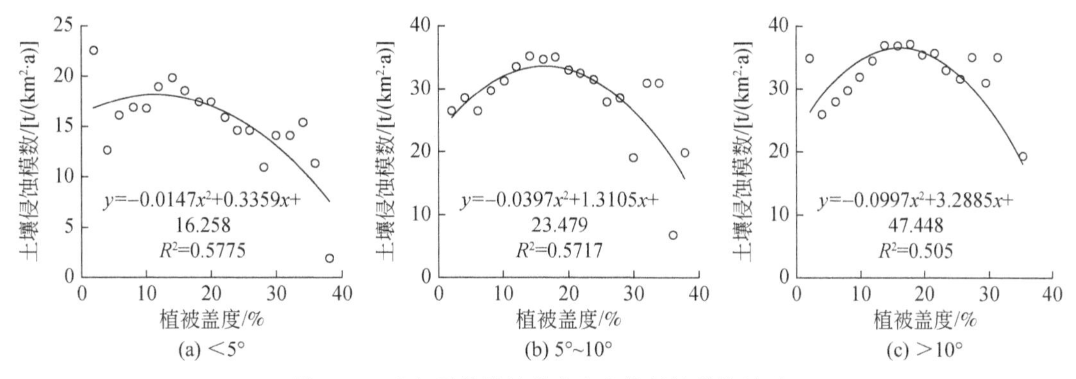

图3-28　多年平均植被盖度和土壤侵蚀模数关系

上述结果表明，无论<5°、5°～10°还是>10°，植被盖度和土壤侵蚀模数变化趋势一致（抛物型），但是在不同坡度条件下，土壤侵蚀模数阈值对应植被盖度不同，坡度<5°时阈值对应的植被盖度比坡度为5°～10°和坡度>10°时的阈值对应的植被盖度小。

（2）典型年份特征

从三种典型年份植被盖度和土壤侵蚀模数关系来看，最接近平均年（2010年）平均土壤侵蚀模数随着植被盖度增加在整体上也呈抛物线型变化（$P<0.001$）。在坡度<5°、5°～10°和>10°三个级别上，土壤侵蚀模数阈值对应植被盖度分别为8.73%、11.64%和15.37%（图3-29）。

最小年（2011年）平均植被盖度和土壤侵蚀模数关系较复杂，坡度<5°和>10°时，植被盖度和土壤侵蚀模数关系呈多峰值不显著变化（$P>0.05$）。坡度<5°时，土壤侵蚀模数阈值对应植被盖度分别为6.27%和27.57%；坡度为5°～10°时，植被盖度和土壤侵蚀模数关系呈抛物线型变化，土壤侵蚀模数阈值对应植被盖度为11.24%；坡度>10°时，土壤侵蚀模数阈值对应植被盖度分别为6.7%和21.67%（图3-29）。

最大年（2016年）年植被盖度和土壤侵蚀模数的关系在整体上呈典型的等级结构，可以分为土壤侵蚀模数减少区、相对稳定区和减少区三个变化区。坡度<5°和5°～10°时，土壤侵蚀模数随着盖度增加呈极显著单调递减趋势（$P<0.001$），需采用分段拟合分析。在坡度<5°的区域，盖度<12%时，线性方程为$y=-2.8797x+73.295$（$P<0.01$）；盖度为14%～28%时，线性方程为$y=-0.4578x+51.452$（$P<0.01$），两条线的交点对应植被盖度为9.02%；盖度>28%时，线性方程为$y=-1.4315x+83.062$（$P<0.01$），

与植被盖度为14%～28%时的趋势线的交点对应的植被盖度为32.46%。在坡度为

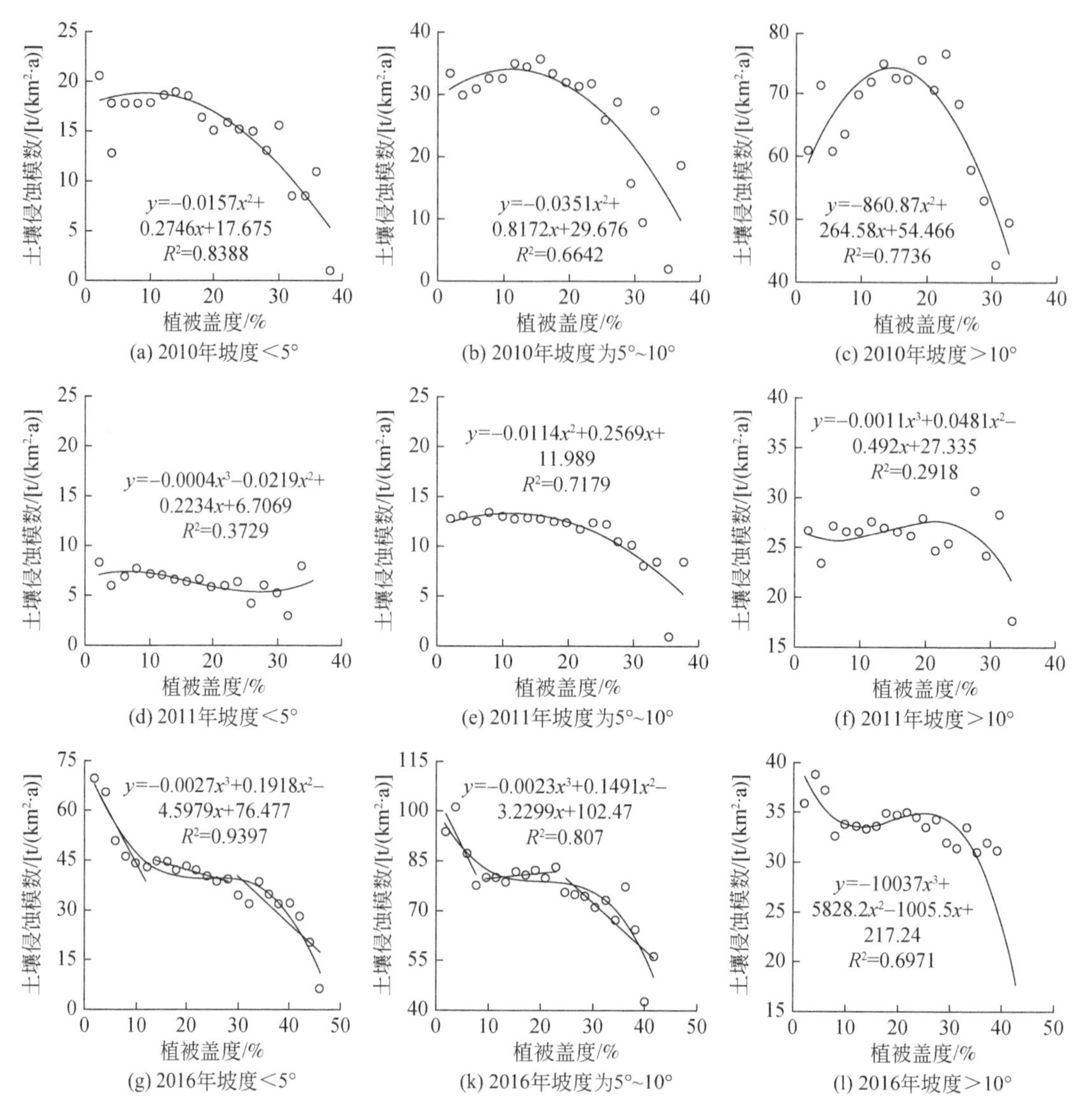

图 3-29　典型年份植被盖度和土壤侵蚀模数关系

5°~10°的区域，盖度<8%时，线性方程为 $y=-3.106x+105.56$（$P>0.05$）；盖度为 10%~24%时，线性方程为 $y=0.1628x+78.022$（$P<0.01$），交点对应植被盖度为 8.42%；盖度>24%时，线性方程为 $y=-1.3477x+114.95$（$P<0.001$），与植被盖度为 10%~24%时趋势线交点对应的植被盖度为 24.45%。坡度>10°时，通过对函数求导得到土壤侵蚀模数阈值对应植被盖度为 12.98%和 25.74%。

上述结果表明，最大和最小年份与总体平均水平变化趋势相差较大，而在研究周期（2000~2017 年）中，较大偏离平均值出现了 3 次，较小偏离出现了 5 次，说明区域土壤侵蚀模数与植被盖度关系在特殊年份（偏大和偏小）与平均状态差异明显，要分别独立判断。

3.3.2.3 主要结果

植被盖度能显著影响土壤侵蚀模数，二者的关系为随植被盖度增加土壤侵蚀模数减少。土壤侵蚀模数随着植被盖度增加呈极显著抛物线型变化趋势（$P<0.001$）；在坡度级别分别为<5°、5°～10°和>10°时，土壤侵蚀模数的阈值［1818t/(hm^2·a)、3429t/(hm^2·a)和7456t/(hm^2·a)］对应的植被盖度分别为11.42%、16.51%和16.5%。

3.4 孔兑左岸沙丘移动与塌岸量

3.4.1 沙丘向孔兑河道推进情况

根据2014年、2016年、2018年3个年度遥感监测，结合RTK无人机航测，在2014～2018年4年间（以2014年为本底值），十大孔兑中的8条孔兑左岸沙丘平均每年向前推进距离为1.88m，其中推进距离最大的是毛不拉孔兑，为2.79m；最小为西柳沟和母花沟，分别为1.25m和1.18m（表3-22）。每年沙丘推进沙量平均为7.62万t，最大为毛不拉孔兑，为15.50万t；最小为母花沟，为1.15万t，见表3-23。母花沟左岸流动沙丘少，多为实施人工防风固沙工程后形成的固定半固定沙丘，说明人工沙障林草防风阻沙措施可有效阻止孔兑左岸沙丘前移，沙障林草覆盖率高的孔兑，其沙丘推进量明显小于覆盖率低的孔兑。典型孔兑沙丘向河道推进情况见影像监测结果图3-30。

表3-22 孔兑左岸2014～2018年沙丘推进和塌岸宽度 （单位：m）

时间	项目	罕台川	西柳沟	黑赖沟	布日嘎斯太沟	毛不拉孔兑	母花沟	东柳沟	壕庆河
2014～2016年	沙丘推进段长度	638	2905	1031	4518	2648	301	1577	1139
	沙丘平均推进距离	7.89	2.62	4.5	4.82	7.01	1.4	3.88	3
	塌岸段长度	29	1365	1133	626	1570	330	692	333
	平均塌岸宽度	1.31	9.24	4.87	5.65	4.65	4.23	2.77	1.78
2016～2018年	沙丘推进段长度	56	896	2465	4532	2341	444	895	951
	沙丘平均推进距离	2.71	2.36	3.14	3.88	4.16	3.31	3.13	2.35
	塌岸段长度	307	2745	1617	1914	1055	101	757	278
	平均塌岸宽度	11.61	18.4	6.94	1	6.01	3.64	3.46	1.94
平均每年	推进距离	2.65	1.25	1.91	2.18	2.79	1.18	1.75	1.34
	塌岸宽度	3.23	6.91	2.95	1.66	2.67	1.97	1.56	0.93

表 3-23　孔兑左岸 2014～2018 年沙丘推进量和塌岸量　　（单位：万 t）

孔兑名称	左岸					
	2014～2016 年		2016～2018 年		平均每年	
	沙丘推进量	塌岸量	沙丘推进量	塌岸量	沙丘推进量	塌岸量
罕台川	8.59	0.07	0.00	6.07	2.15	1.54
西柳沟	40.76	28.24	11.32	159.01	13.02	46.81
黑赖沟	15.82	18.87	23.09	34.08	9.73	13.24
布日嘎斯太沟	23.82	8.99	20.61	5.17	11.11	3.54
毛不拉孔兑	39.94	15.03	22.05	12.09	15.5	6.78
母花沟	0.9	3.06	3.68	0.71	1.15	0.94
东柳沟	15.85	4.51	6.85	8.16	5.68	3.17
壕庆河	6.32	1.1	3.98	1.04	2.58	0.54

注：呼斯太河、哈什拉川左岸无流动沙丘，不参与风沙区入河道沙量的计算

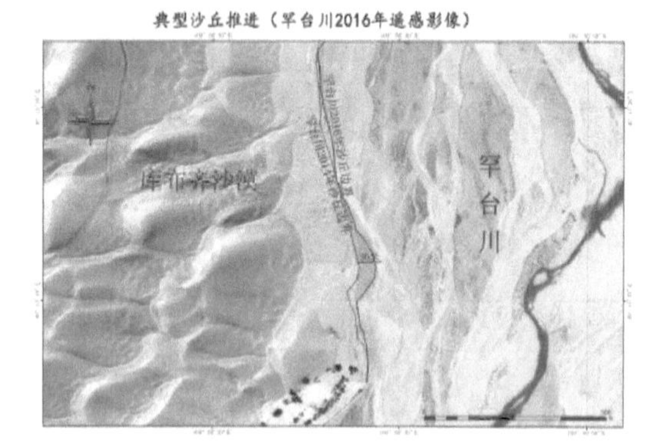

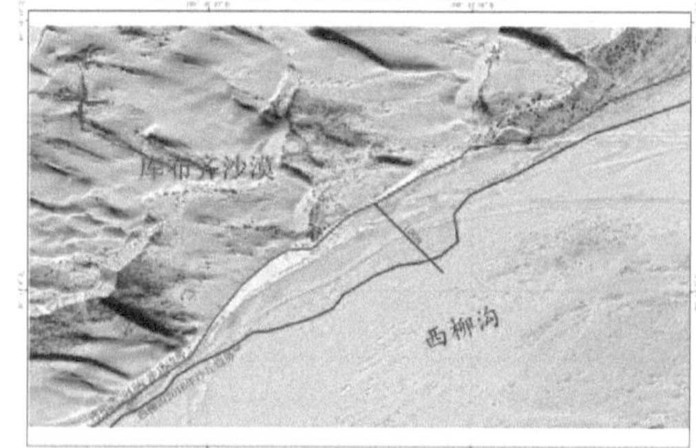

图 3-30　典型沙丘推进与塌岸距离遥感监测结果图

3.4.2　孔兑河道塌岸量

2014～2018 年，孔兑左岸平均每年塌岸宽度为 2.74m，最大为西柳沟，为 6.91m；最小为壕庆河，为 0.93m；平均每年塌岸量为 9.57 万 t，最大为西柳沟，为 46.81 万 t；最小为壕庆河，塌岸量 0.94 万 t（表 3-23），典型孔兑河道塌岸情况见影像图 3-30。根据水文站实测资料，罕台川 2016 年 8 月 17 日 9：30 瞬时流量为 $1690m^3/s$，西柳沟 2016 年 8 月 17 日 14：54 瞬时流量为 $2760m^3/s$，导致罕台川和西柳沟在 2016 年河岸塌岸量较大。

3.4.3　进入孔兑风沙量

孔兑穿越风沙区段时，河道两岸风沙入河道方式有 4 种：①沙物质在风力作用下直接

落入河道；②作为孔兑边界的沙丘向前移动降到河道；③从远处悬移至河道附近的较细的颗粒进入孔兑；④在洪水作用下，以坍塌形式进入河道。

根据陶彬彬等（2016）的野外观测结果，库布齐沙漠流动沙丘背风侧滑落面的输沙率 9.58g/(m·s)，毛不拉孔兑 1986 ~ 2018 年日平均风速≥5m/s 的日数平均为 23.125d，则库布齐沙漠流动沙丘背风侧滑落面的输沙率为 19.13t/(m·a)；根据田世民等（2016，2017）、李振全等（2019）的野外观测结果，乌兰布和沙漠石嘴山至巴彦浩特段固定沙丘的输沙率约为流动沙丘输沙率的 3%，以悬移质形式进入黄河的沙量占风沙流入河量的 1.5% ~3%，乌兰布和沙漠和库布齐沙漠粒径组成相似（>0.1mm 粒径均为 80% ~90%）。引用该研究成果，计算出库布齐沙漠固定沙丘的输沙率为 0.57t/(m·a)，悬移入河量数量很少，可忽略不计。风沙进入孔兑的沙量计算式如下：

$$M = M_m + M_w + M_d \tag{3-11}$$

式中，M 为风沙区入孔兑沙量；M_w 为风沙流入孔兑沙量；M_m 为沙丘推移入孔兑沙量；M_d 为沙丘塌岸入孔兑沙量；

风沙进入孔兑的沙量的推算结果见表 3-24。2014 ~2018 年年平均入 8 条孔兑沙量为 202.70 万 t，以位于区域西部的西柳沟、毛不拉孔兑、黑赖沟和布日嘎斯太沟 4 个孔兑风沙入河量为主，占十大孔兑年入沟道总沙量的 82.14%，最大为西柳沟，年平均入孔兑沙量 70.89 万 t；最小为母花沟，年平均入孔兑沙量 4.81 万 t。因此，为减少风沙区入孔兑沙量，应加强西柳沟以西各孔兑左岸 1km 范围内的沙丘治理。

表 3-24　2014 ~2018 年孔兑年平均入沙量　（单位：万 t）

项目	风沙流入孔兑沙量	沙丘推移入孔兑沙量	沙丘塌岸入孔兑沙量	入孔兑沙量
罕台川	3.38	2.15	1.54	7.07
西柳沟	11.06	13.02	46.81	70.89
黑赖沟	8.07	9.73	13.24	31.04
布日嘎斯太沟	12.37	11.11	3.54	27.02
毛不拉孔兑	15.26	15.50	6.78	37.54
母花沟	2.72	1.15	0.94	4.81
东柳沟	7.38	5.68	3.17	16.23
壕庆河	4.98	2.58	0.54	8.10
合计	65.22	60.92	76.56	202.70

3.4.4　孔兑左岸固定沙丘段固沙量

采用大疆 RTK 版无人机对孔兑左岸固定沙丘段进行实地测量，利用 Pix4D 软件获得固定沙丘的三维模型和高程 DSM 影像（水平±0.1m，垂直±0.1m）。固定沙丘段固沙量采用反推法计算，假设固定段沙丘为流动沙丘，则其计算公式如下：

$$M_g = (Q_l - Q_g) \times L \tag{3-12}$$

式中，M_g 为固定段固沙量；Q_l 为流动沙丘输沙率；Q_g 为固定沙丘输沙率；L 为固定沙丘长度。

孔兑左岸固沙量计算结果见表 3-25，2014～2018 年年沙障林草固沙量为 144.23 万 t，最大为毛不拉孔兑，固沙量 31.94 万 t；最小为布日嘎斯太沟，固沙量 4.39 万 t。用固沙量除以固沙量与入孔兑沙量之和，得到孔兑固沙率。

表 3-25　孔兑左岸固定沙丘沙障林草段固沙量

孔兑名称	固沙量/万 t	入孔兑沙量/万 t	孔兑固沙率/%
罕台川	22.55	7.07	76.13
西柳沟	19.66	70.89	21.71
黑赖沟	11.41	31.04	26.88
布日嘎斯太沟	4.39	27.02	13.98
毛不拉孔兑	31.94	37.54	45.97
母花沟	19.40	4.81	80.13
东柳沟	19.83	16.23	54.99
壕庆河	15.05	8.1	65.01
合计	144.23	202.7	41.57

上风侧沙障林草覆盖率较高的孔兑其固沙率高，反之上风侧沙障林草覆盖率较低的孔兑其固沙率低（图 3-31），说明上风侧设置沙障林草可以有效固定沙丘边坡，减少风沙进入孔兑。

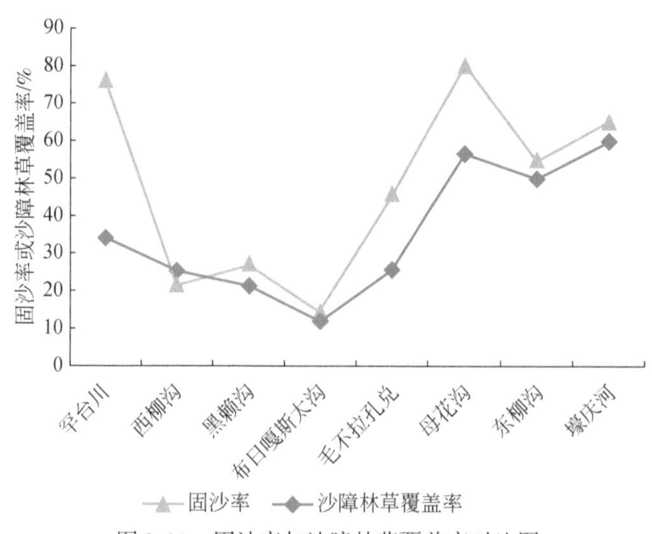

图 3-31　固沙率与沙障林草覆盖率对比图

3.4.5 沙障林草固沙效益分析

根据王睿和杨国靖（2018）构建的库布齐沙漠东缘防沙治沙效益评价指标体系，其主要评价指标有土壤含水率、当地大风日数、地上生物量、草层高度、细沙比重、植被盖度，地上生物量、草层高度、植被盖度所占权重分别为 0.214、0.195、0.36，而地上生物量、草层高度、植被盖度均与沙障林草有关，总权重 0.769，因此沙障林草是评价防沙治沙效益的主要因素。

用孔兑固沙量除以各孔兑上风侧 1km 范围内沙障林草面积可得出孔兑上风侧 1km 内沙障林草固沙效益，8 条孔兑沙障林草平均固沙效益约为 497t/(hm² · a)，即孔兑上风侧 1km 范围内每公顷沙障林草每年可减少入孔兑沙量约 497t（表 3-26）。

表 3-26　孔兑上风侧 1km 范围内沙障林草减沙效益

项目	平均年固沙量/万 t	沙障林草面积/hm²	沙障林草固沙效益/[t/(hm² · a)]
罕台川	23.04	439.91	524
西柳沟	20.09	333.2	603
黑赖沟	11.66	182.94	637
布日嘎斯太沟	4.49	64.93	692
毛不拉孔兑	32.64	616.56	529
母花沟	19.83	553.88	358
东柳沟	20.26	555.34	365
壕庆河	15.38	573.52	268

沙障林草覆盖率越小的孔兑其沙障林草固沙效益越大（图 3-32），沙障林草覆盖率与沙障林草固沙效益成指数关系（图 3-33），指数方程为 $y = 981.91e^{-1.989x}$，趋势线拟合程

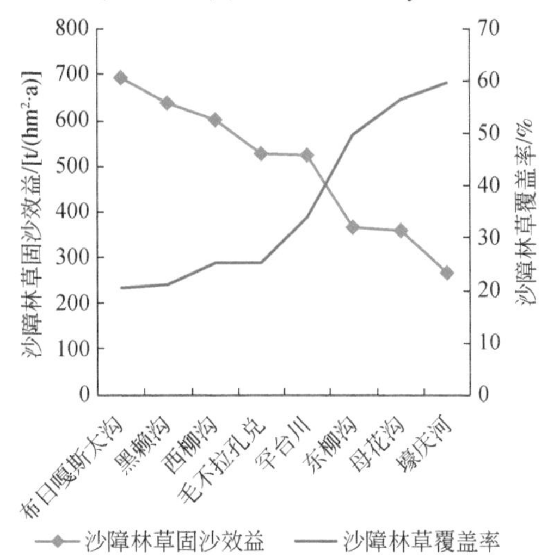

图 3-32　沙障林草固沙效益与沙障林草覆盖率对比图

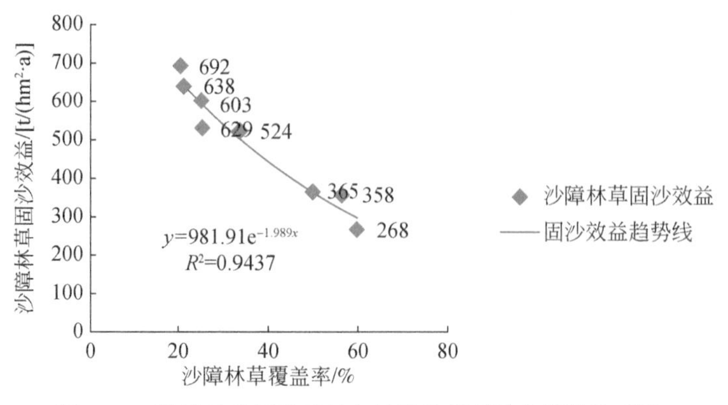

图 3-33　沙障林草固沙效益与沙障林草覆盖率模数关系图

度 $R^2=0.9437$。当沙障林草覆盖率大于50%时，由于存在边际效益，其沙障林草固沙效益显著降低。

沙障林草固沙效益最大为布日嘎斯太沟的692t/(hm^2·a)，最小为壕庆河的268t/(hm^2·a)。现阶段在布日嘎斯太沟、黑赖沟、西柳沟和毛不拉孔兑采取措施治沙效益最大。

参考文献

李振全.2019. 黄河石嘴山至巴彦高勒段风沙入黄量研究［D］. 西安：西安理工大学.

陶彬彬，刘丹，管超，等.2016. 库布齐沙漠南缘抛物线形沙丘表面风沙流结构变异［J］. 地理科学进展，(1)：98-107.

田世民，郭建英，尚红霞，等.2017. 乌兰布和沙漠风沙入黄量研究［J］. 人民黄河，(7)：65-70.

田世民，姚文艺，郭建英，等.2016. 乌兰布和沙漠风沙入黄影响因子变化特征［J］. 中国沙漠，(6)：1701-1707.

王睿，杨国靖.2018. 库布齐沙漠东缘防沙治沙生态效益评价［J］水土保持通报，(5)：38.

第4章 水土保持治理空间格局变化分析

4.1 水土保持综合治理情况

4.1.1 水土保持治理情况

根据研究区内各旗（区）水利局统计数据，研究区实施的水土保持治理工程分为沟道治理和面上治理两个大类，其中沟道治理工程包括淤地坝、谷坊、引洪淤地（引洪造地）、水库；面上治理工程包括人工建植的乔木林、灌木林、经济林，人工种草与封育，以及水平梯田、鱼鳞坑/水平沟坡面整地工程。面上治理工程保存数以旗（区）水利局提供的1986～2018年水土保持治理工程设计资料、实施统计资料与验收资料为依据（实施统计数见表4-1），结合2017～2019年野外抽样调查，在Landsat数据上进行分类提取，并将坡面治理措施归纳为乔木林、灌木林和封育（含种草）三种类型。水平梯田、沟道治理工程以实施统计数为依据，利用高分影像进行点位确认标记，到实地逐处确认与测量，沟道治理工程实施统计数与保存数结果见表4-2。不同时期治理措施的类型、面积、数量及分布等均依据遥感解译与实地核查后的保存数量统计，并进行矢量化处理。

表4-1 截至2018年面上水土保持治理累计实施数量

孔兑名称	面上治理工程								
	治理面积合计/hm^2	水平梯田/hm^2	坡面整地/万个		林草措施/hm^2				
			水平沟	鱼鳞坑	乔木林	灌木林	种草	封育	经济林
呼斯太河	21 352.5	658	37.68	37.35	1 481.34	15 806.04	2 533.12		874
东柳沟	5 270.3					5 270.3			
母花沟	15 963.49	32.01			183.4	14 825.71	39.27	879.7	3.4
哈什拉川	49 030.87	287.48	2 097.22	253.97	3 157.21	33 969.53	10 257.65	240	1 119
壕庆河	6 212.13	40.05			443.41	2 633.8	2 255.51	782.67	56.69
罕台川	63 293.13	595.96	1 635.41	686.92	3 082.05	47 055.37	10 839.91	611.44	1 108.4
西柳沟	35 952.4	37	681.9	1.25	1 419.69	28 858.41	2 556.8	3 073.5	7
黑赖沟	18 694.5				520.4	17 738.1		436	
布日嘎斯太沟	24 073				181	23 833.5	58.5		
毛不拉孔兑	44 723.72		134.47	130.28		38 991.39	2 176.55	3 555.78	
合计	284 566.04	1 650.5	4 586.68	1 109.77	10 468.5	228 982.15	30 717.31	9 579.09	3 168.49

表 4-2　截至 2018 年沟道治理工程与水平梯田实施与保存数量

孔兑	淤地坝/座		谷坊/座		小型水库/座		引洪淤地/处		水平梯田/hm^2	
	实施数	保存数	实施数	保存数	实施数	保存数	实施数	保存数	实施数	保存数
呼斯太河	43	43	25	25	5	5	4	2	658.0	658.0
东柳沟					1	1				
母花沟			13	13	1	1	1	1	32.01	32.01
哈什拉川	23	21	457	96			51	43	287.48	268.29
壕庆河	6	6			1	1	2	2	40.05	40.05
罕台川	91	88	813	313			61	49	595.96	566.53
西柳沟	113	100	398	70	5	5			37.0	37.0
黑赖沟	36	26			4	4				
布日嘎斯太沟					2	2				
毛不拉	70	70	133	133						
合计	382	354	1839	650	19	19	119	97	1650.5	1601.88

4.1.2　林业草原生态建设项目实施情况

林业草原部门有规模治理工程始于 2000 年，区域内先后实施了三北防护林工程、天然林资源保护工程、森林植被恢复项目、退耕还林项目、京津风沙源工程、退牧还草项目、后续产业工程、试点造林工程、日元贷款风沙治理项目等，根据研究区各旗（区）林草草原局统计资料，截至 2018 年累计实施造林种草、封育（包括封沙育林与封育草地等）面积 2954.23km^2。

4.1.3　植物措施不同时段保存面积情况

通过遥感识别与实地调查，研究区全域实施的人工植物措施在不同时段保存数量见表 4-3。

表 4-3　不同时段人工植物措施保存面积　（单位：km^2）

措施类型	不同时期保存面积							
	1985 年	1990 年	1995 年	2000 年	2005 年	2010 年	2015 年	2018 年
乔木林	18.7	18.8	19.3	18.6	53.5	67.3	69.7	173.3
灌木林	42.3	42.4	46.8	41.1	640.5	868.4	867.4	867.4
种草与封育	0	0	0	158	158.2	137.3	442.5	428.8
沙障造林种草	83.7	85.2	85.4	85.8	492.3	702.8	703	905.2
沙区封育	0	0	0	40.3	57.8	103.3	446.6	410.4
合计	144.7	146.4	151.5	343.8	1402.3	1879.1	2529.2	2785.1

从以上治理实施数与保存数对比情况看，治理保存率低（平均约 50%），局部区域水土流失得到控制，但仍存在大面积的水土流失。

4.1.4 禁牧修复天然林草地面积

从 2000 年开始，地方政府实施全域禁牧措施，区域天然林草地得以休养生息，林草覆盖率大大增加，植被覆盖度由禁牧前平均 10% 提高至 2018 年的 27%。禁牧修复的天然林草地面积情况见表 4-4。

表 4-4　禁牧修复天然林草地面积情况　（单位：km^2）

孔兑	禁牧的天然林草地面积
毛不拉孔兑	490.28
布日嘎斯太沟	495.44
黑赖沟	560.47
西柳沟	766.58
罕台川	516.45
壕庆河	196.02
哈什拉川	580.19
母花沟	219.60
东柳沟	331.04
呼斯太河	162.70
合计	4318.77

4.2 水土保持植物措施现状及变化特征

十大孔兑实施有规模的人工林草措施开始于 1986 年，全域禁牧措施从 2000 年开始实施。各孔兑 2018 年较 1985 年（基准年）林草面积占土地面积变化情况见表 4-5。

表 4-5　孔兑林草面积占土地面积变化情况

孔兑名称	总土地面积/km^2	1985 年（基准年）/%			评价年末（2018 年）/%		
		丘陵区	风沙区	平原区	丘陵区	风沙区	平原区
毛不拉孔兑	1 141.74	63.59	37.18	36.71	89.22	63.63	64.51
布日嘎斯太沟	1 434.45	74.3	32.24	25.13	91.47	62.6	44.62
黑赖沟	1 133.04	68.72	42.36	13.94	89.79	59.57	35.31
西柳沟	2 107.05	72.78	26.57	25.49	86.28	38.23	30.72
罕台川	1 025.47	77.86	25.99	16.09	85.04	48.36	21.53

续表

孔兑名称	总土地面积/km²	1985年（基准年）/%			评价年末（2018年）/%		
		丘陵区	风沙区	平原区	丘陵区	风沙区	平原区
壕庆河	891.04	74.63	61.03	23.6	94.72	58.44	22.28
哈什拉川	1 229.85	71.94	62.41	29.13	77.54	73.72	11.51
母花沟	450.36	72.61	52.38	14.02	86.4	61.18	17.24
东柳沟	856.85	63.72	50.7	24.46	87.77	70.15	24.21
呼斯太河	497.16	46.85	44.86	39.88	81.26	73.35	29.18
合计	10 767.01						

从时间尺度上来说，区域乔木林面积、灌木林面积在1986～2000年没有明显的变化，而在2000年之后人工灌木林面积迅速增加，表明2000年之后人工造林类型以灌木林为主，且造林面积迅速增加（图4-1），这与2000年以来大面积实施治理项目有关，相关部门提供的资料和重要治理工程实施的时间也证明了这一点，表明2000年植被生态建设开始大面积实施，对于水土保持植物措施及其减沙量来说，2000年是重要的时间节点。截至2018年，实施的植物措施现状保存总面积约2785.08km²，其中乔灌木林约1945.87km²、封育措施约839.21km²。分析各措施面积占总治理面积的比例，乔木林面积占比在1985～2018年逐渐降低，灌木林面积占比在2000年之后较大。水土保持植物措施现状（2018年）保存面积占比分别为：乔木林15.22%、灌木林54.65%、封育措施30.13%。

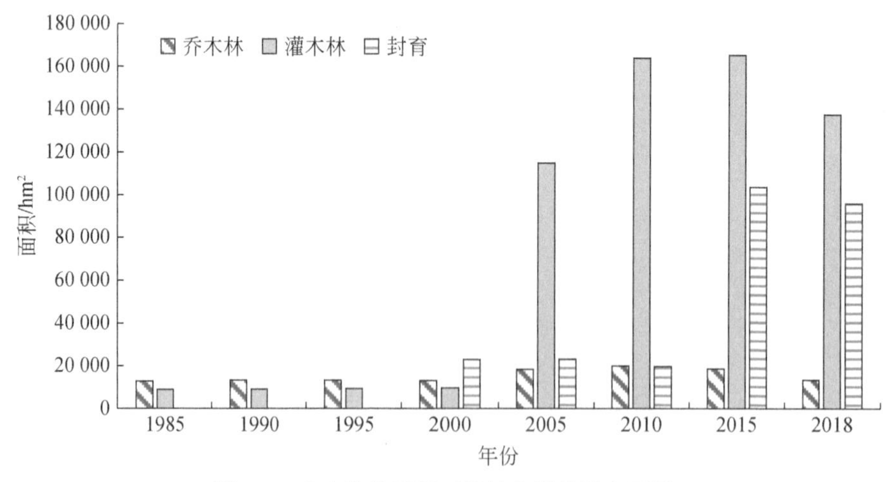

图4-1　十大孔兑不同时期植物措施保存面积

从空间上来说，各孔兑均有乔木林、灌木林分布，植被建设治理程度在2000年后迅速增加；自2000年，各孔兑都实施了封育措施。孔兑水土保持植物措施在各时期的面积变化趋势与总量一致，毛不拉孔兑、布日嘎斯太沟及西柳沟面积分布较大（图4-2）。

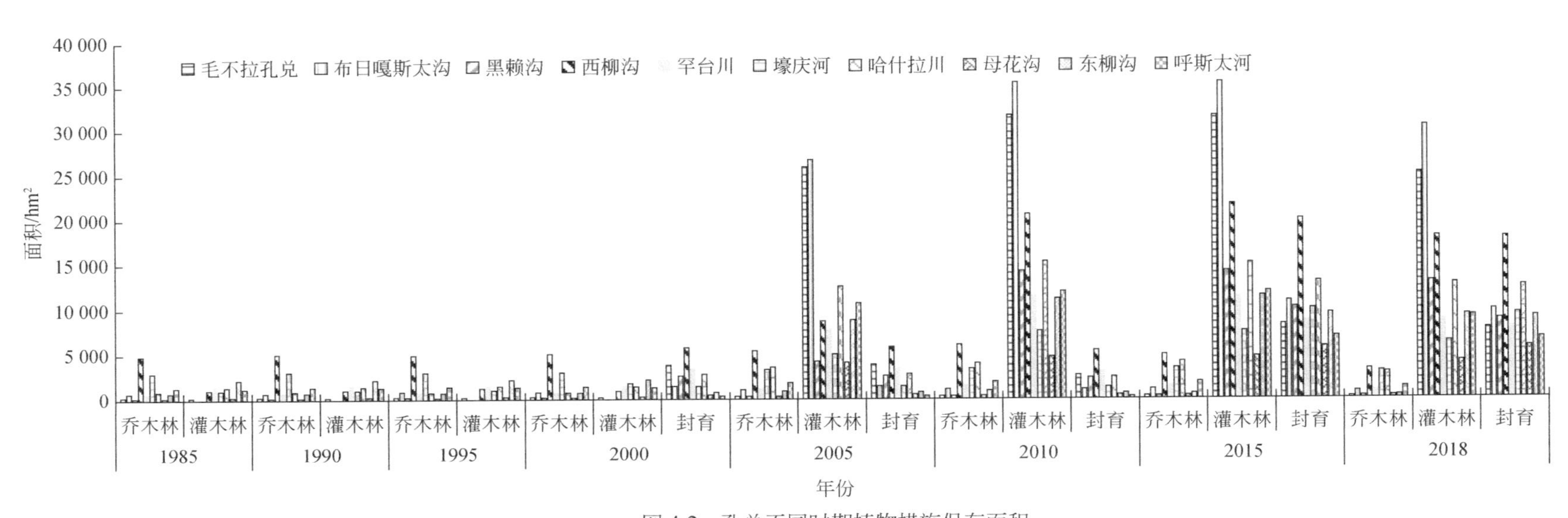

图 4-2　孔兑不同时期植物措施保存面积

4.3　水土保持工程现状及变化过程

4.3.1　淤地坝

十大孔兑累计实施各类淤地坝382座，其中被占用、改变用途和损毁的共24座，建在风沙区的4座被风沙掩埋，丧失功能。截至2018年底，现状保存数为354座，分布于毛不拉孔兑、西柳沟、罕台川、哈什拉川、黑赖沟、壕庆河和呼斯太河7条孔兑，其他3个孔兑没有淤地坝分布。淤地坝总控制面积873.3km²，设计总库容15 490.7万m³。

从区域淤地坝空间分布情况看，72.60%淤地坝集中分布在毛不拉孔兑、西柳沟和罕台川，其中毛不拉孔兑占19.77%、西柳沟占27.97%、罕台川占24.86%（图4-3）。在149座骨干坝中，22.15%分布于毛不拉孔兑，26.17%分布于西柳沟，24.16%分布于罕台川；在120座中型坝中，20.00%分布于毛不拉孔兑，25.83%分布于西柳沟，25.83%分布于罕台川；在85座小型坝中，15.29%分布于毛不拉孔兑，34.12%分布于西柳沟，24.71%分布于罕台川（表4-6）。

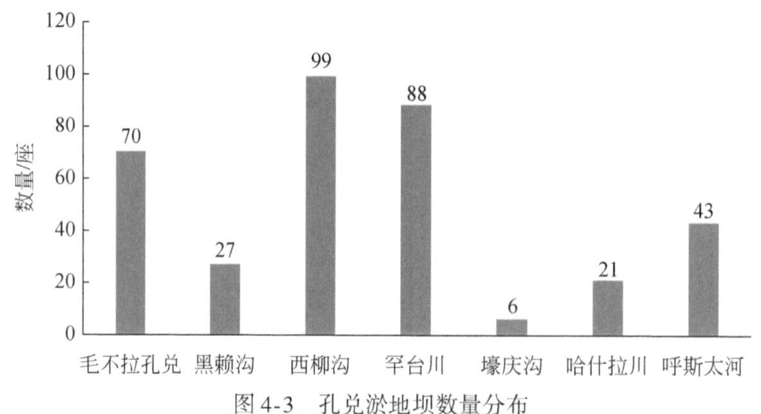

图4-3　孔兑淤地坝数量分布

表4-6　十大孔兑不同时期淤地坝的建成数量　（单位：座）

流域	1985~1989年			1990~1999年			2000~2009年			2010~2018年			合计
	骨干坝	中型坝	小型坝	骨干坝	中型坝	小型坝	骨干坝	中型坝	小型坝	骨干坝	中型坝	小型坝	
毛不拉孔兑	0	0	0	0	0	0	21	16	13	12	8	0	70
布日嘎斯太沟	0	0	0	0	0	0	0	0	0	0	0	0	0
黑赖沟	0	0	0	0	0	0	4	5	3	6	9	0	27
西柳沟	0	0	0	1	0	0	22	19	19	16	12	10	99
罕台川	2	0	0	16	0	0	10	19	21	8	12	0	88
壕庆河	0	0	0	0	0	0	0	0	0	6	0	0	6
哈什拉川	0	0	0	21	0	0	0	0	0	0	0	0	21

续表

流域	1985 ~ 1989 年			1990 ~ 1999 年			2000 ~ 2009 年			2010 ~ 2018 年			合计
	骨干坝	中型坝	小型坝	骨干坝	中型坝	小型坝	骨干坝	中型坝	小型坝	骨干坝	中型坝	小型坝	
母花沟	0	0	0	0	0	0	0	0	0	0	0	0	0
东柳沟	0	0	0	0	0	0	0	0	0	0	0	0	0
呼斯太河	0	0	0	3	18	19	1	2	0	0	0	0	43
合计	2	0	0	41	18	19	58	61	56	48	41	10	354

不同时期淤地坝实施数量见表 4-6，区域淤地坝建设时间主要集中在 1990 ~ 1999 年、2000 ~ 2009 年及 2010 ~ 2018 年 3 个时段。

骨干坝、中型坝、小型坝建成时间的分布趋势基本一致（见图 4-4），集中在 1995 ~ 2000 年与 2005 ~ 2010 年，2011 年以后以骨干坝为主，中型坝、小型坝建设较少。其中，骨干坝的 23.49% 建成于 1995 ~ 2000 年，45.64% 建成于 2005 ~ 2010 年；中型坝的 15.83% 建成于 1995 ~ 2000 年，65.00% 建成于 2005 ~ 2010 年；小型坝的 22.35% 建成于 1995 ~ 2000 年，77.65% 建成于 2005 ~ 2010 年。1995 ~ 2000 年淤地坝主要由世界银行贷款项目和国家下达计划修建；2003 年后，淤地坝被作为水利部“亮点工程”，出现了修建高潮；2010 年 4 月，水利部和内蒙古自治区政府联合批复了《黄河内蒙古段十大孔兑治理规划》，进一步推进了淤地坝的建设。

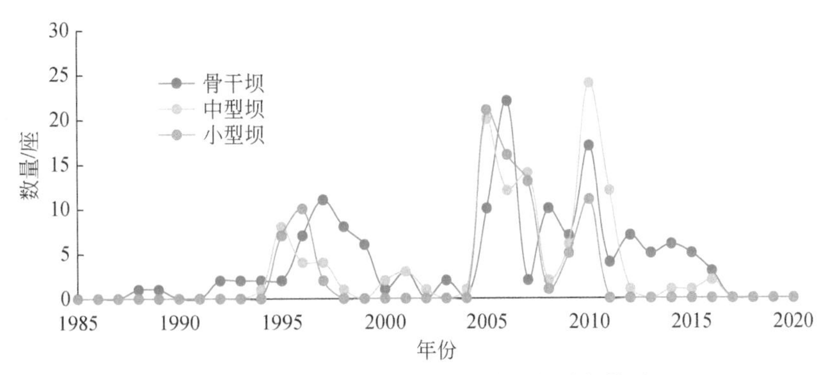

图 4-4　十大孔兑 1985 ~ 2018 年逐年建坝数量

4.3.2　水库

根据实地调查，截至 2018 年，研究区现存水库 19 座，除一座为小（Ⅱ）型水库外，其余均为小（Ⅰ）型水库，分布在布日嘎斯太河、黑赖沟、西柳沟、壕庆河、母花沟、东柳沟和呼斯太河，布日嘎斯太沟最早的两座水库建于 1959 年，呼斯太河最近的壕口水库建于 2010 年，其余建成时间大部分在 20 世纪 70 ~ 80 年代，功能均以防洪、灌溉、养殖为主，设计总库容 6464.97 万 m^3，现状蓄水量 780.30 万 m^3。水库在运行后期均进行了除险加固。水库基本情况见表 4-7。

表 4-7　水库基本情况

所在孔兑	序号	工程名称	工程规模	水库功能	建成时间	设计总库容/万 m^3	兴利库容/万 m^3	调洪库容/万 m^3	死库容/万 m^3	现状蓄水量/万 m^3	设计灌溉面积/亩①
布日嘎斯太沟	1	乌兰水库	小（Ⅰ）型	防洪，灌溉	1959 年 4 月	1 280.74	123.50	430.74		8.30	18 000
	2	召沟水库	小（Ⅰ）型	防洪，灌溉	1959 年 5 月	178.53	113.40	45.96	19.17	21	3 020
黑赖沟	3	恩格贝 1 号水库	小（Ⅰ）型	防洪，灌溉，养殖	1989 年 9 月	109.10	40.00	20.00			
	4	恩格贝 2 号水库	小（Ⅰ）型	防洪，灌溉，养殖	1989 年 1 月	177.02	80.00	124.15	23.46	40.00	340
	5	恩格贝 3 号水库	小（Ⅰ）型	防洪，灌溉	1989 年 11 月	310.89	40.25	185.98	8.23	73.00	1 500
	6	乌兰淖水库	小（Ⅰ）型	防洪，灌溉	1979 年	575.89	225.63	95.98	34.13	620	8 000
西柳沟	7	沿路沟水库	小（Ⅰ）型	防洪，灌溉，养殖	1980 年 5 月	100.00	58	35	7		2 500
	8	柴登南水库	小（Ⅰ）型	防洪，灌溉，养殖	1978 年 5 月	215.50		109.67	39.93		2 100
	9	柴登北水库	小（Ⅰ）型	防洪，灌溉，养殖	1975 年 2 月	140.56	11.4	110.65	9.3	18	1 200
	10	二道水泉水库	小（Ⅰ）型	防洪，灌溉	1976 年 7 月	144.80	25.80	24.40	72.70		5 749
	11	二狗湾水库	小（Ⅰ）型	旅游、农田灌溉	1960 年 8 月	720.00	45.00		10.65		
壕庆河	12	马连壕水库	小（Ⅰ）型	防洪，灌溉	1988 年 7 月	823.31	157.58	337.70	89.43		
母花沟	13	侯家营子水库	小（Ⅰ）型	防洪，灌溉	1972 年 11 月	180.00	30.00		1.20		7 750
东柳沟	14	打瓦壕水库	小（Ⅰ）型	防洪，灌溉，养殖	1972 年 4 月	520.00	40.00		6.89		
呼斯太河	15	公益盖三库	小（Ⅰ）型	防洪，灌溉	1975 年 10 月	200.00	100.00	50.00			1 500
	16	公益盖水库	小（Ⅰ）型	防洪，灌溉	1971 年 7 月	238.66	34.20	183.81			2 500
	17	壕口水库	小（Ⅰ）型	防洪，灌溉	2010 年 10 月	200.0	100.0	100.0			7 500
	18	壕赖河水库	小（Ⅰ）型	防洪，灌溉	1979 年 10 月	304.47	37.0	147.68			3 000
	19	梁家圪堵水库	小（Ⅱ）型	防洪，灌溉	1986 年 7 月	45.50	32.00		4.80	0.00	1 200
小计						6 464.97			780.30		

①1 亩≈666.7m^2

4.3.3 谷坊

根据实地调查和资料分析，截至 2018 年，累计建设治沟谷坊 1839 座，现存谷坊 650 座。多分布于淤地坝上游及支沟上游地区，主要分布在毛不拉孔兑、西柳沟、罕台川、哈什拉川、母花沟和呼斯太河 6 条孔兑，其中罕台川分布最多，为 813 座，现存最多，为 313 座，谷坊基本情况见表 4-8。

表 4-8 谷坊基本情况

孔兑名称	实施数量/座	保存数量/座
呼斯太河	25	25
母花沟	13	13
哈什拉川	457	96
罕台川	813	313
西柳沟	398	70
毛不拉孔兑	133	133
小计	1839	650

4.3.4 引洪淤地（引洪造地）

根据实地调查，河岸引洪淤地分布于罕台川、哈什拉川和呼斯太河 3 个孔兑，实施时间集中在 1995 ~ 1998 年，累计实施数量 114 处，现状保存 92 处，累计淤地面积 1538.15hm^2，见表 4-9。

表 4-9 引洪淤地基本情况

工程名称	孔兑名称	实施数/处	保存数量/处	实施时间
引洪淤地	呼斯太河	3	1	1996 年
	哈什拉川	50	42	1996 ~ 1997 年
	罕台川	61	49	1995 ~ 1998 年
	合计	114	92	

根据实地调查，引洪淤地（包括引洪治沙造田与平沙造地等）分布于壕庆河、哈什拉川、母花沟和呼斯太河 4 个孔兑，实施时间集中在 1998 ~ 2001 年，累计实施数量 5 处，现状保存 5 处，累计淤地面积 581.24hm^2，见表 4-10。

表 4-10 引洪淤地基本情况

工程名称	孔兑名称	实施数/处	保存数量/处	实施时间
引洪淤地	呼斯太河	1	1	1998 年
	母花沟	1	1	1998 年
	哈什拉川	1	1	1998 ~ 2000 年
	壕庆河	2	2	2001 年
	合计	5	5	

4.3.5 水平梯田

十大孔兑 1986 ~ 2018 年水平梯田逐年面积见图 4-5。水平梯田自 1986 年开始实施，主要集中在 1994 ~ 2001 年、2006 年和 2010 年。整体来看，水平梯田实施数量较少（为 1650.50hm²），保存率较高（达 97%），截至 2018 年保存面积 1601.88hm²。从实施数量分析，有先增后减的趋势，1997 年实施面积最大，为 552.62hm²；从累计保存面积来说，1986 ~ 1994 年保持不变，1995 ~ 2000 年逐渐增加，2001 ~ 2018 年保持面积基本不变。

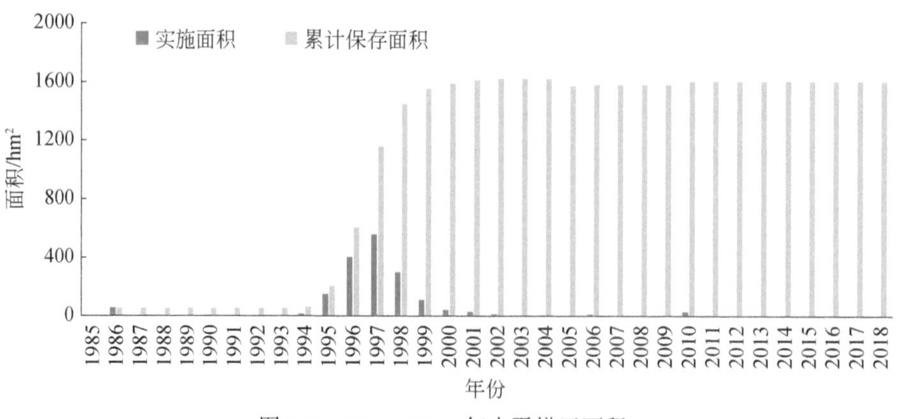

图 4-5 1986 ~ 2018 年水平梯田面积

孔兑水平梯田保存面积见图 4-6。水平梯田分布在西柳沟、罕台川、壕庆河、哈什拉川、母花沟、呼斯太河，其中罕台川、哈什拉川和呼斯太河实施数量较多，分别为 595.96hm²、287.48hm² 和 658.00hm²；西柳沟、壕庆河、母花沟、呼斯太河的实施面积与保存面积相同；罕台川、哈什拉川保存面积小于实施面积，这是由于 2005 年以来煤矿大规模建设，占用水平梯田约 48.62hm²。

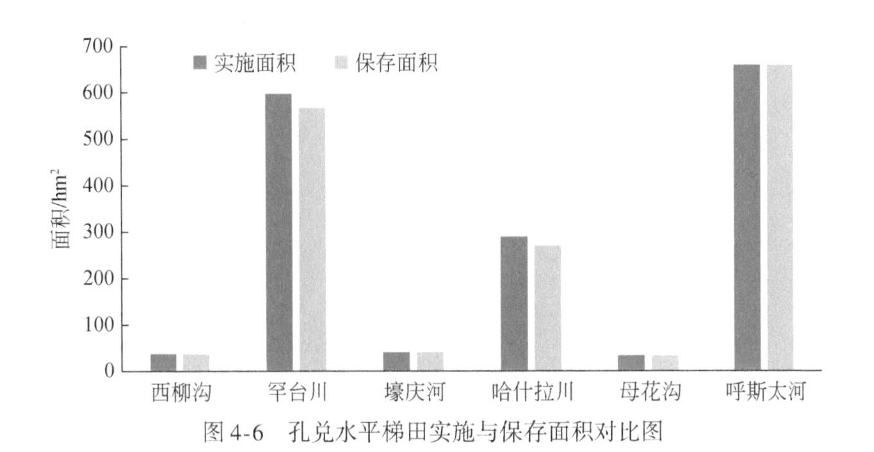

图 4-6 孔兑水平梯田实施与保存面积对比图

4.3.6 水平沟、鱼鳞坑

根据实地调查和实施资料统计，水平沟、鱼鳞坑主要分布于上游丘陵区>5°的坡面上，作为栽植乔灌木林之前的蓄水保土整地措施。水平沟、鱼鳞坑主要分布于毛不拉孔兑、西柳沟、罕台川、哈什拉川、母花沟和呼斯太河的上游地区，实施时间集中在 1995 ~ 2000 年，累计实施面积 31 530.94hm²，其中哈什拉川实施面积最多，为 16 937.18hm²，如图 4-7 所示，1986 ~ 2018 年，鱼鳞坑实施面积 12 594.78hm²，水平沟实施面积 18 936.16hm²，罕台川实施鱼鳞坑面积最多，为 7524.15hm²，哈什拉川实施水平沟面积最多，为 14 094.04hm²（图 4-8）。

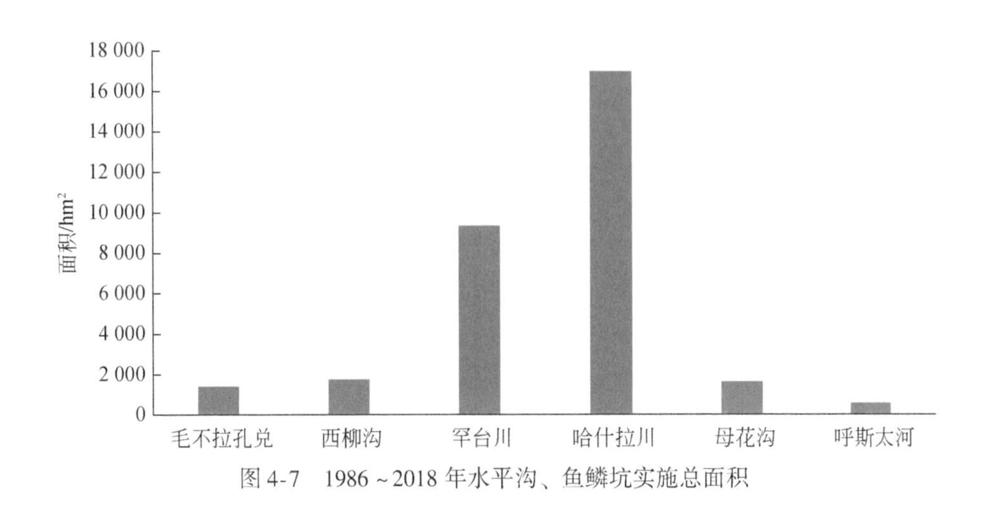

图 4-7 1986 ~ 2018 年水平沟、鱼鳞坑实施总面积

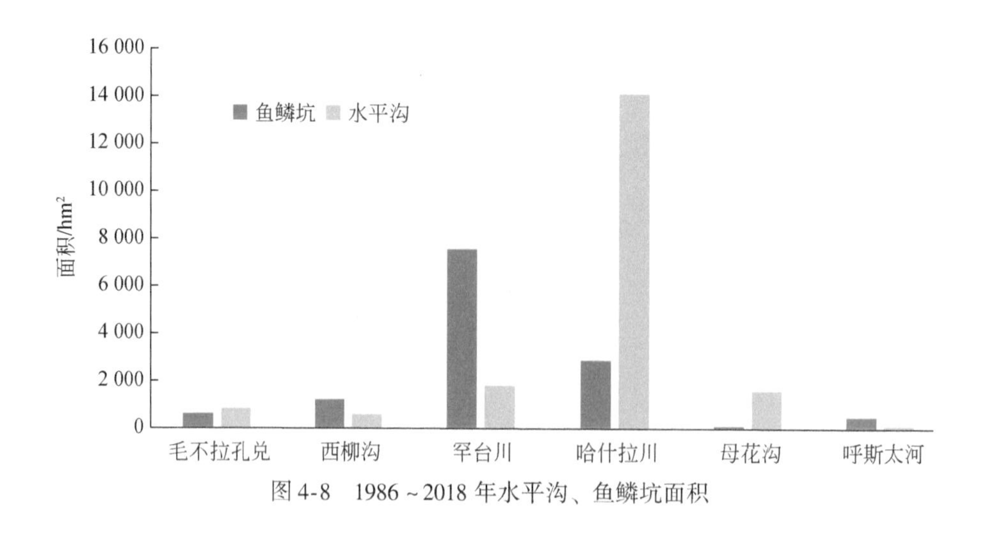

图 4-8 1986 ~ 2018 年水平沟、鱼鳞坑面积

4.4 水土保持治理现状分析

截至 2018 年，研究区水土保持综合治理现状见表 4-11。在措施体系方面，毛不拉孔兑、布日嘎斯太沟和黑赖沟没有实施水平梯田、引洪淤地，东柳沟除修建 1 座水库外，没有实施其他沟道治理工程，罕台川、西柳沟、哈什拉川和呼斯太河治理措施配置较齐全；从措施空间布局来看，毛不拉孔兑、西柳沟、哈什拉川和罕台川沟道治理措施相对较多，布日嘎斯太沟、毛不拉孔兑、西柳沟和哈什拉川面上植物措施面积较大。从现状治理度来说，各孔兑仍然有很大的治理空间，今后应结合治理现状，分区治理，突出治理重点。在坡面植被恢复效果一般的区域，加大沟道治理力度，在植被恢复较好的地区，加强沟道工程措施的维护和管理，并进一步提高坡面植被的盖度和物种多样性。

表 4-11 十大孔兑水土保持综合治理现状

流域	面上治理			沟道治理				
	乔灌木林/hm²	封育/hm²	小计/hm²	水平梯田/hm²	引洪淤地/(处或 hm²)	淤地坝/座	谷坊/座	水库/座
毛不拉孔兑	33 475. 77	7 532. 55	41 008. 32	—	—	70	133	—
布日嘎斯太沟	35 643. 51	8 680. 14	44 323. 65	—	—	—	—	2
黑赖沟	19 496. 79	8 324. 10	27 820. 89	—	—	27		4
西柳沟	28 156. 50	10 646. 91	38 803. 41	37	—	99	70	5
罕台川	15 103. 71	7 274. 70	22 378. 41	566. 53	49 (420. 48)	88	313	—
壕庆河	7 443. 81	6 972. 48	14 416. 29	40. 05	2 (273. 08)	6	—	1

续表

流域	面上治理			沟道治理				
	乔灌木林 /hm²	封育 /hm²	小计 /hm²	水平梯田 /hm²	引洪淤地 /(处或 hm²)	淤地坝 /座	谷坊 /座	水库 /座
哈什拉川	22 248.27	14 313.56	36 561.83	268.29	43（1 189.8）	21	96	—
母花沟	5 029.83	5 585.67	10 615.50	32.01	1（167.11）	—	13	1
东柳沟	13 218.93	7 924.50	21 143.43	—	—	—	—	1
呼斯太河	14 770.17	6 666.21	21 436.38	658	2（68.92）	43	25	5
合计	194 587.29	83 920.82	278 508.11	1 601.88	97（2 119.39）	354	650	19

注：括号内为引洪淤地面积，单位为 hm²

第5章 基于水保法的水土保持单项治理工程减沙效益评价

5.1 水土保持单项工程拦沙情况

5.1.1 坝库工程

5.1.1.1 淤地坝

淤地坝拦沙量计算方法采用水利行业标准《水文调查规范》（SL 196—2015）中淤积体规则概化测算方法（根据淤地坝淤积体的形状，将横断面概化为规则断面的锥体和拟台体），通过测量特征要素，使用式（5-1）计算淤积体体积：

$$V = n^2 \cdot LBd/[(1+n)(1+2n)] \tag{5-1}$$

式中，V为锥体体积（m^3）；L为坝前至淤积末端的水平距离（m）；B为坝前断面淤积表面宽（m）；d为坝前最大淤积深（m）；n为淤积体横断面形状指数，横断面分别为三角形、二次抛物线形、矩形和梯形时，n相应取值为1、2、∞和1～∞的适当值。

坝前至淤积末端的水平距离、坝前断面淤积表面宽和坝前最大淤积深通过实地测量得到。而十大孔兑淤地坝淤积体横断面的形状指数n值有所不同。根据对淤地坝设计资料中原地貌的地形图的分析，小型和中型淤地坝沟道底宽较小，坝前沟道底部表面宽度较小，淤积体的横断面一般为二次抛物线形（或窄底梯形），骨干坝沟道底宽较大，坝前沟道底部表面宽度较大，淤积体的横断面为梯形以上（淤积体横断面的形状指数n>4），通过抽样调查、两种测量方法比较验证，本书小型坝和中型坝n值取2，骨干坝n值取14。

根据研究区淤地坝实施年代与基础数据统计，通过逐坝实测，计算出淤地坝的淤积量。十大孔兑保存并逐坝实测数量354座，其中毛不拉孔兑70座，西柳沟99座，罕台川88座，哈什拉川21座，黑赖沟27座，壕庆河6座，呼斯太河43座。利用式（5-2）计算淤地坝减沙量：

$$W_{sg} = W_{已淤库容} \cdot \gamma \tag{5-2}$$

式中，W_{sg}为淤地坝的减沙量（万t）；$W_{已淤库容}$为淤积体体积（万m^3），γ为淤积体容重，取1.35g/cm^3。

淤地坝减沙量计算结果见表5-1，354座淤地坝控制总面积888.65km^2，设计总库容15 693.93万m^3，设计拦泥库容7665.29万m^3，设计滞洪库容8028.64万m^3，设计淤地面积 2225.81hm²，累计减沙量 2374.53 万 m³（折合 3205.61 万 t）。

表 5-1 淤地坝减沙量

流域	骨干坝/座	中型坝/座	小型坝/座	控制面积/km²	设计总库容/万 m³	设计拦泥库容/万 m³	设计滞洪库容/万 m³	设计淤地面积/hm²	累计减沙量/万 m³	累计减沙量/万 t
毛不拉孔兑	33	24	13	177.48	2 685.70	1 458.58	1 227.12	468.25	252.57	340.97
黑赖沟	10	14	3	64.63	1 060.81	570.88	489.93	191.47	116.80	157.68
西柳沟	39	31	29	248.66	4 814.51	2 401.94	2 412.57	641.58	918.34	1 239.76
罕台川	36	31	21	194.67	4 182.45	1 963.10	2 219.35	582.01	613.28	827.93
壕庆河	6	0	0	23.98	416.65	284.59	132.06	53.95	32.83	44.32
哈什拉川	21	0	0	67.31	1 541.22	615.43	925.79	150.16	282.24	381.02
呼斯太河	4	20	19	111.92	992.59	370.77	621.82	138.39	158.47	213.93
合计	149	120	85	888.65	15 693.93	7 665.29	8 028.64	2 225.81	2 374.53	3 205.61

5.1.1.2 谷坊减沙量计算

主要采用典型调查和实地测量的方法，确定谷坊的拦泥（沙）定额和减沙量。按照沟道建设单谷坊与谷坊群的不同布设形式，选取大、中、小典型谷坊测量其累计淤积量，每个孔兑、每个实施年度选取的实测数占保存数的 15% ~48%，计算出实施年度单坝的平均累计淤积量值，用该实施年度单坝平均淤积量与保存数计算相同实施年度保存谷坊的淤积量，最终得出本孔兑对应实施年度保存谷坊的总淤积量。

由于谷坊没有相关设计参数，在实测每个谷坊的累计淤积量时，通过绘制谷坊所在位置的沟道上下游平面形状图和淤积体纵断面图，测出 U 形或宽浅形沟的谷坊的淤积纵断面积、淤积宽度，以及 V 形沟的谷坊坝前淤积宽度与淤积厚、淤积长度，并使用 0.5 ~1m 分辨率的影像资料，结合 1∶10 000 地形图勾绘谷坊汇水面积。

U 形或宽浅形沟谷坊的减沙量采用式（5-3）计算：

$$W_{U谷} = F_{谷}.D \cdot \gamma \tag{5-3}$$

式中，$W_{U谷}$为 U 形或宽浅形沟的谷坊的减沙量（万 t）；$F_{谷}$为谷坊的淤积体纵断面面积（hm²）；D 为谷坊的平均淤积宽度（m）；γ 为土壤容重（g/cm³）。

V 形沟的谷坊的减沙量采用式（5-4）计算：

$$W_{V谷} = \frac{1}{3} \cdot \left(\frac{1}{2}D \cdot L\right) \cdot H \cdot \gamma \tag{5-4}$$

式中，$W_{谷}$为 V 形沟的谷坊的减沙量（t）；D 为谷坊坝底的平均淤积宽度（m）；H 为淤积体厚度（m）；L 为淤积体长度；γ 为土壤容重，1.35g/cm³。

（1）谷坊保存数量的核实方法

采用 2018 年高分影像图（0.5 ~1m 分辨率）和 1∶10 000 地形图，结合地方水利局提供的谷坊实施的相关资料，查找图斑，统计保存数量。

(2) 谷坊淤积量实测方法

通过测量坝顶高程（2～4个点），溢洪道高程（1～2个点），坝下原沟道高程（2～4个点），坝后淤积面高程（分坝前2～4点、坝中1～2个点、淤积线最远处中心线4～8个点，以及沿淤积面周边10～20个点）等数据，获取减沙量计算的相关参数。

谷坊工程总减沙量计算结果见表5-2。研究区现存522座谷坊，总减沙量为108.60万m^3，总减沙量146.61万t，其中罕台川减沙量最多，为80.24万t，占总减沙量的55%。

表5-2　谷坊拦沙量

孔兑名称	谷坊实施数量/座	谷坊保存数量/座	累计减沙量/万m^3	累计减沙量/万t
呼斯太河	25	25	5.64	7.62
母花沟	13	13	1.83	2.47
哈什拉川	457	96	17.95	24.24
罕台川	233	186	59.44	80.24
西柳沟	398	69	11.85	15.99
毛不拉孔兑	133	133	11.89	16.05
小计	1259	522	108.60	146.61

5.1.1.3　小型水库减沙量计算

主要采用全面调查和逐库测量的方法，确定水库减沙量。根据实地调查数据，结合设计资料，计算每座水库从建成至今的拦沙量，作为沟道拦沙效益分析的重要补充。实测水库淤积量结果如表5-3，研究区现存水库19座，其中有拦泥沙作用的水库共11座，累计淤积量876.12万m^3，按平均土壤容重1.35g/cm^3计算，总拦沙量为1182.76万t。

表5-3　水库拦沙量

<table>
<tr><th>所在孔兑</th><th>序号</th><th>工程名称</th><th>工程规模</th><th>建成时间</th><th>设计总库容/万m^3</th><th>累计淤积量/万m^3</th><th>累计淤积量/万t</th><th>备注</th></tr>
<tr><td rowspan="2">布日嘎斯太沟</td><td>1</td><td>乌兰水库</td><td>小（Ⅰ）型</td><td>1959年4月</td><td>1280.74</td><td>398.55</td><td>538.04</td><td></td></tr>
<tr><td>2</td><td>召沟水库</td><td>小（Ⅰ）型</td><td>1959年5月</td><td>178.53</td><td>10.13</td><td>13.67</td><td></td></tr>
<tr><td rowspan="3">黑赖沟</td><td>3</td><td>恩格贝1号水库</td><td>小（Ⅰ）型</td><td>1989年9月</td><td>109.10</td><td></td><td></td><td>没有外来洪水进入，无洪水泥沙淤积</td></tr>
<tr><td>4</td><td>恩格贝2号水库</td><td>小（Ⅰ）型</td><td>1989年1月</td><td>177.02</td><td></td><td></td><td>没有外来洪水进入，无洪水泥沙淤积</td></tr>
<tr><td>5</td><td>恩格贝3号水库</td><td>小（Ⅰ）型</td><td>1989年11月</td><td>310.89</td><td>89.70</td><td>121.10</td><td></td></tr>
</table>

续表

所在孔兑	序号	工程名称	工程规模	建成时间	设计总库容/万 m³	累计淤积量/万 m³	累计淤积量/万 t	备注
黑赖沟	6	乌兰淖水库	小（Ⅰ）型	1979年	575.89			没有外来洪水进入，靠周边侧渗水补给
西柳沟	7	沿路沟水库	小（Ⅰ）型	1980年5月	100.00	29.08	39.26	
	8	柴登南水库	小（Ⅰ）型	1978年5月	215.50	33.22	44.85	
	9	柴登北水库	小（Ⅰ）型	1975年2月	140.56	16.52	22.30	
	10	二道水泉水库	小（Ⅰ）型	1976年7月	144.80			没有外来洪水进入，无洪水泥沙淤积
	11	二狗湾水库	小（Ⅰ）型	1960年8月	720.00			提黄河水补水
壕庆河	12	马连壕水库	小（Ⅰ）型	1988年7月	823.31			
母花沟	13	侯家营子水库	小（Ⅰ）型	1972年11月	180.00	111.00	149.85	
东柳沟	14	打瓦壕水库	小（Ⅰ）型	1972年4月	520.00			由下湿地形成的，周边没有坝
呼斯太河	15	公益盖三库	小（Ⅰ）型	1975年10月	200.00	5.67	7.65	
	16	公益盖水库	小（Ⅰ）型	1971年7月	238.66	93.10	125.69	
	17	壕口水库	小（Ⅰ）型	2010年10月	200.0	3.87	5.22	
	18	壕赖河水库	小（Ⅰ）型	1979年10月	304.47	85.28	115.13	
	19	梁家圪堵水库	小（Ⅱ）型	1986年7月	45.50			
小计					6464.47	876.12	1182.76	

5.1.1.4 坝库工程减沙特征分析

(1) 库坝工程总减沙量

十大孔兑淤地坝、谷坊和水库总拦泥沙量为4534.98万t，分别占库坝总减沙量的70.69%、3.23%、和26.08%（表5-4）。不同类型库坝减沙量取决于工程数量和规模，淤地坝由于建设数量多，分布广，且骨干坝占比较大，是十大孔兑区域最重要的拦沙工程；谷坊由于规模较小，且设计使用年限较短，多分布于各孔兑淤地坝上游、支流上游地区，减沙量占比较小；水库多为小（Ⅰ）型水库，且建设时间早，功能均以防洪、灌溉、养殖为主，在减沙方面发挥了一定的作用。

表 5-4 库坝减沙量

流域	淤地坝	谷坊	水库	合计
毛不拉孔兑	340.97	16.05		357.02
布日嘎斯太沟			551.71	551.71
黑赖沟	157.68		121.10	278.78
西柳沟	1239.76	15.99	106.41	1362.16
罕台川	827.93	80.24		908.17
壕庆河	44.32			44.32
哈什拉川	381.02	24.24		405.26
母花沟		2.47	149.85	152.32
东柳沟				
呼斯太河	213.93	7.62	253.69	475.24
合计	3205.61	146.61	1182.76	4534.98

各孔兑库坝工程分布不同（图 5-1），只有西柳沟和呼斯太河实施了淤地坝、谷坊和水库工程，东柳沟没有库坝工程，其余孔兑只实施了一种或两种库坝工程。西柳沟和罕台川的库坝工程减沙量最大，其中又以淤地坝的占比最大。

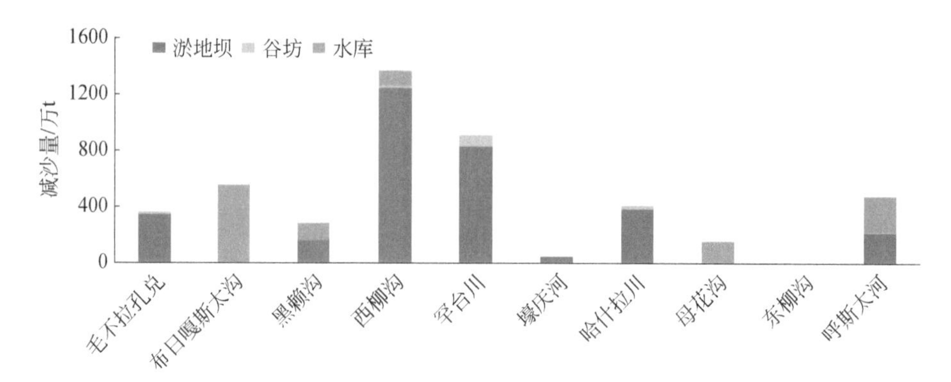

图 5-1 各孔兑库坝工程分布图

(2) 不同时段库坝工程减沙量分析

不同时段库坝减沙量及各工程的减沙量见图 5-2，库坝工程的总减沙量在三个时期没有明显变化，1986～1999 年水库的减沙量占比较大，贡献率较高。2000～2009 年和 2010～2018 年则以淤地坝的减沙量为主。水库的减沙量在三个时段逐渐减小，一方面是水库的建设时间较早，在前期发挥作用较大，随着淤地坝的大规模建设，水库的减沙量占比明显下降；另一方面是淤地坝不同时段的减沙量大小与淤地坝的建坝时期和孔兑暴雨及洪水发生频率有关。

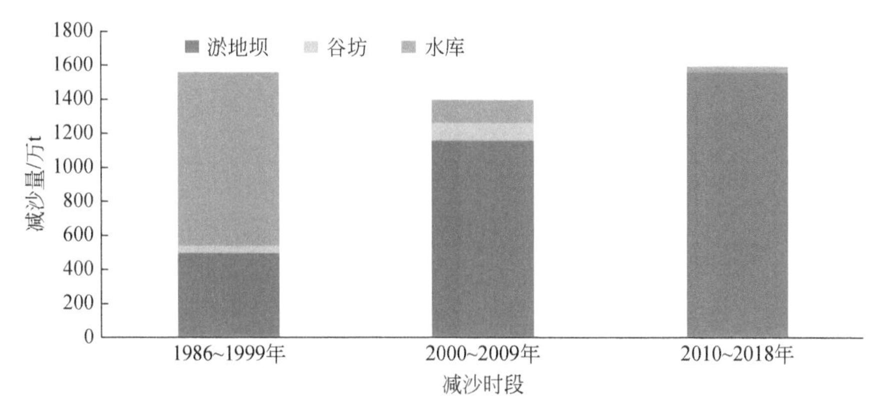

图 5-2 不同时段库坝工程拦沙量

5.1.2 引洪淤地

5.1.2.1 引洪造地减沙量计算

主要采用全面调查和逐处测量的方法确定减沙量。根据实地调查数据，结合设计资料，计算每处引洪造地的减沙量，作为沟道减沙效益分析的重要补充。减沙量采用式（5-5）计算：

$$W_{造地} = F_{造地}.\Delta H \cdot \gamma \tag{5-5}$$

式中，$W_{造地}$为每处引洪造地的减沙量（万 t）；$F_{造地}$为每处淤积面积（hm^2）；ΔH 为每处淤积高度（m）；γ 为土壤容重（1.35g/cm^3）。

研究区引洪造地总减沙量为每处引洪造地减沙量的总和。

（1）保存数量的核实方法

利用 2019 年国土资源第三次调查影像（分辨率 0.5m）与 2011 年出版的 1∶10 000 地形图，查找图斑，通过点对点核查，统计保存数量。

（2）淤积量实测方法

使用 RTK 全站仪，对每处保存的引洪造地进行面积测量。在每处淤积面上根据淤积面的淤积地形选取四周和中间 5 个区域进行高程测量，每个区域选取 3 个以上的点位，测量与原河槽的高程差，即为淤积体的淤积厚度，各淤积体选择点位一般为 23 ~ 29 个。计算各点位的平均高差，确定平均淤积厚度，最终乘以对应淤积面积计算拦沙量，结果如表 5-5 所示。累计淤积面积 1538. 15hm^2，累计淤积量 777. 92 万 m^3，总减沙量为 1050. 19 万 t。其中，哈什拉川减沙量最多，为 810. 38 万 t。

表 5-5 引洪造地工程减沙量

孔兑名称	保存数量/处	实施时间	淤积面积/hm^2	平均淤积厚度/cm	累计淤积量/万 m^3	减沙量/万 t
呼斯太河	1	1996 年	5.98	40.27	2.41	3.25
哈什拉川	42	1996 ~ 1997 年	1111.69	27.55 ~ 75.45	600.28	810.38
罕台川	49	1995 ~ 1998 年	420.48	17.60 ~ 81.55	175.23	236.56
小计	92		1538.15		777.92	1050.19

(3) 减沙特征分析

工程在一年实施完成的减沙量即实施年度的减沙量，经过多年完成的工程，逐年减沙量按照实施年份径流量占实施时段径流总量的比例推算，减沙量计算结果见表 5-6，减沙量均产生在 1986 ~ 1999 年，为 1050.19 万 t，1999 年之后没有再实施。

表 5-6 引洪造地工程减沙指标 （单位：万 t）

时段	流域			合计
	罕台川	哈什拉川	呼斯太河	
1986 ~ 1999 年	236.56	810.38	3.25	1050.19
2000 ~ 2009 年	—	—	—	—
2010 ~ 2018 年	—	—	—	—

5.1.2.2 引洪淤地减沙量

十大孔兑的引洪淤地工程主要为引洪治沙造田和平沙造地 2 种形式。主要采用全面调查和逐个测量的方法确定减沙量。根据实地调查数据，结合设计资料，计算每处引洪淤地工程从建成至今的拦沙量，并将其作为沟道拦沙效益分析的重要补充。引洪淤地的减沙量采用式（5-6）计算：

$$W_{引}=F_{引}\ .\ \Delta H\cdot\gamma \tag{5-6}$$

式中，$W_{引}$为每处引洪淤地的减沙量（万 t）；$F_{引}$为每处引洪淤地的淤积面积（hm^2）；ΔH为每处引洪淤地的淤积高度（m）；γ 为土壤容重（1.35g/cm^3）。

(1) 引洪淤地保存数量的核实方法

利用 2019 年国土资源第三次调查影像（分辨率 0.5m）与 2011 年出版的 1 ∶ 10 000 地形图，查找图斑，通过点对点核查，统计保存数量。

(2) 引洪淤地淤积量实测方法

引洪淤地工程因为没有原地形地貌图的资料，无法直接测量其淤积厚度，因此，采用典型剖面法，通过分析剖面土层土质，并走访调查当地知情者来确定淤积厚度；利用上海华测 i80GPS（RTK）、水准仪、塔尺、钢尺等工具实测淤地面积。引洪淤地减沙量计算结果如表 5-7 所示。

表 5-7　引洪淤地工程减沙量

工程名称	孔兑名称	保存数量/处	实施时间	淤积面积/hm²	平均淤积厚度/cm	累计淤积量/万 m³	累计淤积量/万 t
引洪淤地	呼斯太河	1	1998 年	62.94	55.76	35.08	47.36
	母花沟	1	1998 年	167.11	48.70	81.38	109.86
	哈什拉川	1	1998 ~ 2000 年	78.11	47.20	36.87	49.77
	壕庆河	2	2001 年	273.08	54.20	150.35	202.97
	小计	5		581.24		303.68	409.96

十大孔兑引洪淤地工程累计淤积面积 581.24hm²，累计淤积量 303.68 万 m³，总减沙量为 409.96 万 t，其中壕庆河减沙量最多，为 202.97 万 t。

（3）减沙特征分析

工程在一年实施完成的减沙量即实施年度的减沙量，经过多年完成的工程，逐年减沙量按照实施年份径流量占实施时段径流总量的比例推算，十大孔兑不同时段引洪淤地工程的减沙量计算结果如表 5-8 所示，1986 ~ 1999 年减沙量为 205.25 万 t。2000 ~ 2009 年减沙量为 204.71 万 t。

表 5-8　引洪淤地工程减沙指标　（单位：万 t）

时段	流域				合计/万 t
	壕庆河	哈什拉川	母花沟	呼斯太河	
1986 ~ 1999 年		48.03	109.86	47.36	205.25
2000 ~ 2009 年	202.97	1.74			204.71
2010 ~ 2018 年					
1986 ~ 2018 年					409.96

5.1.3　面上治理工程

十大孔兑面上实施的水土保持治理工程包括水平梯田、坡面鱼鳞坑与水平沟等整地工程，以及人工栽植的乔灌林（包括沙障植物固沙）、封育。

5.1.3.1　水平梯田工程

（1）拦沙量计算

在水平梯田集中分布区域，调查水平梯田质量及建成时间。通过对不同孔兑的水平梯田进行实地调查，确定其田面宽度、田面坡度、有无地边埂及保存完整率，由此确定水平梯田的质量等级。采用相对指标法计算水平梯田的减沙量。根据水平梯田面积和已有的水平梯田拦沙指标研究成果，分析计算不同孔兑水平梯田年均拦沙量，最终计算研究区水平梯田的减沙量。

1）水平梯田保存数量的核实方法。

采用卫星遥感影像解译结合当地水土保持措施实施等相关资料（第一次全国水利普查数据）获取十大孔兑地区各时期水平梯田的规模及其空间分布。为提高数据的准确性和合理性，采用2018年高分影像图（0.5～1m分辨率）结合地方水利局提供的水平梯田实施相关资料，查找图斑，实地调查、量测、统计现状保存数量。

2）水平梯田相对减沙指标。

采用相对指标法，对不同等级的水平梯田分类进行减沙量的计算。水平梯田减沙效益相对指标采用熊运阜等（1996）的研究结果（表5-9）。

表5-9　不同质量的水平梯田减沙指标　（单位：%）

措施及质量		减沙指标
水平梯田	Ⅰ类	86.9
	Ⅱ类	83.6
	Ⅲ类	76.4
	Ⅳ类	58.4

3）水平梯田质量等级确定。

在十大孔兑范围内，以水平梯田集中分布区域为研究对象，调查水平梯田质量以及建成时间。水平梯田质量直接影响其减沙作用及农耕生产水平。水平梯田质量一般分为4个等级：

第一类，合乎设计标准，埂畔完好，田面平整或成反坡，土地肥沃，在设计暴雨情况下不发生水土流失；

第二类，边埂部分破坏，田面基本水平或坡度小于2°，部分渠湾冲毁，土地较肥；

第三类，埂畔破坏严重，大部分已无地边埂，田面坡度在2°～5°，部分集湾冲毁，一遇暴雨，地面就发生径流，产生水土流失；

第四类，埂畔破坏很严重，没有地边埂，田面坡度大于5°，渠湾大都破坏，水土流失严重。

以上四种类型定量指标见表5-10。

表5-10　水平梯田分类标准

类别	田面宽度/m	田面坡度/(°)	地边埂高度/m	破坏率/%
一类	>8	水平（反坡）	>0.2	0
二类	6～8	<2	0.2	<20
三类	4～6	2～5	0	20～35
四类	<4	>5	0	>35

为了确定十大孔兑区域内的水平梯田质量等级，对十大孔兑各流域现存水平梯田进行了抽样调查，通过实地测量水平梯田田面宽、田面坡度、地边埂高度和破坏情况等基本指

标，确定水平梯田的质量等级为第三类。

4）水平梯田减沙量计算。

水平梯田减沙量由水平梯田各时期保存面积乘以相对指标乘以对应流域侵蚀模数得到。计算公式如下：

$$W_{梯} = F_{梯} \cdot A/100 \cdot \alpha \tag{5-7}$$

式中，$W_{梯}$为水平梯田的减沙量（万 t）；$F_{梯}$为水平梯田的保存面积（hm^2）；A 为土壤侵蚀模数［$t/(km^2 \cdot a)$］；α 为相对减沙指标（%）。

5）水平梯田减沙量计算结果。

十大孔兑水平梯田减沙量计算结果见表 5-11，计算结果表明，在 1985 ~ 2018 年，十大孔兑水平梯田共减沙 128.23 万 t。其中，罕台川水平梯田减沙量最大，为 51.53 万 t，壕庆河水平梯田减沙量最少，为 1.33 万 t。毛不拉孔兑、布日嘎斯太沟、黑赖沟和东柳沟没有水平梯田分布。

表 5-11　水平梯田减沙量　（单位：万 t）

孔兑名称	减沙量
西柳沟	2.36
罕台川	51.53
壕庆河	1.33
哈什拉川	23.06
母花沟	2.99
呼斯太河	46.96
合计	128.23

（2）水平梯田工程减沙量分析

通过对水平梯田减沙量进行逐年计算，统计不同时段的水平梯田减沙量计算结果，见表 5-12。

表 5-12　水平梯田减沙量　（单位：万 t）

孔兑名称	1986 ~ 1999 年	2000 ~ 2009 年	2010 ~ 2018 年
西柳沟	0.01	1.02	1.33
罕台川	15.33	15.54	20.66
壕庆河	0.35	0.21	0.77
哈什拉川	5.96	7.92	9.18
母花沟	0.83	1.07	1.09
呼斯太河	8.92	19.69	18.35
合计	31.40	45.45	51.38

1986～1999 年、2000～2009 年、2010～2018 年，水平梯田的减沙量逐渐增加（图 5-3）。结合水平梯田的建设时间分析，虽然水平梯田建设时间较早，且 2000 年之后基本没有新建水平梯田，但由于水平梯田面积和质量保存完整，其一直发挥着减沙作用，根据资料统计分析和现场调查，水平梯田建设初期以耕地为主，后期逐渐开始退耕造林，耕地逐渐减少，林地逐渐增加也是水平梯田减沙量逐渐增加的原因之一。

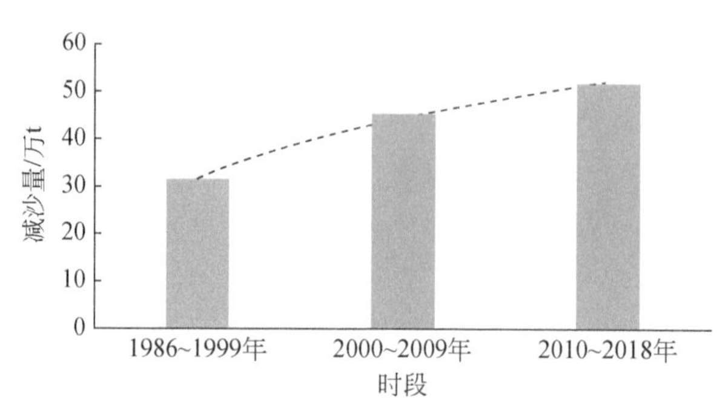

图 5-3　不同时段梯田拦沙量变化

5.1.3.2　鱼鳞坑与水平沟整地工程

（1）减沙量计算

研究区鱼鳞坑、水平沟为主要的水土保持坡面整地工程。采用实地测量法，对东部、中部和西部分别进行调查，以实施工程的主要流域呼斯太河、哈什拉川、罕台川、毛不拉孔兑等为主要调查对象，选择集中连片实施的地块作为调查的重点区域，结合无人机航拍获取调查地块周边的基本信息，完成鱼鳞坑与水平沟淤积量调查和计算；同时分析计算各孔兑鱼鳞坑和水平沟的年均减沙量，最终计算出整个研究区此类工程的减沙量。

在每个孔兑选取典型调查样地，按照对角线调查的方法，通过实地观测得到整个样地内鱼鳞坑（水平沟）的平均淤积厚度，根据鱼鳞坑（水平沟）的实施时间和设计规格，计算该时间段整个样地鱼鳞坑（水平沟）的减沙量，从而求出单位面积年平均减沙量。最终利用水土保持措施面积分布数据计算十大孔兑鱼鳞坑（水平沟）的减沙量。

研究区鱼鳞坑、水平沟坡面整地工程涉及六个孔兑，1986～2018 年累计减沙量 1858.59 万 t，其中鱼鳞坑减沙量 405.36 万 t，水平沟减沙量 1453.23 万 t，见表 5-13。

表 5-13　鱼鳞坑、水平沟坡面整地工程减沙量汇总

孔兑名称	坡面整地	实施面积/hm^3	累计减沙量/万 m^3	累计减沙量/万 t
呼斯太河	鱼鳞坑	442.43	19.56	26.41
	水平沟	91.80	1.71	2.31
	小计	534.23	21.27	28.72

续表

孔兑名称	坡面整地	实施面积 /hm³	累计减沙量 /万 m³	累计减沙量 /万 t
母花沟	鱼鳞坑	22.70	0.56	0.75
	水平沟	1 584.50	79.86	107.81
	小计	1 607.20	80.42	108.56
哈什拉川	鱼鳞坑	2 843.14	99.59	134.44
	水平沟	14 094.04	801.09	1 081.47
	小计	16 937.18	900.68	1 215.91
罕台川	鱼鳞坑	7 524.15	146.34	197.56
	水平沟	1 794.98	103.23	139.36
	小计	9 319.13	249.57	336.92
西柳沟	鱼鳞坑	1 176.11	21.30	28.76
	水平沟	564.00	61.56	83.11
	小计	1 740.11	82.86	111.87
毛不拉孔兑	鱼鳞坑	586.25	12.92	17.44
	水平沟	806.84	29.01	39.17
	小计	1 393.09	41.93	56.61
合计		31 530.94	1 376.73	1 858.59

（2）鱼鳞坑、水平沟减沙量分析

孔兑鱼鳞坑、水平沟坡面整地工程拦沙量如图 5-4 所示，孔兑之间鱼鳞坑、水平沟减沙量不同。哈什拉川减沙量最大，为 1215.91 万 t，呼斯太河减沙量最少，为 28.72 万 t。

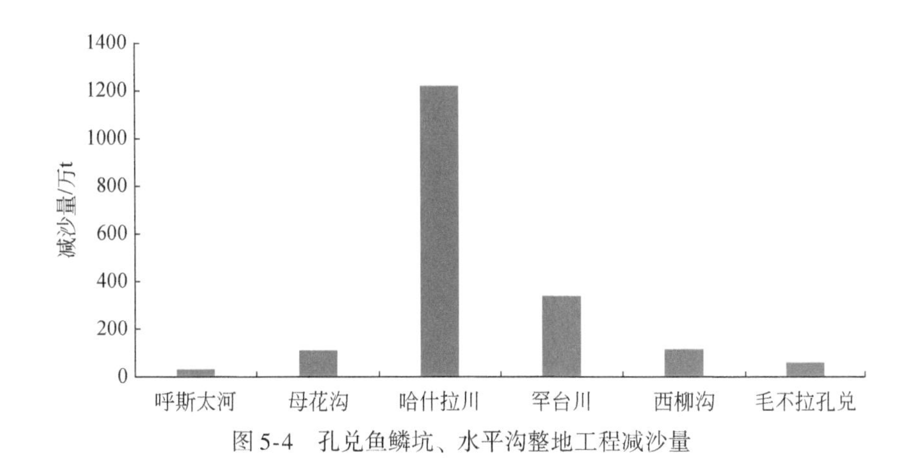

图 5-4　孔兑鱼鳞坑、水平沟整地工程减沙量

5.1.3.3 人工造林

(1) 人工林减沙量

人工造林措施减沙量采用相对指标法进行计算，引用相关研究成果，获取不同盖度下的林地相对减沙指标［参考熊运阜等（1996）的研究结果］，如表5-14所示。将得到的不同盖度林地减沙效益进行拟合回归，用内插法得到任意盖度与减沙效益的关系，以及不同盖度分级区间的平均减沙效益，统计十大孔兑区域1985～2018年各时期林地水土保持措施实施面积，利用ArcGIS提取对应时期不同盖度的面积，同时根据对应的土壤侵蚀模数，计算研究区各孔兑林地措施的减沙量。计算公式如下：

$$W_{林} = F_{林} \cdot A/100 \cdot \alpha \tag{5-8}$$

式中，$W_{林}$为林地的减沙量（万t）；$F_{林}$为不同盖度林地的保存面积（hm^2）；A为土壤侵蚀模数［$t/(km^2 \cdot a)$］；α为林地不同盖度的相对减沙指标（%）。

表5-14 林地不同盖度减沙指标 （单位:%）

措施类型	盖度	减沙指标
林地	70	88.4
	60	84.2
	50	79.8
	40	67.2
	30	51.2
	20	30.0

以1985年的减沙量作为基础，计算1986～1989年的减沙量；以1990年的减沙量推算1990～1994年的减沙量；以1995年的减沙量推算1995～1999年的减沙量；以2000年的减沙量推算2000～2004年的减沙量；以2005年的减沙量推算2005～2009年的减沙量；以2010年的减沙量推算2010～2014年的减沙量；以2015年的减沙量推算2015～2017年的减沙量，2018年减沙量单独计算。各孔兑减沙量见表5-15。

表5-15 人工造林减沙量 （单位：万t）

流域	乔木林	灌木林	人工林地
毛不拉孔兑	37.16	1059.50	1096.66
布日嘎斯太沟	169.08	1511.19	1680.27
黑赖沟	37.69	413.73	451.42
西柳沟	659.00	700.12	1359.12
罕台川	126.33	523.24	649.57
壕庆河	231.11	219.70	450.81

续表

流域	乔木林	灌木林	人工林地
哈什拉川	241.27	704.36	945.63
母花沟	24.43	226.06	250.49
东柳沟	79.13	531.83	610.96
呼斯太河	208.18	641.09	849.27
总计	1813.38	6530.82	8344.20

计算结果表明，1985～2018 年，人工造林措施减沙 8344.20 万 t，其中乔木林减沙 1813.38 万 t，灌木林减沙 6530.82 万 t。其中，布日嘎斯太沟人工林地减沙最大，为 1680.28 万 t，母花沟人工林地减沙量最少，为 250.48 万 t。

不同孔兑人工造林减沙量中，灌木林的减沙量均大于乔木林地的减沙量，主要原因是灌木林的面积比乔木林大（图 5-5）。

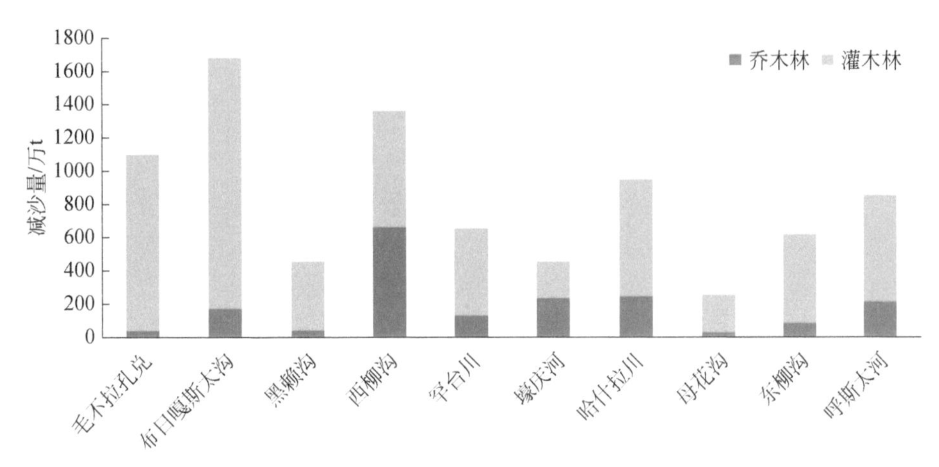

图 5-5　不同孔兑人工林地减沙量

（2）人工造林减沙量

通过对人工造林减沙量逐年进行计算，统计不同时段人工造林措施减沙量，计算结果见表 5-16。1986～1999 年、2000～2009 年、2010～2018 年三个时段，人工造林措施的减沙量逐渐增加（图 5-6）。

表 5-16　不同时期人工造林措施减沙量　（单位：万 t）

孔兑	1986～1999 年	2000～2009 年	2010～2018 年
毛不拉孔兑	37.42	297.31	761.93
布日嘎斯太沟	70.78	443.69	1165.80
黑赖沟	17.79	60.77	372.86

续表

孔兑	1986 ~ 1999 年	2000 ~ 2009 年	2010 ~ 2018 年
西柳沟	412. 04	266. 96	680. 12
罕台川	184. 07	139. 86	325. 64
壕庆河	151. 39	105. 04	194. 38
哈什拉川	187. 40	254. 37	503. 86
母花沟	29. 71	74. 89	145. 89
东柳沟	156. 23	166. 64	288. 09
呼斯太河	191. 06	249. 71	408. 50
总计	1437. 89	2059. 24	4847. 07

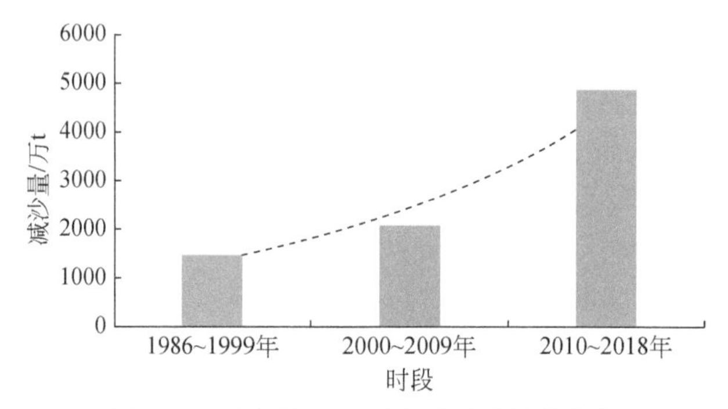

图 5-6　不同时段人工造林措施减沙量变化

研究区不同时段造林措施减沙的变化情况与总减沙量基本一致（图 5-7），其中 2010 ~ 2018 年人工造林措施的减沙量最大。

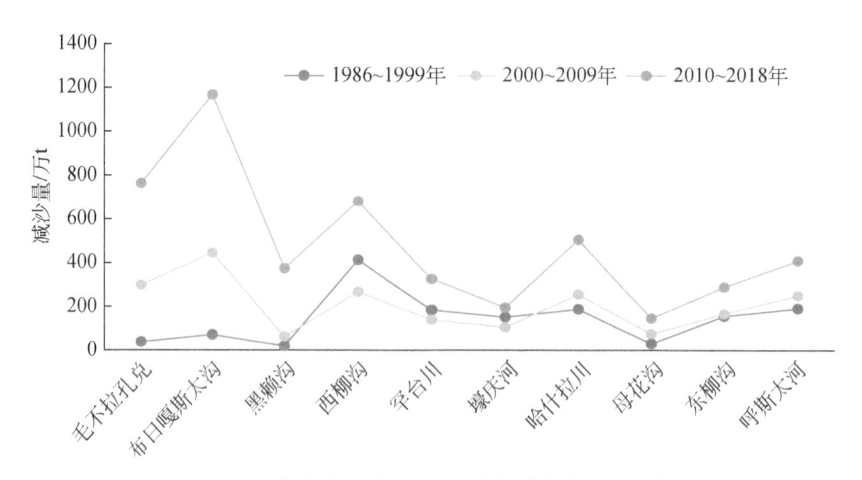

图 5-7　孔兑人工造林措施不同时段减沙量变化

5.1.3.4 封育措施

(1) 减沙量计算方法

1）封育减沙指标的确定。

封育草地减沙指标的确定引用熊运阜等（1996）的研究结果（图5-8）。根据草地减沙量与坡地产沙量的相关关系，随着坡地产沙量的增加草地减沙量呈线性增加，减沙量达到一定值以后，随着坡地产沙量的增加，草地减沙能力逐渐减小。

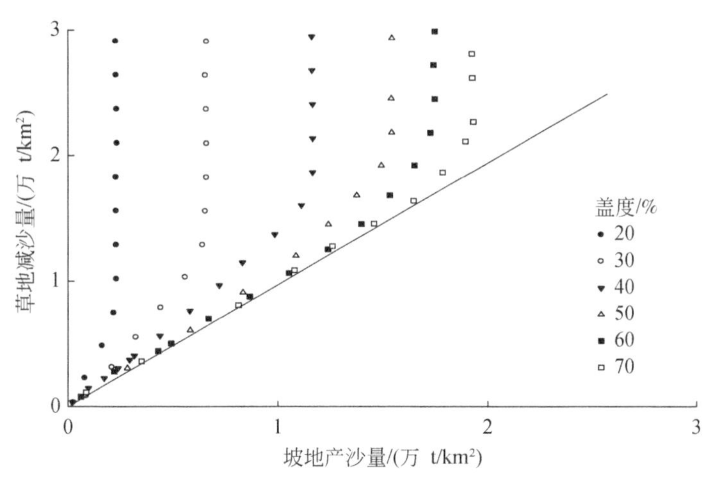

图5-8 草地减沙量与坡地产沙量相关关系图

2）修正数据的获取。

为了准确计算封育草地措施的减沙量，对已有的研究成果进行修正，将研究区相关监测站点（达拉特旗合同沟小流域）的历年径流小区实测数据进行整理和分析计算，得到一定盖度条件下坡地产沙量和草地减沙量的关系修正点，代入到相关关系图中，对减沙指标进行修正。

由于监测站点资料较少，修正数据不足，为了更好地确定不同植被盖度下的减沙指标，在2019年生长季分别在达拉特旗和杭锦旗开展了不同植被盖度下坡地产沙人工模拟降雨实验。在十大孔兑范围内选择不同盖度的自然坡面进行实验，实验样地规格2m×5m，通过人工模拟降雨实验，确定不同植被盖度下的坡面减沙量，得到不同盖度下坡面产沙量与坡面减沙量相关关系的修正数据。实验于2019年7～9月完成。

3）草地减沙效益的确定。

将修正点代入原有效益指标曲线进行修正。修正后的草地减沙指标见表5-17。

表 5-17　不同质量下的草地减沙指标　（单位：%）

措施类型	盖度	减沙指标
草地	70	85.61
	60	80.56
	50	73.68
	40	61.05
	30	41.26
	20	28.42

4）封育草地减沙效益。

将修正后的减沙指标做回归分析，如图 5-9 所示，草地盖度与减沙效益呈显著的正相关关系：$y=48.583\ln(x)+104.6$（$R^2=0.98$；$P<0.001$）。根据该式可以内插得出任意盖度的减沙指标，将研究区草地各盖度分为 0%～15%、15%～30%、30%～45%、45%～60%、60%～75%、>75%共6个计算区间计算减沙量，各区间的平均减沙指标见表 5-18。

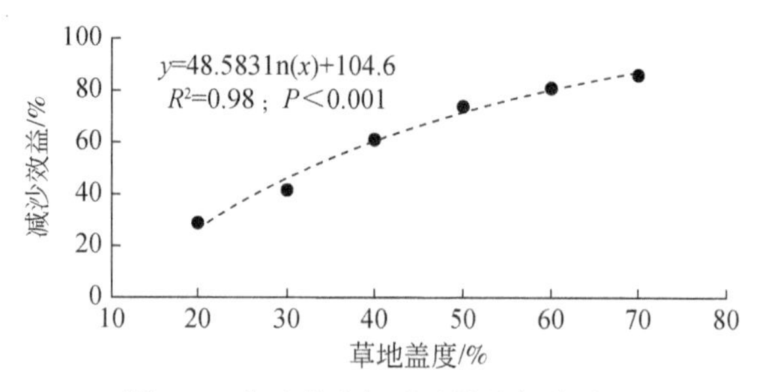

图 5-9　草地盖度与减沙效益相关关系

表 5-18　不同盖度区间的草地减沙指标

盖度区间/(°)	减沙指标/%
0～15	5.19
15～30	32.31
30～45	57.27
45～60	73.59
60～75	85.76
>75	95.77

以孔兑不同时期综合治理保存面积数据为基础，采用 ArcGIS 对封育措施进行分类统计，分别提取十个孔兑不同盖度面积的草地数据，根据前述孔兑不同时期的土壤侵蚀模数，计算研究区各孔兑草地措施的减沙量。减沙量以不同盖度的草地面积与其减沙指标和对应土壤侵蚀模数的乘积得到。据此，以 2000 年的减沙量推算 2000～2004 年的减沙量；

以 2005 年的减沙量推算 2005 ~ 2009 年的减沙量；以 2010 年的减沙量推算 2010 ~ 2014 年的减沙量；以 2015 年的减沙量推算 2015 ~ 2017 年的减沙量，2018 年的减沙量单独计算。各孔兑草地减沙量见表 5-19。

表 5-19　封育草地减沙量　　（单位：万 t）

流域	减沙量					
	2000 年	2005 年	2010 年	2015 年	2018 年	合计
毛不拉孔兑	7.36	7.75	5.15	19.12	21.03	179.68
布日嘎斯太沟	3.96	4.46	3.26	37.86	27.21	199.19
黑赖沟	5.89	6.02	5.91	31.08	26.79	209.11
西柳沟	9.85	12.47	12.01	56.31	60.38	400.99
罕台川	4.21	7.22	6.53	16.20	30.16	168.55
壕庆河	2.28	2.18	2.40	17.67	12.08	99.36
哈什拉川	3.37	7.19	5.12	27.51	50.17	211.07
母花沟	0.89	1.32	1.00	15.21	20.05	81.76
东柳沟	1.83	1.94	1.39	26.63	20.07	125.78
呼斯太河	1.03	1.17	0.78	23.43	22.91	108.14
总计	40.67	51.72	43.55	271.02	290.85	1783.63

计算结果表明，自 2000 年实施封育措施至 2018 年，研究区因封育措施减沙 1 783.63 万 t。其中，西柳沟封育措施减沙量最大，为 400.99 万 t，母花沟封育措施减沙量最少，为 81.76 万 t。

（2）封育措施减沙量分析

封育措施减沙量见表 5-20。2000 年之前没有实施规模封育措施，因此 1986 ~ 1999 年无减沙量，2010 ~ 2018 年封育草地减沙量大于 2000 ~ 2009 年。随着较长时间的封育保护，以及生态环境的持续改善，封育草地的减沙效果在近十年取得了明显的成效。

表 5-20　不同时期封育草地措施减沙量　　（单位：万 t）

流域	1986 ~ 1999 年	2000 ~ 2009 年	2010 ~ 2018 年
毛不拉孔兑	0.00	75.54	104.14
布日嘎斯太沟	0.00	42.10	157.09
黑赖沟	0.00	59.54	149.57
西柳沟	0.00	111.62	289.37
罕台川	0.00	57.15	111.40
壕庆河	0.00	22.28	77.08
哈什拉川	0.00	52.79	158.28
母花沟	0.00	11.07	70.69

续表

流域	1986～1999年	2000～2009年	2010～2018年
东柳沟	0.00	18.87	106.91
呼斯太河	0.00	11.03	97.11
总计	0.00	461.99	1321.64

各孔兑不同时段封育措施减沙量如图5-10，各孔兑封育措施不同时段的减沙量与总减沙量特点相同，都是2010～2018年封育草地减沙量大于2000～2009年，表明在十大孔兑范围内，封育措施在近十年（2010～2018年）的减沙效果更好。

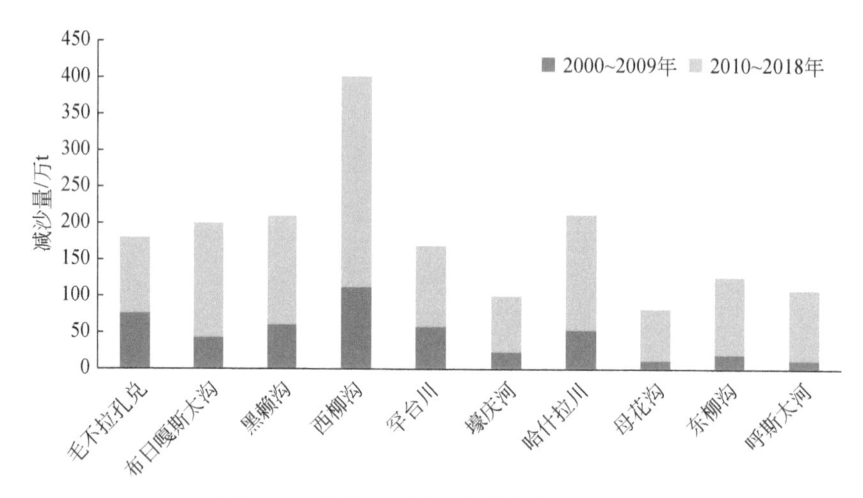

图5-10　各孔兑不同时段封育措施减沙量

5.1.4　单项治理工程减沙指标

根据区域三十多年各单项治理措施累计减沙量计算结果，在对现有水沙条件进行分析评价的基础上，推算该地区水土保持单项治理工程减沙指标。

乔木林与灌木林、封育和梯田措施减沙指标：根据各孔兑逐年减沙量计算结果，求出1986～2018年单位面积减沙量的多年平均值。淤地坝和谷坊措施减沙指标：在实测逐坝累计拦沙量的基础上，根据水文站来沙来水实测系列资料，按照逐年建坝数量和逐年减沙量计算单坝多年平均减沙量。计算结果见表5-21。

表5-21　水土保持单项治理措施减沙指标

孔兑名称	减沙指标/(t/hm²)				减沙指标/(t/座)	
	乔木林	灌木林	封育	梯田	淤地坝	谷坊
毛不拉孔兑	40.74	40.62	21.80		14 888.14	241.38

续表

孔兑名称	减沙指标/(t/hm²)				减沙指标/(t/座)	
	乔木林	灌木林	封育	梯田	淤地坝	谷坊
布日嘎斯太沟	57.67	34.81	30.26			
黑赖沟	45.03	28.46	26.34		5 720.33	
西柳沟	39.88	32.81	24.52	35.56	58 141.81	456.94
罕台川	41.33	38.99	22.17	48.70	14 793.07	512.72
壕庆河	21.84	20.28	15.87	23.08	22 300.56	
哈什拉川	43.84	38.66	23.90	39.94	12 198.60	504.92
母花沟	47.91	40.72	25.72	40.63		380.08
东柳沟	31.38	31.17	24.15			
呼斯太河	40.84	39.60	32.55	33.74	7 354.94	609.31

水土保持单项治理措施多年平均减沙指标分别为：乔木林 36.83t/hm²，灌木林 35.00t/hm²，封育 23.77t/hm²，梯田 44.56t/hm²，淤地坝 19 342.49t/座，谷坊 450.89t/座。

从水土保持单项工程减沙指标来看，沟道措施中淤地坝减沙指标最高，表明淤地坝仍然是该区域沟道减沙效果最好的措施。从不同孔兑淤地坝的减沙指标来看，西柳沟最高，达 58 141.81t/座，黑赖沟和呼斯太河较低，分别为 5720.33/座、7354.94t/座。在相同的降雨条件下，淤地坝减沙指标大，说明上游坡面来沙量较大，坡面植被减沙功能较低，应该加强林草措施的建设，在增加造林、种草、封育等面积的同时，提高林草措施质量（以提高植被盖度为主），同时继续巩固加强淤地坝的建设，对已有的坝体工程做好维护，使其继续发挥拦沙防洪功能；淤地坝减沙指标小，说明上游坡面来沙量较小，坡面植被建设较好，应该继续加强林草措施的建设，以提高林草措施质量特别是提高植被盖度为主，同时根据沟道现状，继续巩固加强淤地坝的建设，合理布设淤地坝坝系工程。淤地坝的主要功能由之前的打坝淤地逐渐转变为拦沙防洪，特别是在全球气候变暖的背景下，区域极端天气频发，暴雨事件概率增加，淤地坝在抵御极端降雨洪涝灾害，减少孔兑入黄泥沙，保障防洪安全方面会发挥更大的作用。

在坡面措施中，梯田的减沙指标最高，为 44.56t/hm²，其后依次是乔木林 36.83t/hm²、灌木林 35.00t/hm²，封育 23.77t/hm²。整个区域中，梯田实施面积都比较少，一方面是由于本地区以发展草原畜牧业为主，加之人口较少，耕地需求较小，梯田在早期进行了少量的建设，但自 2000 年退耕还林政策实施之后，基本没有新建梯田；另一方面是考虑到本地区的经济发展的特点和生态建设的需求，在坡面治理中，梯田不是主要的水土保持治理措施，且应将重点放在林草植被的建设上。从减沙指标计算结果中得出，乔木林的减沙指标稍高于灌木林，但减沙指标没有显著的区别，同时考虑到造林成本和成长时间，结合区域原生植被分布特点，本着“适地适树”的原则，在十大孔兑今后的植被恢复实施过程中，建议以灌木造林为主，灌木林建设成本低，成林周期短，能够快速形成减沙效果，且有一定的经济利用价值。总之，各孔兑应结合自身特点，在水土保持植被建设中以灌草为主，适当采取乔灌草结合的造林模式，因地制宜地进行流域治理和生态恢复。

5.2 禁牧天然林草地减沙

5.2.1 工程基本情况

研究区2000年实施全域禁牧措施后，天然林草地得到修复，蓄水保土功能增强。考虑到天然林草地分布面积较广，以及其发挥的蓄水保土作用，本次将禁牧后的天然林草地减沙量考虑在内。截至2018年，禁牧修复的天然林草地面积占研究区总土地利用面积的66%。

5.2.2 减沙量计算

修复后天然林地减沙量计算方法与人工林地减沙量计算方法相同，天然草地减沙量计算方法与封育措施减沙量计算方法相同。经计算，禁牧后天然林草地保土效益见表5-22。

表5-22　禁牧的天然林草地减沙量　　（单位：万t）

流域	天然草地	天然林地
毛不拉孔兑	1 366.98	13.41
布日嘎斯太沟	1 591.53	92.60
黑赖沟	980.29	78.70
西柳沟	1 418.00	84.36
罕台川	2 668.02	78.44
壕庆河	472.29	14.43
哈什拉川	1 947.07	101.50
母花沟	453.53	26.97
东柳沟	522.47	79.72
呼斯太河	495.93	70.28
总计	11 916.11	640.41

5.2.3 减沙量分析

对天然林草地减沙量进行逐年计算，不同时段的天然林草地减沙量见表5-23，三个时段的天然林草地减沙量没有明显的差别，减沙量以天然草地的减沙量为主，天然林地减沙量较小，但在1986～1999年、2000～2009年、2010～2018年林地减沙量逐步增加，原因可能是随着较长时间的植被恢复，以及生态环境的持续改善，天然林地面积逐渐增加。

表5-23 不同时期天然林草地减沙量 （单位：万t）

流域	1986～1999年		2000～2009年		2010～2018年		1986～2018年	
	天然草地	天然林地	天然草地	天然林地	天然草地	天然林地	天然草地	天然林地
毛不拉孔兑	211.02	0.01	586.54	0.00	569.42	13.40	1 366.98	13.41
布日嘎斯太沟	830.83	0.00	392.06	0.00	368.64	92.60	1 591.53	92.61
黑赖沟	448.72	0.00	310.38	13.53	221.19	65.17	980.29	78.70
西柳沟	489.75	0.03	249.77	17.68	678.48	66.65	1 418.00	84.36
罕台川	1046.06	1.91	798.11	26.01	823.85	50.52	2 668.02	78.44
壕庆河	197.73	0.52	192.60	2.46	81.96	11.45	472.29	14.43
哈什拉川	750.61	0.16	642.00	10.74	554.46	90.60	1 947.07	101.49
母花沟	190.25	0.00	176.15	1.58	87.13	25.39	453.53	26.97
东柳沟	276.76	0.00	145.53	1.75	100.18	77.97	522.47	79.72
呼斯太河	184.88	2.11	246.66	0.98	64.39	67.19	495.93	70.28
总计	4 626.61	4.74	3 739.80	74.73	3 549.70	560.94	11 916.11	640.41

5.3 水土保持工程减沙量变化及其主导因子分析

5.3.1 水土保持治理工程减沙量变化分析

根据前述各单项治理工程减沙量计算结果，汇总研究区水土保持单项治理措施减沙量（表5-24）与不同时段不同治理类型减沙量（表5-25）表明，研究区在1986～2018年由于水土保持综合治理共减沙30 666.30万t，其中面上治理措施减沙12 114.65万t（包括乔木林减沙1813.38万t、灌木林减沙6530.82万t、梯田减沙128.23万t、封育减沙1783.63万t、鱼鳞坑（水平沟）减沙1858.59万t），沟道治理工程减沙5995.13万t（包括引洪淤地减沙1460.15万t、淤地坝减沙3205.61万t、谷坊减沙146.61万t、水库减沙1182.76万t），禁牧修复天然林草地减沙12 556.52万t。

表 5-24　单项治理措施减沙量汇总

（单位：万 t）

流域	乔木林	灌木林	封育	梯田	鱼鳞坑（水平沟）	淤地坝	谷坊	引洪淤地	水库	天然草地	天然林地	沟道治理	面上治理	天然林草地	总计
毛不拉孔兑	37.16	1 059.50	179.68	0.00	56.61	340.97	16.05	0.00	0.00	1 366.98	13.41	357.02	1 332.95	1 380.39	3 070.36
布日嘎斯太沟	169.08	1 511.19	199.19	0.00		0.00	0.00	0.00	551.71	1 591.53	92.60	551.71	1 879.46	1 684.13	4 115.30
黑赖沟	37.69	413.73	209.11	0.00		157.68	0.00	0.00	121.10	980.29	78.70	278.78	660.53	1 058.99	1 998.30
西柳沟	659.00	700.12	400.99	2.36	111.87	1 239.76	15.99	0.00	106.41	1 418.00	84.36	1 362.16	1 874.34	1 502.36	4 738.86
罕台川	126.33	523.24	168.55	51.53	336.92	827.93	80.24	236.56	0.00	2 668.02	78.44	1 144.73	1 206.57	2 746.46	5 097.76
壕庆河	231.11	219.70	99.36	1.33		44.32	0.00	202.97	0.00	472.29	14.43	247.29	551.50	486.72	1 285.51
哈什拉川	241.27	704.36	211.07	23.06	1 215.91	381.02	24.24	860.15	0.00	1 947.07	101.50	1 265.41	2 395.67	2 048.57	5 709.65
母花沟	24.43	226.06	81.76	2.99	108.56	0.00	2.47	109.87	149.85	453.53	26.97	262.19	443.80	480.50	1 186.49
东柳沟	79.13	531.83	125.78	0.00		0.00	0.00	0.00	0.00	522.47	79.72	0.00	736.74	602.19	1 338.93
呼斯太河	208.18	641.09	108.14	46.96	28.72	213.93	7.62	50.60	253.69	495.93	70.28	525.84	1 033.09	566.21	2 125.14
总计	1 813.38	6 530.82	1 783.63	128.23	1 858.59	3 205.61	146.61	1 460.15	1 182.76	11 916.11	640.41	5 995.13	12 114.65	12 556.52	30 666.30

表 5-25　不同时段不同治理类型减沙量

（单位：万 t）

流域	1986～1999 年				2000～2009 年				2010～2018 年				1986～2018 年			总计
	沟道治理	面上治理	天然林草地	小计	沟道治理	面上治理	天然林草地	小计	沟道治理	面上治理	天然林草地	小计	沟道治理	面上治理	天然林草地	
毛不拉孔兑	2.12	38.55	211.03	251.70	202.38	418.14	586.54	1 207.06	152.52	876.26	582.82	1 611.60	357.02	1 332.95	1 380.39	3 070.36
布日嘎斯太河	490.69	70.78	830.83	1 392.30	58.27	485.79	392.06	936.12	2.75	1 322.89	461.24	1 786.88	551.71	1 879.46	1 684.13	4 115.30
黑赖沟	101.00	17.79	448.72	567.51	26.06	120.31	323.91	470.28	151.72	522.43	286.36	960.51	278.78	660.53	1 058.99	1 998.30
西柳沟	149.35	412.05	489.78	1 051.18	628.58	491.47	267.45	1 387.50	584.23	970.82	745.13	2 300.18	1 362.16	1 874.34	1 502.36	4 738.86
罕台川	541.34	532.95	1 047.97	2 122.26	249.86	215.92	824.12	1 289.90	353.53	457.70	874.37	1 685.60	1 144.73	1 206.57	2 746.46	5 097.76
壕庆河	0.00	151.74	198.25	349.99	202.98	127.53	195.06	525.57	44.31	272.23	93.41	409.95	247.29	551.50	486.72	1285.51
哈什拉川	960.87	1 153.93	750.77	2 865.57	121.19	570.42	652.74	1 344.35	183.35	671.32	645.06	1 499.73	1 265.41	2 395.67	2 048.57	5 709.65
母花沟	234.85	139.10	190.25	564.20	20.27	87.03	177.73	285.03	7.07	217.67	112.52	337.26	262.19	443.80	480.50	1 186.49
东柳沟	0.00	156.23	276.76	432.99	0.00	185.51	147.28	332.79	0.00	395.00	178.15	573.15	0.00	736.74	602.19	1 338.93
呼斯太河	329.28	225.83	186.99	742.10	88.10	283.30	247.64	619.04	108.46	523.96	131.58	764.00	525.84	1 033.09	566.21	2 125.14
总计	2 809.50	2 898.95	4 631.35	10 339.80	1 597.69	2 985.42	3 814.53	8 397.64	1 587.94	6 230.28	4 110.64	11 928.86	5 995.13	12 114.65	12 556.52	30 666.30

在时间尺度上，三个不同时段水土保持治理措施减沙量结果为：1986～1999 年减沙量为 10 339.80 万 t，2000～2009 年减沙量为 8 397.64 万 t，2010～2018 年减沙量为 11 928.86 万 t；三个时段的减沙贡献率分别为 33.72%、27.38%、38.90%。

在空间尺度上，哈什拉川减沙最大，为 5709.65 万 t，母花沟减沙最小，为 1186.49 万 t。罕台川、西柳沟减沙量较大，东柳沟、壕庆河减沙量较小。

各措施类型占总减沙量的比例见表 5-26，将研究区水土保持措施综合治理类型分为沟道治理（包括淤地坝、谷坊、引洪淤地和水库），面上治理（包括梯田、人工造林、封育、鱼鳞坑及水平沟整地）和禁牧天然林草地三类。整体上，沟道治理贡献率为 19.55%，面上治理贡献率为 39.50%，禁牧天然林草地为 40.95%。各孔兑沟道治理、面上治理和禁牧天然林草地的减沙贡献率见图 5-11，西柳沟、罕台川、哈什拉川、母花沟和呼斯太河的沟道治理贡献率较大，东柳沟、呼斯太河的面上治理贡献率较大，黑赖沟、罕台川的禁牧天然林草地贡献率较大。

表 5-26　不同治理类型减沙贡献率　　（单位：%）

流域	沟道治理贡献率	面上治理贡献率	禁牧天然林草地贡献率
毛不拉孔兑	11.63	43.41	44.96
布日嘎斯太沟	13.41	45.67	40.92
黑赖沟	13.95	33.05	53.00
西柳沟	28.75	39.55	31.70
罕台川	22.46	23.67	53.87
壕庆河	19.24	42.90	37.86
哈什拉川	22.16	41.96	35.88
母花沟	22.10	37.40	40.50
东柳沟	0.00	55.02	44.98
呼斯太河	24.75	48.61	26.64
总计	19.55	39.50	40.95

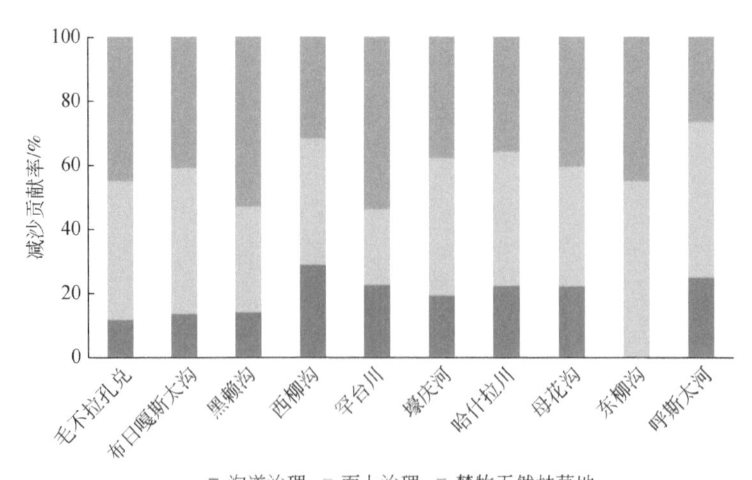

图 5-11　各孔兑不同措施类型的减沙贡献率

从研究期不同时段上分析，1986～1999 年，沟道治理贡献率为 27.17%，面上治理贡献率为 28.04%，禁牧天然林草地贡献率为 44.79%，这一时期，水土保持面上治理措施还未大规模开始，沟道治理贡献率较大。2000～2009 年，沟道治理贡献率为 19.03%，面上治理贡献率为 35.55%，禁牧天然林草地贡献率为 45.42%，这一时期，水土保持面上治理措施大规模实施并发挥作用，面上治理贡献率大于沟道贡献率，同时由于 2000 年实施的全域禁牧令，大面积的天然林草地得以修复，其减沙贡献率有所提高。2010～2018 年，沟道治理贡献率为 13.31%，面上治理率为 52.23%，禁牧天然林草地贡献率为 34.46%。由此可见，随着整个区域植被恢复越来越好，面上治理贡献率进一步增大，在常规降雨条件下，由于坡面植被覆盖度增加，雨后坡面来沙量逐渐减小，进入沟道的泥沙减少，因此沟道治理贡献率降低。整体来看，沟道治理贡献率逐渐减小，面上治理贡献率逐渐增加，禁牧天然林草地贡献率逐渐减小。

研究期内不同时段不同治理类型减沙量占总减沙量的比例见图 5-12。

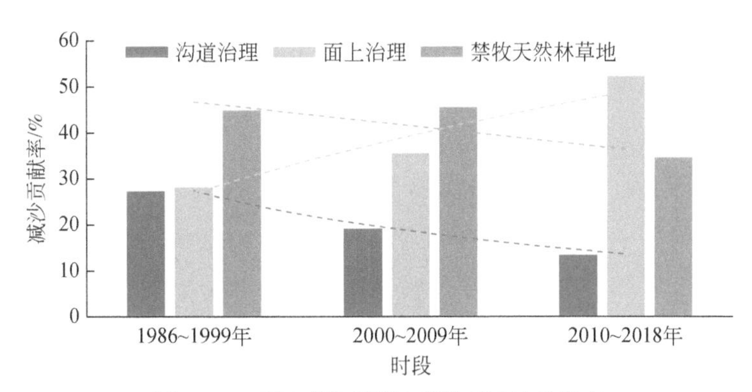

图 5-12　不同时段不同治理类型减沙贡献率

5.3.2　面上不同治理措施减沙贡献率

研究区面上水土保持措施包括梯田、造林、封育、鱼鳞坑与水平沟整地，其减沙量见表 5-27，1986～2018 年，面上治理措施减沙总量 12 114.65 万 t，其中乔木林地减沙 1813.38 万 t，灌木林地减沙 6530.82 万 t，封育减沙 1783.63 万 t，梯田减沙 128.23 万 t，鱼鳞坑/水平沟整地减沙 1858.59 万 t。

表 5-27　面上治理措施减沙量　　（单位：万 t）

孔兑名称	人工治理					合计
	乔木林	灌木林	封育	梯田	鱼鳞坑（水平沟）	
毛不拉孔兑	37.16	1 059.50	179.68	0	56.61	1 332.95
布日嘎斯太沟	169.08	1 511.19	199.19	0		1 879.46

续表

孔兑名称	人工治理					合计
	乔木林	灌木林	封育	梯田	鱼鳞坑（水平沟）	
黑赖沟	37.69	413.73	209.11	0		660.53
西柳沟	659	700.12	400.99	2.36	111.87	1 874.34
罕台川	126.33	523.24	168.55	51.53	336.92	1 206.57
壕庆河	231.11	219.70	99.36	1.33		551.50
哈什拉川	241.27	704.36	211.07	23.06	1 215.91	2 395.67
母花沟	24.43	226.06	81.76	2.99	108.56	443.80
东柳沟	79.13	531.83	125.78	0		736.74
呼斯太河	208.18	641.09	108.14	46.96	28.72	1 033.09
总计	1 813.38	6 530.82	1 783.63	128.23	1 858.59	12 114.65

各类治理措施占面上治理总减沙量的贡献率见表5-28。乔木林减沙贡献率为14.97%，灌木林减沙贡献率为53.91%，封育减沙贡献率为14.72%，梯田减沙贡献率为1.06%，鱼鳞坑（水平沟）整地措施减沙贡献率为15.34%。各类治理措施减沙贡献率见图5-13。

表5-28　面上不同治理措施减沙贡献率　　（单位：%）

孔兑	减沙贡献率				
	乔木林	灌木林	封育	梯田	鱼鳞坑（水平沟）
毛不拉孔兑	2.79	79.49	13.48	0.00	4.25
布日嘎斯太沟	9.00	80.41	10.59	0.00	0.00
黑赖沟	5.69	62.64	31.67	0.00	0.00
西柳沟	35.16	37.35	21.39	0.13	5.97
罕台川	10.47	43.37	13.97	4.27	27.92
壕庆河	41.91	39.84	18.01	0.24	0.00
哈什拉川	10.07	29.40	8.81	0.97	50.75
母花沟	5.51	50.94	18.42	0.67	24.46
东柳沟	10.74	72.19	17.07	0.00	0.00
呼斯太河	20.15	62.05	10.47	4.55	2.78
总计	14.97	53.91	14.72	1.06	15.34

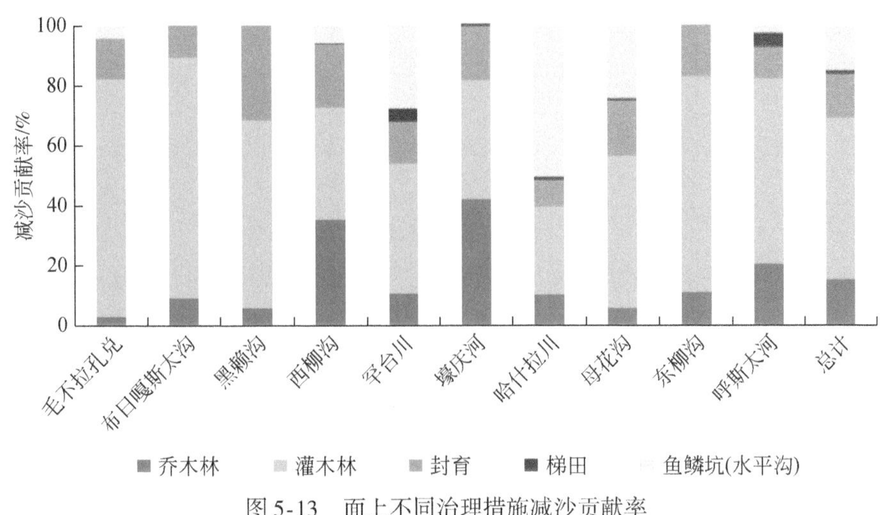

图 5-13　面上不同治理措施减沙贡献率

在不同孔兑面上治理措施减沙贡献率中，林地减沙贡献率最高，其中又以灌木林减沙贡献率最高，封育和梯田的减沙贡献率相对较低。

5.3.3　不同治理类型减沙量主导因子分析

5.3.3.1　沟道治理减沙量

调查资料和研究结果表明，沟道治理工程减沙与工程类型、沟道形态、坝体高度、库容大小、流域降雨及洪水特征等均有关系。

根据沟道治理工程特点，缩河造地和引洪淤地工程建设的目的是利用高含沙洪水进行造地，同时达到防洪和减沙的作用，工程的建设周期主要取决于沟道洪水及其含沙量的大小，大部分工程在早期（研究时段 1986～1999 年）少数几个孔兑实施，遇到大的暴雨时，往往一场或几场洪水就可以完成。根据调查，引洪淤地有一半的工程在当年就实施完成，其余实施的时间在 2～4 年不等，因此该工程单位面积的减沙量取决于流域暴雨和洪水频率，以及洪水含沙量的大小，而洪水含沙量的大小又与流域坡面植被覆盖度有关，植被建设好，覆盖度大，坡面产沙减小，进入孔兑的沙量也相应减少，在研究时段后期，当地很少建设此类工程，一方面是对耕地的需求减少，另一方面也与后期生态治理较好，河道产沙或者洪水含沙量降低，导致建设周期较长有关。

谷坊、淤地坝、减沙量的主导因子与引洪造地和引洪淤地相似，不同的是此类工程分为各种不同的规模，骨干坝、中型坝、小型坝，其设计使用年限、坝体大小、控制面积各不相同，淤地坝的分布较广，控制面积较大，谷坊除了使用年限较短，多分布在孔兑上游支流外，可以看作为一种小型淤地坝。这些沟道工程虽然各不相同，但其减沙量的主导因子仍然与其控制面积以上区域的降雨产沙息息相关，而就淤地坝的减沙效益来说，在十大孔兑地区尤其是上游丘陵区，与淤地坝的规格、流域的侵蚀产沙特征有着密切的关系。另外，上游坡面植被建设成效通过影响流域侵蚀产沙而进一步影响坝系工程的减沙量，计算结果也表明，在研究时段早期，在区域大面积治理措施实施之前，沟道工程（主要是淤地坝）减沙贡献率较大，而在研究时段后期，由于植被建设成效渐显，减沙量增大，流域面上侵蚀产沙减少，沟道工程的减沙贡献率也在下降，证明了植被对沟道工程减沙的间接影响。

5.3.3.2 面上治理工程减沙量

调查和研究结果表明，坡面单项工程减沙量与较多相关因子有关。坡面措施主要包括水平梯田、鱼鳞坑与水平沟、林草及封育措施。

水平梯田是指在坡面上沿等高线修筑的台阶式或波浪式断面的农田，属兼顾粮食生产和水土保持的耕地类型，尤其是在水土流失严重、生态环境脆弱的黄土高原地区发挥着重要作用。梯田通过改变地面坡度，实现减沙减水，同时还可以高效利用降水，起到保水保土等作用并可促进天然林草的恢复。

梯田不仅可以大幅减少所占坡面产沙，还可以截留上方来沙来水，进而减少坡面径流下沟，实现沟谷减沙。梯田的减沙量主要与梯田的质量等级、流域降雨特征及田面利用方式有关，质量等级越高减沙指标越高。研究表明，在一定的产沙范围内，侵蚀产沙越大，梯田减沙量越大，直到侵蚀产沙达到一个拐点，梯田减沙量趋于不变。梯田的田面利用方式也影响梯田的减沙效果，田面为造林种草措施的梯田，其减沙指标要大于耕地的梯田。

鱼鳞坑、水平沟的减沙效益与流域降雨强度及其时空分布、工程规格及坡度等有关。在十大孔兑区域，鱼鳞坑、水平沟作为造林前的整地措施与植物措施结合实施，在植物生长早期发挥了重要的减沙减水作用，是坡面保水保土的重要方式，影响其减沙效益的主要因素包括降雨、坡度和工程规格。研究表明，随着坡度的逐渐增大，产流时间逐渐缩短，径流含沙量和产沙量总体上遵循随坡度增大而增大的规律。侯雷等（2020）的研究表明，鱼鳞坑径流泥沙调控能力存在阈值，该阈值的大小与坡度、雨强等因素密切相关，而不同规格的鱼鳞坑由于空间分布不同，其减流减沙效益也不同。

林草及封育治理措施的减沙效益与区域降雨条件、坡度、林草地质量（主要指植被盖度）等有关。降雨条件主要是降雨强度，其对林草减沙效果产生的影响较大。理论上来说，同等下垫面条件下，一般强度的降雨，侵蚀产沙量小，甚至不产沙；而强度较大的降雨，侵蚀产沙量大，这时，下垫面措施条件决定了减沙量的大小，降雨条件与下垫面条件相互作用，相互影响。一般来说，盖度越大减沙效果越好，减沙指标越高，其趋势是无限接近于 1 的对数关系，但多大的盖度可以发挥显著的作用是一个值得研究的问题，前述研究现状中提到，黄土高原丘陵区不同盖度林草植被措施减蚀作用不同，当盖度达到 40% ~ 60% 时，防治水土流失效益显著，人工林地的有效盖度应大于 60%，草地的有效盖度应大于 50%，十大孔兑的上游区域与此研究区基本相似，可以在研究中参考引用。

参考文献

侯雷，谢欣利，姚冲，等．2020. 不同规格鱼鳞坑坡面侵蚀过程及特征研究［J］. 农业工程学报，36（8）：62-68.

第6章　基于数学模型的水土保持综合治理减沙效益评价

通过遥感解译、实测水文资料分析、调查勘测、理论解析等方法，构建适用于研究区的分布式风水复合侵蚀模型及河道水沙动力模型，分析孔兑水沙变化特征，剖析孔兑水沙变化成因，综合评估研究区水土保持综合治理减沙量和减少的入黄泥沙量，以及不同治理类型的减沙贡献率。

6.1　分布式风水复合侵蚀模型

分布式风水复合侵蚀模型由产流、汇流、产沙（包括水蚀和风蚀）和输沙4大模块组成。模型框架见图6-1。

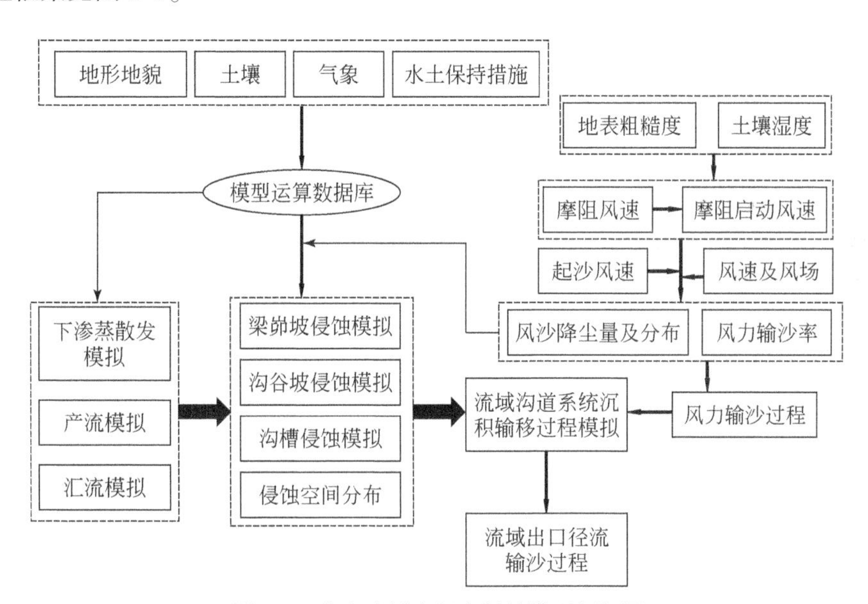

图6-1　分布式风水复合侵蚀模型框架图

6.1.1　模型结构

6.1.1.1　产流模块

研究区域属干旱少雨的大陆性气候，地下水位低，包气带缺水量大，一般降雨不可能使包气带蓄满，难以形成地下径流。而由于土壤贫瘠，植被较差，根系不发达，地面下渗能力小，雨强很容易超过地面下渗能力而形成地面径流，且流域形成的洪水往往呈现陡涨陡落的趋势，如历时短、洪量高，雨停后径流很快消失。因此，采用超渗产流模式计算产流过程。

(1) 下渗曲线

采用 Horton 下渗曲线计算式为

$$f = f_c + (f_0 - f_c)\mathrm{e}^{-kt} \tag{6-1}$$

式中，f 为下渗能力；f_0 为最大下渗能力；f_c 为稳定下渗能力；K 为随土质而变的指数，经过测定 K 的取值为 0.02 ~ 0.17；t 为时间。土壤稳定入渗率为 0.47 ~ 1.05mm/min。

在 t 时刻，时段平均下渗能力为

$$\bar{f} = \int_t^{t+\Delta t} f_0 \mathrm{e}^{-Kt}\mathrm{d}t = \frac{1 - \mathrm{e}^{-Kt}}{K}(f_0 - KP_a) \tag{6-2}$$

式中，P_a 为土壤蓄水量（mm）。

(2) 下渗能力面积分配

流域下渗能力分配曲线采用抛物线型：

$$1 - \frac{f}{A} = \left(1 - \frac{f'_m}{f'_{mm}}\right)^b \tag{6-3}$$

式中，$\frac{f}{A}$为产流面积占全流域面积的比例；f'_m为流域某点下渗能力；f'_{mm}为流域点最大下渗能力；b 为抛物线指数。

产流量计算公式：

$$R = P - \frac{1 - \mathrm{e}^{-K\Delta t}}{K}(f_0 - KP_a)\left[1 - \left(1 - \frac{P}{\frac{1 - \mathrm{e}^{-K\Delta t}}{K}(b + 1)f_0 - S'_0}\right)^{b+1}\right] \tag{6-4}$$

6.1.1.2 汇流模块

(1) 坡面汇流

利用每个栅格的水流路径长度和水流路径坡度计算坡面每个网格的汇流平移时间，然后采用等流时线法和线性水库法相结合，推演网格汇流。等流时线法主要用于计算地表汇流，线性水库法则主要计算地下汇流。

1）汇流时间计算。

采用式（6-5）计算水流由产流网格中心点至河道出口的平移时间：

$$t_c = \frac{L}{V} = \frac{L}{K_v S^{\frac{1}{2}}} \tag{6-5}$$

式中，t_c为网格汇流时间；K_v为速度常数，包含了糙率、水力半径等因素对水流的影响；L 为该段河道的水流路径长；S 为该段河道的坡度；V 为流速。

2）采用等流时线法计算坡面地表汇流：

$$Q_i = \frac{h_i}{\Delta t}f_1 + \frac{h_{i-1}}{\Delta t}f_2 + \frac{h_{i-2}}{\Delta t}f_3 + \cdots \tag{6-6}$$

式中，h_i 为第 i 时段地面净雨量；f_1、f_2分别为每两条等流时线之间的面积。

3）地下汇流。

采用线性水库法计算地下汇流：

$$Q_{g,n}=\frac{0.278\Delta tA}{\Delta t(K_g+0.5\Delta t)}h_g+\frac{K_g-0.5\Delta t}{K_g+0.5\Delta t}Q_{g,n-1} \tag{6-7}$$

式中，$Q_{g,n}$为第 n 时段地下径流出流量；$Q_{g,n-1}$为第 $n-1$ 时段地下径流出流量；h_g为时段 Δt 内地下净雨量；F 为流域面积；Δt 为时段长度；K_g 为地下水库的蓄泄系数。

（2）沟道汇流

采用马斯京根法推演河段流量过程：

$$\begin{cases}Q(t)=C_0^n & t=0\\ Q(t)=\sum_{i=1}^{n}B_iC_0^{n-i}C_2^{t-i}A^i & t>0,t-i\geqslant 0\end{cases} \tag{6-8}$$

其中，

$$\begin{gathered}C_0=\frac{0.5\Delta t-Kx}{K-Kx+0.5\Delta t},C_1=\frac{Kx+0.5\Delta t}{K-Kx+0.5\Delta t},C_2=\frac{K-Kx-0.5\Delta t}{K-Kx+0.5\Delta t}\\ B_i=\frac{n!\ (t-1)!}{i!\ (i-1)!\ (n-i)!\ (t-i)!},A=C_1+C_0C_2,n=\frac{L}{3.6V\Delta t}\end{gathered} \tag{6-9}$$

式中，$Q(t)$ 为出口断面流量；t 为时段数，取 0，1，2，3，…，30；n 为河段数；Kx 和 K 为分段马斯京根法参数；Δt 为计算时段长；L 为计算河段长（单元流域出口到子流域出口距离）；V 为相应于 Q_m的河段平均流速。

6.1.1.3 产沙模块

（1）水蚀产沙计算

由能量平衡原理建立流域土壤侵蚀率公式（姚文艺和汤立群，2001）。

1）梁峁坡土壤侵蚀率（E_r）公式。

$$E_r=A_r=\frac{\gamma_m}{\gamma_s-\gamma_m}\left[\gamma_mh_1J_1+(\gamma_s-\gamma_m)d\sin\alpha_1-f(\gamma_s-\gamma_m)d\left(\cos\alpha_1-\frac{\sin\alpha_1}{\tan\varphi}\right)\right]V_1b_r \tag{6-10}$$

式中，h_1 为水深；J_1 为比降；α_1 为梁峁坡坡度；d 为泥沙粒径；f 为摩擦系数，经率定可取 0.047；φ 为泥沙休止角，经率定可取 35；γ_s 和 γ_m 分别为泥沙密实干容重和浑水容重；V_1 为水流平均速度；A_r 为无量纲系数，由实测资料适线率定；b_r 为梁峁坡宽度（m）。

梁峁坡坡面流平均流速仍采用曼宁公式，计算式为

$$V_1=\frac{1}{n_r}h_1^{2/3}J_1^{1/2} \tag{6-11}$$

式中，n_r 为梁峁坡糙率系数。

2）沟坡土壤侵蚀率（E_g）公式。

$$E_g=A_g=\frac{\gamma_m}{\gamma_s-\gamma_m}\left[\gamma_mh_2J_2+(\gamma_s-\gamma_m)d\sin\alpha_2-f(\gamma_s-\gamma_m)d\left(\cos\alpha_2-\frac{\sin\alpha_2}{\tan\varphi}\right)\right]V_2b_g \tag{6-12}$$

式中，h_2 为沟谷坡水深；J_2 为沟谷坡比降；α_2 为沟谷坡坡度；V_2 为沟坡水流平均速度；A_g 为无量纲系数，由实测资料适线率定；其他参数同上。V_2可由式（6-13）计算：

$$V_2 = \frac{1}{n_g} h_2^{2/3} J_2^{1/2} \tag{6-13}$$

式中，n_g 为沟谷坡糙率系数。

3）沟槽土壤侵蚀率（E_c）公式。

$$E_c = B_c \frac{\sqrt{\gamma_m g}}{\gamma_s - \gamma_m} \tau_0^{3/2} V_3 \tag{6-14}$$

式中，γ_s 和 γ_m 分别为泥沙密实干容重和浑水容重；B_c 为无量纲综合系数，由实测资料适线率定；V_3 为沟槽水流平均流速，由式（6-15）计算：

$$V_3 = \frac{1}{n_c} h_3^{2/3} J_3^{1/2} \tag{6-15}$$

式中，n_c 为沟槽糙率系数。

（2）风蚀产沙计算

风蚀产沙模块考虑植被、土壤湿度和积雪等因素对风沙起动和输移的影响（Shao，2001）。

1）摩阻起动风速。

摩阻起动风速的影响因素主要包括沙粒粒径（d）、地表植被状况［主要由地表植被的迎风面积指数（λ）表示］、土壤湿度（θ）、地表结皮状况（c_r）等因素。

粒径为 d_s的沙粒的摩阻起动风速为

$$u_{*t}(d_s;\lambda,\theta) = u_{*t}(d_s) f_\lambda(\lambda) f_w(\theta) f_{sd}(sd) \tag{6-16}$$

式中，λ 为地表粗糙元（植被）的迎风面积指数；θ 为土壤体积含水量；sd 为地表的积雪深度；f_λ，f_w和f_{sd}分别为地表粗糙元迎风面积指数、土壤湿度和积雪深度对起动摩阻风速的影响函数。

在式（6-16）中，u_{*t}为理想状态下（即干燥、无植被覆盖、地表无结皮，地表组成物质较疏松的情况下）粒径为 d_s的沙粒的起动摩阻风速，表达式为

$$u_{*t}(d_s) = \sqrt{a_1\left(\frac{\rho_p}{\rho_a} g d_s + \frac{a_2}{\rho_a d_s}\right)} \tag{6-17}$$

式中，ρ_p为沙粒的密度；ρ_a为空气密度；g 为重力加速度，a_1和 a_2均为模型调节系数，其中 a_1无量纲，a_2为量纲参数。

2）植被影响函数。

Raupach 等（1993）推导出植被对摩阻风速的影响函数f_λ：

$$f_\lambda = (1 - m_r \sigma_r \lambda)^{1/2} (1 + m_r \beta_r \lambda)^{1/2} \tag{6-18}$$

式中，m_r为调整参数，其值小于1，其大小主要由作用于地表不均一的应力决定；σ_r为基部面积指数与迎风面积指数之间的比值（$\sigma_r = \eta/\lambda$）。式（6-18）中的 m_r、σ_r和 β_r均依靠实测数据确定。

植被迎风面积指数 λ 可利用 Shao（2001）等提出的经验公式进行计算：

$$\lambda = - c_{\lambda} \ln(1 - VC/100) \tag{6-19}$$

式中，VC 为植被覆盖度；c_{λ}为经验系数，根据研究区实测资料确定。

3）土壤水函数。

土壤湿度对摩阻起动风速的影响，主要是由于毛管力作用使得颗粒之间的黏结力增大。将 Fecan 等（1999）提出的土壤水分对摩阻风速的影响函数进行简化，其表达式为

$$f_w = [1 + A(\theta - \theta_r)^b]^{1/2} \tag{6-20}$$

式中，θ_r为风干土壤的含水量；θ 为实际的土壤含水量（mm^3/mm^3）；A 和 b 均为无量纲参数，利用实测资料确定。

4）风蚀输沙率。

风沙的跃移输沙率可由 Owen（1964）提出的输沙率公式计算：

$$\widetilde{Q}(d_s)\begin{cases} \dfrac{c_0 A_c \rho_a u_*}{g}\left[1 - \left(\dfrac{u_{*t}(d_s)}{u_*}\right)^2\right] & u_* \geqslant u_{*t} \\ 0 & u_* < u_{*t} \end{cases} \tag{6-21}$$

式中，$\widetilde{Q}(d_s)$ 为粒径为 d_s的沙粒的跃移输沙率；c_0为一个无量纲系数，在理论上，由沙粒的最终速度和摩阻速度的比值决定，即 $c_0 = 0.25 + \omega_t\ (ds)\ /3u_*$，但由于沙粒的最终速度难以确定，因此通常通过实验来确定 c_0的值；A_c为地表可蚀面积所占的比例；ρ_a为空气密度，一般取值为 1.29kg/m^3；u_*为摩阻风速；$u_{*t}(d_s)$ 为粒径为 d_s的沙粒的摩阻起动风速；g 为重力加速度。

在自然条件下，地表的粒径组成是不同的。对自然条件下地表跃移输沙率的计算主要是基于 Shao（2008）提出的独立起动的假设，即地表各粒径组的起动过程各自独立、互不影响。因此，自然条件下，地表的跃移输沙率可表示为

$$Q = \sum_{d_1}^{d_2} \widetilde{Q}(d_s) p(d_s) \tag{6-22}$$

式中，d_1与 d_2分别为地表沙粒的上限与下限；$p(d_s)$ 为粒径为 d_s的沙粒在自然地表所占的比例，利用实测土壤数据确定。

6.1.1.4 输沙模块

输沙模块包括坡面输沙、沟道输沙及沟道工程拦截三个过程，其中坡面系统和沟道系统的输沙采用王协康等（1999）建立的泥沙输移比公式推演。

（1）坡面系统输沙

$$\text{SDR}_s = \alpha S_0^a E R^b P^c (L^2/A)^d (R_0/d_s)^{e1} (I/f)^{e2} \tag{6-23}$$

式中，α 为系数；S_0 为坡面地形因素；P 为坡面植被条件；I/f 为降雨有效侵蚀强度；R_0/ds 为 T_1时段内泥沙粒径的暴露程度；L^2/A 为坡面流域形态要素；a、b、c、d、e 为指数，根据模型率定回归获得。

（2）沟道系统输沙

$$\text{SDR}_{gs} = \beta \frac{T_2 Q_2^2 J}{\omega_s d_s^5} \frac{R_d B}{1 - R_d B} \tag{6-24}$$

式中，β 为系数；Q_2为单位径流量；T_2Q_2为产流量；Q_2J 为沟道水流功率；ω 为悬移质泥沙沉降速度；$\frac{R_dB}{1-R_dB}$为流域内输沙面积与产沙面积的比值。

(3) 沟道工程拦截计算

十大孔兑的沟道工程主要为淤地坝、谷坊、小型水利工程。通过实地调查现有累计淤积量，根据坝库拦沙率与剩余淤积库容率关系，计算淤地坝等沟道工程拦截量（杨吉山等，2020）。

$$S_i = \frac{n \times A_i \times S_t \times D_i \times \frac{\xi_i}{\xi}}{A_t(D_t + S_t) - n \times A_i \times S_t \times \frac{\xi_i}{\xi}} \tag{6-25}$$

其中，

$$\frac{\xi_i}{\xi} \approx \frac{\psi_i}{\psi} \tag{6-26}$$

$$\overline{\psi} = \sum_{i=1}^{n}\left(\frac{\mathrm{Cs}_i}{\mathrm{Ck}_i} \times \frac{A_iE_i}{A_tE_t}\right) \tag{6-27}$$

式中，S_i为沟道总的拦沙量（t）；A_i为坝库集水面积（km^2）；D_i为流域出口输沙量（t/a）；D_t为孔兑全时段输沙总量（t）；S_t为坝库等工程全时段拦沙总量（t）；ψ_i 为坝库等工程第 i 年剩余可淤积库容率；$\overline{\psi}$ 为计算时段内剩余可淤积库容率的平均值；Ck_i为第 i 年可淤积库容，Cs_i为第 i 年剩余可淤积库容；E_i为坝库等工程控制流域面上的平均侵蚀强度（t/km^2）。

6.1.2 模型率定和验证

1）利用2011～2017年库布齐沙漠风季（非连续观测）输沙率结果，对模型进行率定和验证。

率定过程中，共产生200次观测结果。2m高度风速范围为7～14.7m/s，土壤湿度范围为0～0.2，植被盖度范围为0%～20%，迎风面积指数范围为0～0.08，输沙率范围为0.121～42.293g/(cm·min)。模型率定的绝对误差控制在10%以内，率定结果见表6-1和图6-2。

表6-1 IWEMS模型参数率定结果

参数	敏感性排序	参数描述	取值范围
c_0	1	风沙起动Owen系数	0.8～1
a_1	2	摩阻风速的无量纲调整系数	0.01～0.012 5
a_2	3	摩阻风速的量纲调整系数	0.000 02～0.000 04kg/s^2

续表

参数	敏感性排序	参数描述	取值范围
c_r	4	植被盖度与迎风面积指数之间的调整系数	0.3 ~ 0.4
m_r	5	植被对摩阻风速影响方程的调整系数	0.2 ~ 0.8
σ_r	6	基部面积指数与迎风面积指数的比例	0.5 ~ 1.0
β_r	7	压力阻力系数与摩擦阻力系数比例	60 ~ 150
b	8	土壤水分调整系数	0.4 ~ 0.8
A	9	土壤水分	1.0 ~ 1.5

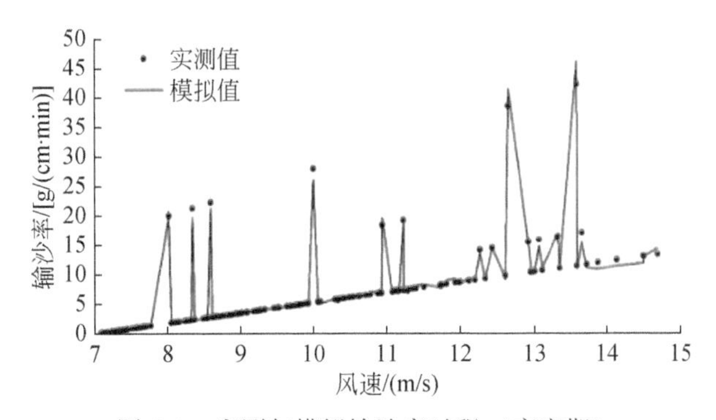

图6-2　实测与模拟输沙率过程（率定期）

利用116次观测结果作为验证样本，样本的2m高度风速范围为4.6 ~20m/s，土壤湿度范围为0 ~0.13，植被覆盖度范围为0% ~20%，迎风面积指数范围为0 ~0.069，输沙率范围为0 ~65.072g/(cm · min)。模型验证结果见图6-3。在对西柳沟流域16种不同下垫面的风蚀模拟验证中，其误差平方根RMSE均小于0.05，离差绝对值 | Re | 均小于17%。

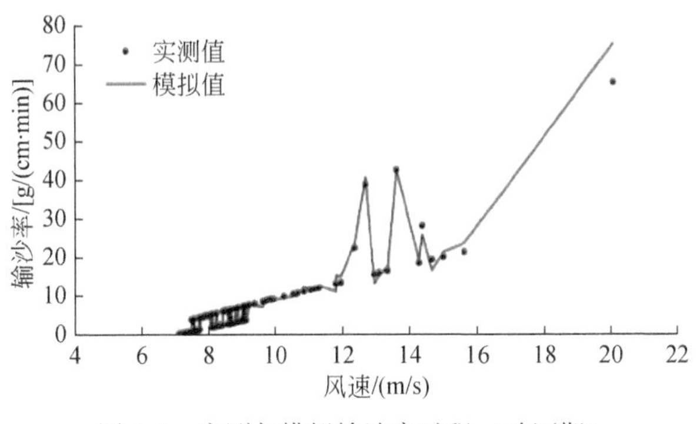

图6-3　实测与模拟输沙率过程（验证期）

2）利用西柳沟流域1986 ~1989年的6场洪水泥沙资料进行率定。6场日洪水过程的实测径流量为 52 万 ~1260 万 m^3，实测输沙量为 0.04 万 ~4746.32 万 t，沙峰输沙率 0.96 ~549 000.00kg/s。率定结果见表 6-2 和图 6-4。

表 6-2　输沙率定结果

编号	洪号	产沙量			沙峰输沙率		
		实测输沙量/万 t	计算输沙量/万 t	相对误差/%	实测沙峰输沙率/(kg/s)	计算沙峰输沙率/(kg/s)	相对误差/%
1	198606	0.04	0.05	25.00	0.96	1.16	20.83
2	198708	1.26	1.50	19.05	121.00	147.45	21.86
3	198709	0.23	0.28	21.74	15.20	19.43	27.83
4	198903	0.62	0.73	17.74	24.20	31.83	31.53
5	198906	0.04	0.04	27.50	3.44	4.55	32.27
6	198907	4 746.32	3 727.24	-21.47	549 000.00	423 220.42	-22.91

计算产沙量与实测产沙量的误差为-21.47% ~27.50%，平均为 22.08%；计算沙峰输沙率与实测沙峰输沙率的误差为-22.91% ~32.14%，平均为 26.20%。

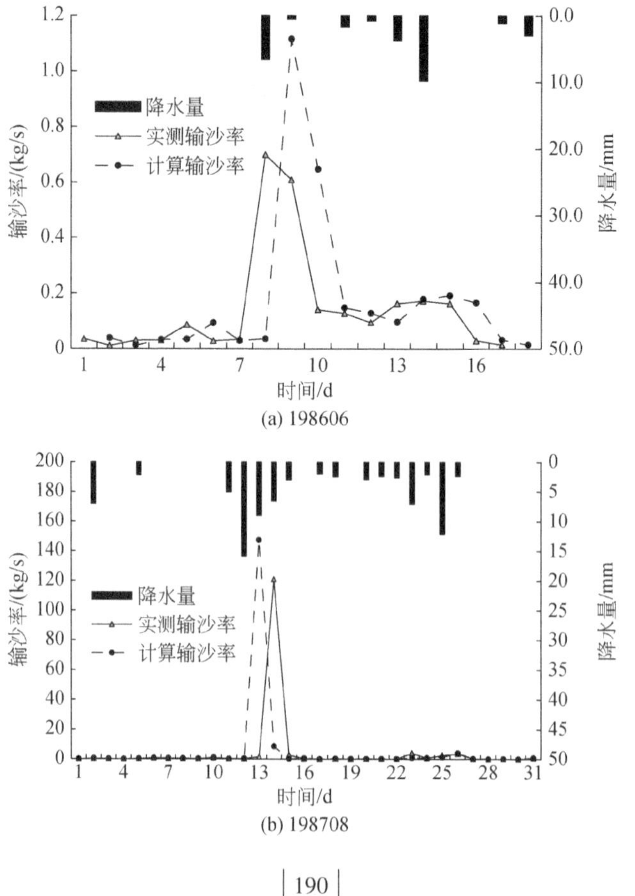

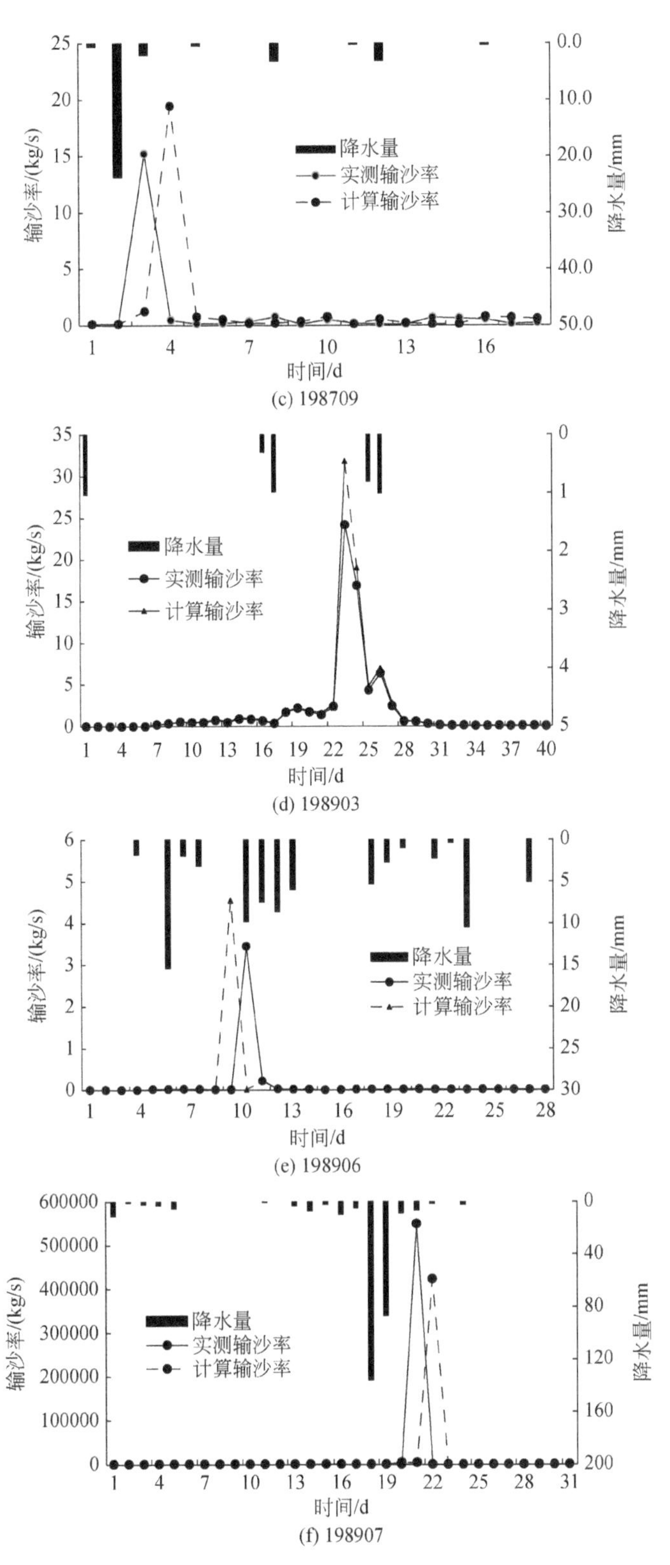

图6-4 实测与模拟输沙率过程（率定期）

3）利用西柳沟流域2000～2016年4场日洪水过程作为验证样本。4场日洪水的实测径流量为56～4746m^3，实测输沙量为0.01万t～489.07万t，沙峰输沙率0.11～39 700.00kg/s。计算输沙量与实测输沙量的误差为-21.23%～25.59%，平均为21.16%；计算沙峰输沙率与实测相比，误差为-25.55%～34.03%，平均为28.28%。验证结果见表6-3和图6-5。

表6-3 产沙验证结果

编号	洪号	输沙量			沙峰输沙率		
		实测输沙量/万t	计算输沙量/万t	相对误差/%	实测沙峰/(kg/s)	计算沙峰/(kg/s)	相对误差/%
1	200107	0.01	0.012	20.00	0.11	0.14	27.27
2	200607-08	241.76	288.32	19.26	21 800.00	29 219.05	34.03
3	201408	12.92	16.22	25.50	770.00	1 003.87	30.37
4	201608	498.07	392.34	-21.23	39 700.00	29 556.40	-25.55

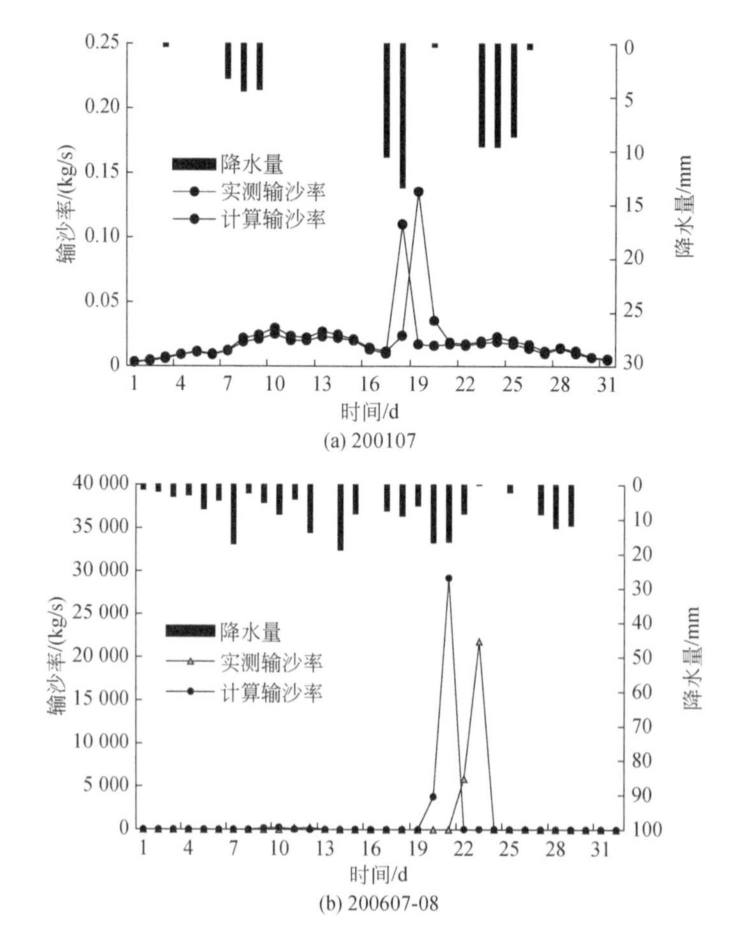

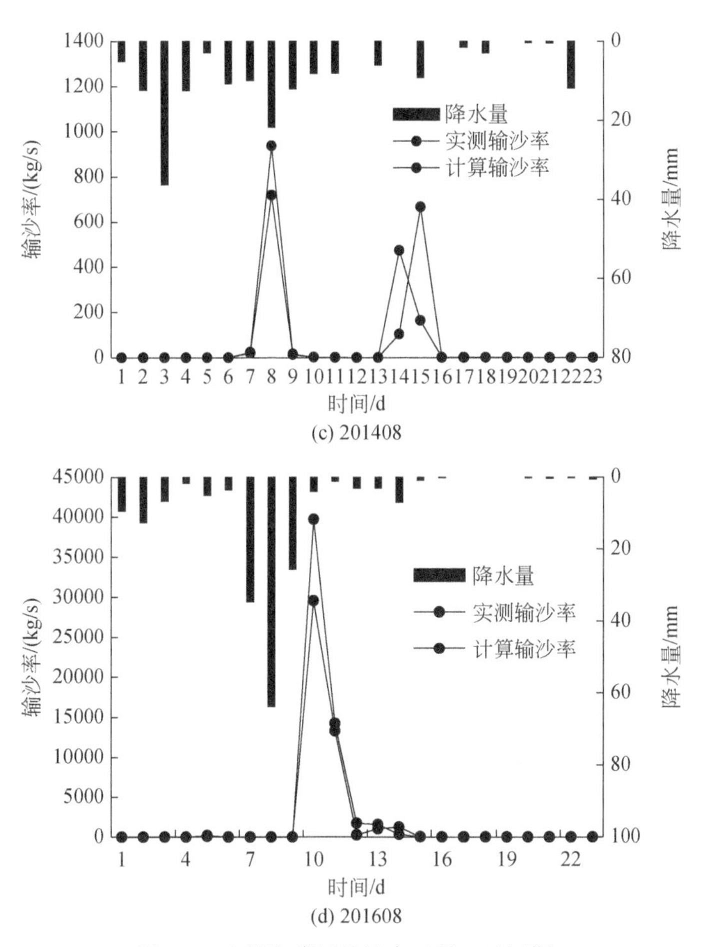

图 6-5　实测与模拟输沙率过程（验证期）

最终确定的模型参数见表 6-4。

表 6-4　模型参数率定结果

参数	初始下渗能力 f_0 mm/, s. om	稳定下渗能力 f_c mm/, s. om	随土质而改变的指数 k mm/, s. om	产流参数 W_s	汇流计算权重系数 θ	梁峁坡产沙系数 A_r	沟坡产沙系数 A_g	沟槽产沙系数 B_c
结果	1. 35	0. 85	0. 14	25	0. 7	0. 8	0. 6	0. 05

6. 2　典型孔兑水土保持治理减沙效益评价

6. 2. 1　水土保持措施减沙效益计算方法

采用构建的分布式风水复合侵蚀模型，对毛不拉孔兑、西柳沟、罕台川和东柳沟

1986～2018年实施的各项水土保持措施减沙贡献情况进行分析。典型孔兑水文站以上面积见表6-5。

表6-5 典型孔兑基本情况

孔兑名称	水文站名称	测站以上集水面积/km^2	测站至入黄口距离/km	备注
毛不拉孔兑	图格日格	1036	36	
西柳沟	龙头拐	1157	24	
罕台川	响沙湾	826	32	
东柳沟	临时测站	452	40.7	采用黄河水沙变化研究基金数据

以1985年为基准年，应用模型计算1986～2018年逐年降雨在1985年下垫面上的逐年沙量为未治理条件下的沙量 W_1，而1986～2018年逐年降雨在该时期逐年下垫面上（未考虑坝库拦截）的逐年沙量为治理后的沙量 W_2，二者之差即减沙量。水土保持减沙效益由式（6-28）～式（6-31）计算：

面上措施减沙量：
$$\Delta W_{面上措施}=W_1-W_2 \tag{6-28}$$
全流域减沙量：
$$\Delta W=\Delta W_{面上措施}+\Delta W_{坝库拦截} \tag{6-29}$$
$$\rho_{坝库拦截}=\frac{\Delta W_{坝库拦截}}{\Delta W}\times 100\% \tag{6-30}$$
$$\rho_{面上措施}=\frac{\Delta W_{面上措施}}{\Delta W}\times 100\% \tag{6-31}$$

式中，ΔW 为流域总减沙量（万t）；$\Delta W_{坝库拦截}$ 为坝库拦截量（万t）；$\Delta W_{面上措施}$ 为坡面林草、梯田等措施的减沙量（万t）；$\rho_{坝库拦截}$ 和 $\rho_{面上措施}$ 分别为沟道坝库拦沙率和面上治理措施减沙率（%）。

由于仅1985年、1990年、1995年、2000年、2005年、2010年、2015年和2018年有下垫面空间数据，因此在计算逐年沙量时，将邻近的下垫面视为评价年的下垫面。

孔兑实施的措施包括人工治理措施和禁牧天然林草地，人工实施的治理措施包括梯田、工程整地造林和封育保护等面上措施，以未治理下垫面条件计算侵蚀产沙空间分布图减去治理后下垫面计算的侵蚀产沙空间分布图，得到整个孔兑流域面上减沙空间分布。

基于流域下垫面信息和侵蚀差异分布图，利用ArcGIS空间分析中的分区统计功能，统计梯田、工程整地造林（乔木和灌木）、封育保护和天然林草措施等的减沙量，淤地坝、谷坊等沟道治理工程减沙量采用实地观测值；进而计算不同治理类型的减沙贡献率。

6.2.2 典型孔兑水土保持措施减沙量及贡献率

（1）毛不拉孔兑水土保持措施减沙量及贡献率

毛不拉孔兑1986～1999年、2000～2009年和2010～2018年减沙量及坡面治理、沟道治理拦沙贡献率见表6-6。各时期减沙量分别为822.8万t、1056.7万t和1525.2万t，年均减沙量分别为 58.8 万 t、105.7 万 t 和 169.5 万 t。随着水土保持治理措施的不断实施，水土保持措施减沙效果逐时段提升。各时期坡面治理减沙贡献率分别为 99.7%、80.8% 和 90.0%。1986～2018 年减沙总量为 3404.7 万 t，年均 103.2 万 t；其中，坡面措施贡献率为 89.5%，沟道措施贡献率为 10.5%。

表 6-6　毛不拉孔兑坡面与沟道治理减沙量及贡献率分析

时段	坡面侵蚀产沙量/万 t		坡面治理减沙量/万 t	沟道治理拦沙量/万 t	总减沙量/万 t	不同治理类型减沙贡献率/%	
	未治理	治理后				坡面治理	沟道治理
1986～1999 年	9 139.2	8 318.5	820.7	2.1	822.8	99.7	0.3
2000～2009 年	5 122.8	4 268.5	854.3	202.4	1 056.7	80.8	19.2
2010～2018 年	4 846.1	3 473.4	1 372.7	152.5	1 525.2	90.0	10.0
1986～2018 年	19 108.1	16 060.4	3 047.7	357.0	3 404.7	89.5	10.5

毛不拉孔兑 1986～1999 年、2000～2009 年和 2010～2018 年各种措施减沙量及贡献率见表 6-7，随着水土保持措施的不断实施，坡面人工措施的占比不断增加，从 37.3% 增加到 49.9%；相应天然林草措施占比不断下降，由 62.4% 减少到 40.1%；沟道工程主要是淤地坝 2010 年后拦沙量减少，贡献率降低。总体来看，1986～2018 年，人为措施和天然林草地的作用比为 50.6∶49.4，随着水保措施实施力度的加大，近期（2010～2018 年）时段的作用比为 59.9∶40.1。

表 6-7　毛不拉孔兑不同治理措施减沙量与贡献率

时段	减沙量/万 t									不同治理类型减沙贡献率/%		
	坡面人工措施				沟道治理工程			禁牧天然林草地	合计	坡面治理	沟道治理	天然林草地
	乔木	灌木	封育	小计	淤地坝	谷坊	小计					
1986～1999 年	146.35	160.62		306.97	0.00	2.12	2.12	513.70	822.79	37.3	0.3	62.4
2000～2009 年	87.02	104.02	105.60	296.64	188.51	13.86	202.37	557.65	1 056.66	28.0	19.2	52.8
2010～2018 年	120.74	322.16	318.54	761.44	152.46	0.06	152.520	611.28	1 525.20	49.9	10.0	40.1
1986～2018 年	354.11	586.80	424.14	1 365.05	340.97	16.05	357.02	1 682.63	3 404.69	40.1	10.5	49.4

（2）西柳沟水土保持措施减沙量及贡献率

西柳沟 1986～1999 年、2000～2009 年和 2010～2018 年减沙量及坡面治理、沟道治理拦沙贡献率见表 6-8。各时期减沙量分别为 1002.2 万 t、1280.1 万 t 和 1986.8 万 t，年均减沙量分别为 71.6 万 t、128.0 万 t 和 220.8 万 t，随着水土保持措施的不断实施，水土保持措施减沙效果逐时段提升。各时期坡面治理减沙贡献率分别为 88.4%、48.0% 和 70.8%。1986～2018 年减沙总量为 4269.1 万 t，年均 129.4 万 t，其中坡面治理贡献率为 68.1%，沟道治理贡献率为 31.9%。

表 6-8　西柳沟坡面与沟道治理减沙量及贡献率分析

时段	坡面侵蚀产沙量/万 t		坡面治理减沙量/万 t	沟道治理拦沙量/万 t	总减沙量/万 t	不同治理类型减沙贡献率/%	
	未治理	治理后				坡面治理	沟道治理拦沙
1986～1999 年	11 660.8	10 775.3	885.5	116.7	1 002.2	88.4	11.6
2000～2009 年	5 959.2	5 345.3	613.9	666.2	1 280.1	48.0	52.0
2010～2018 年	6 312.6	4 904.9	1 407.6	579.2	1 986.8	70.8	29.2
1986～2018 年	23 932.6	21 025.5	2 907.0	1 362.1	4 269.1	68.1	31.9

西柳沟 1986～1999 年、2000～2009 年和 2010～2018 年各类措施减沙量及治理类型贡献率见表 6-9，随着水土保持措施的不断实施，坡面人工措施的占比不断增加，从 26.9% 增加到 49.9%；相应天然林草措施占比不断下降，由 61.9% 减少到 21.0%；西柳沟的沟道工程发挥了重要的拦沙作用，1986～1999 年主要是水库拦截了部分泥沙，自 2000 年修建淤地坝后沟道拦沙量增加较大、贡献率达到 53.6%，2010 年后淤地坝拦沙量有所减少。总体来看，1986～2018 年人为措施和天然林草地的作用比为 70.6：29.4，随着水保措施实施力度的加大，近期（2010～2018 年）作用比为 79.0：21.0。

表 6-9　西柳沟不同治理措施减沙量与贡献率

时段	减沙量/万 t											不同治理类型减沙贡献率/%		
	坡面治理					沟道治理工程				禁牧天然林草地	合计	坡面治理	沟道治理	禁牧天然林草地
	乔木	灌木	梯田	封育	小计	淤地坝	谷坊	水库	小计					
1986～1999 年	92.36	184.78	0.88		278.02	10.30	0.00	106.41	116.71	640.1	1034.1	26.9	11.2	61.9
2000～2009 年	17.93	244.83	1.05	118.41	382.22	650.25	15.99	0.00	666.24	193.99	1242.45	30.8	53.6	15.6
2010～2018 年	128.77	539.99	4.07	320.92	993.75	579.21	0.00	0.00	579.21	418.89	1991.80	49.9	29.1	21.0
1986～2018 年	239.07	969.60	6.00	439.32	1653.99	1239.76	15.99	106.41	1362.16	1252.97	4269.12	38.7	31.9	29.4

（3）罕台川水土保持措施减沙量及贡献率

罕台川 1986～1999 年、2000～2009 年和 2010～2018 年减沙量及坡面措施、沟道拦沙贡献率见表 6-10。各时期减沙量分别为 1502.6 万 t、1245.8 万 t 和 2049.8 万 t，年均减沙量分别为 107.3 万 t、124.6 万 t 和 227.8 万 t，随着水土保持措施的不断实施，水土保持措施减沙效果逐时段提升。各时期坡面措施减沙贡献率分别为 64.0%、79.9% 和 82.7%。1986～2018 年减沙总量为 4798.1 万 t，年均 145.4 万 t；其中，坡面措施贡献率为 76.1%，沟道措施贡献率为 23.9%。

表 6-10　1986～2018 年罕台川坡面与沟道治理减沙与贡献率分析表

时段	坡面侵蚀产沙量/万 t		坡面治理减沙量/万 t	沟道治理拦沙量/万 t	总减沙量/万 t	不同治理类型减沙贡献率/%	
	未治理	治理后				坡面措施	沟道拦沙
1986～1999 年	6 564.6	5 603.3	961.3	541.3	1 502.6	64.0	36.0
2000～2009 年	3 861.7	2 865.9	995.9	249.9	1 245.8	79.9	20.1
2010～2018 年	3 883.9	2 187.6	1 696.2	353.6	2 049.8	82.7	17.3
1986～2018 年	14 310.2	10 656.8	3 653.4	1 144.8	4 798.2	76.1	23.9

罕台川 1986～1999 年、2000～2009 年和 2010～2018 年各种措施减沙量及不同治理类型贡献率见表 6-11，随着水土保持措施的不断实施，坡面人工措施的占比迅速增加，从 3.5% 增加到 51.1%；相应天然林草措施占比不断下降，由 60.5% 减少到 31.6%；罕台川的沟道工程发挥了重要的拦沙作用，淤地坝建设较早且一直保持着减沙效益，1986～1999 年实施的引洪淤地也起到了减沙作用。总体来看，1986～2018 年人为措施和天然林草地的作用比为 54.6：45.4，随着水保措施实施力度的加大，近期（2010～2018 年）时段的作用比为 68.4：31.6。

表 6-11　罕台川不同治理措施减沙量与贡献率

时段	减沙量/万 t											不同治理类型减沙贡献率/%		
	坡面治理措施					沟道治理工程				禁牧天然林草地	合计	坡面治理	沟道治理	天然林草地
	乔木	灌木	梯田	封育	小计	淤地坝	谷坊	引洪淤地	小计					
1986～1999 年	35.68	15.63	0.61		51.92	275.98	28.79	236.57	541.34	909.34	1502.60	3.5	36.0	60.5
2000～2009 年	32.15	231.56	3.99	104.79	372.49	198.40	51.46	0.00	249.86	623.40	1245.75	29.9	20.1	50.0
2010～2018 年	56.98	623.78	24.42	342.40	1047.58	353.55	0.00	0.00	353.55	648.65	2049.78	51.1	17.3	31.6
1986～2018 年	124.82	870.97	29.02	447.20	1472.01	827.93	80.24	236.57	1144.74	2181.39	4798.14	30.7	23.9	45.4

（4）东柳沟水土保持措施减沙量及贡献率

东柳沟 1986～1999 年、2000～2009 年和 2010～2018 年不同措施减沙量及贡献率见表 6-12。各时期减沙量分别为 293.9 万 t、372.5 和 597.4 万 t，年均减沙量分别为 21.0 万 t、37.3 和 66.4 万 t。东柳沟无沟道工程，减沙均来自坡面措施。1986～2018 年减沙总量为 1263.8 万 t，年均 38.3 万 t，其中坡面人工措施和天然林草地减沙贡献比例分别为 43.9% 和 56.1%，由于东柳沟治理度差，目前天然林草地的减沙贡献更大些。但是各时期坡面人工措施比例在不断增加，由 31.2% 增加到 52.9%，相反天然林草地减沙占比由 68.8% 减少到 47.1%。

表 6-12　东柳沟不同治理措施减沙量及贡献率

<table>
<tr><th rowspan="3">时段</th><th colspan="2">坡面侵蚀产沙量/万 t</th><th colspan="6">减沙量/万 t</th><th colspan="2">不同治理类型减沙贡献率/%</th></tr>
<tr><th rowspan="2">未治理</th><th rowspan="2">治理后</th><th colspan="4">坡面治理措施</th><th rowspan="2">禁牧天然林草地</th><th rowspan="2">合计</th><th rowspan="2">坡面治理</th><th rowspan="2">天然林草地</th></tr>
<tr><th>乔木</th><th>灌木</th><th>封育</th><th>小计</th></tr>
<tr><td>1986～1999 年</td><td>3913.7</td><td>3619.8</td><td>33.5</td><td>58.1</td><td></td><td>91.6</td><td>202.3</td><td>293.9</td><td>31.2</td><td>68.8</td></tr>
<tr><td>2000～2009 年</td><td>2441.6</td><td>2069.1</td><td>36.1</td><td>98.0</td><td>12.5</td><td>146.6</td><td>225.8</td><td>372.5</td><td>39.4</td><td>60.6</td></tr>
<tr><td>2010～2018 年</td><td>2412.8</td><td>1815.4</td><td>37.2</td><td>179.7</td><td>99.2</td><td>316.1</td><td>281.3</td><td>597.4</td><td>52.9</td><td>47.1</td></tr>
<tr><td>1986～2018 年</td><td>8768.1</td><td>7504.3</td><td>106.8</td><td>335.8</td><td>111.8</td><td>554.4</td><td>709.4</td><td>1263.8</td><td>43.9</td><td>56.1</td></tr>
</table>

（5）典型孔兑大水年份治理前后侵蚀产沙差异性

四条典型孔兑大水年份（1989 年、2003 年、2006 年、2016 年）治理前后侵蚀产沙差异空间分布见图 6-6。

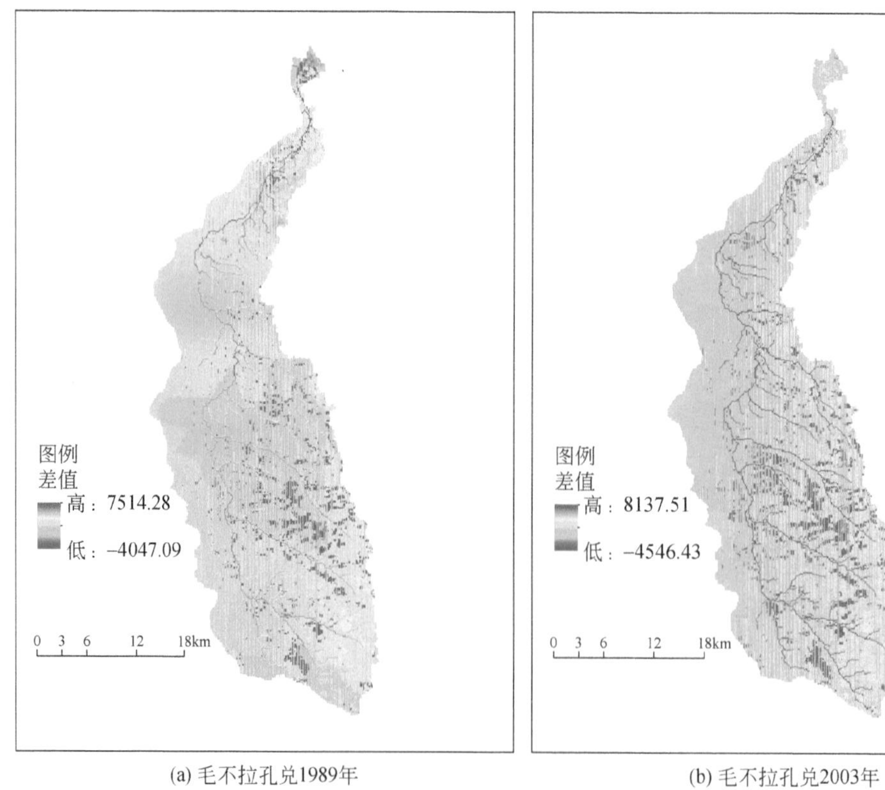

(a) 毛不拉孔兑1989年　　(b) 毛不拉孔兑2003年

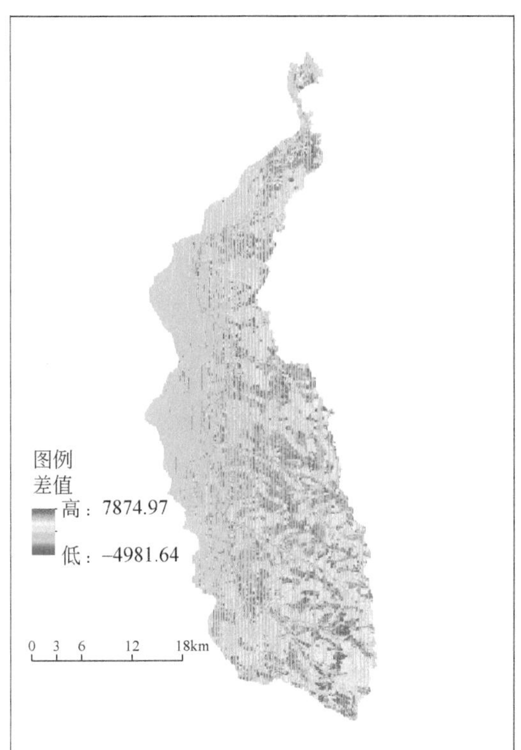

(c) 毛不拉孔兑2006年

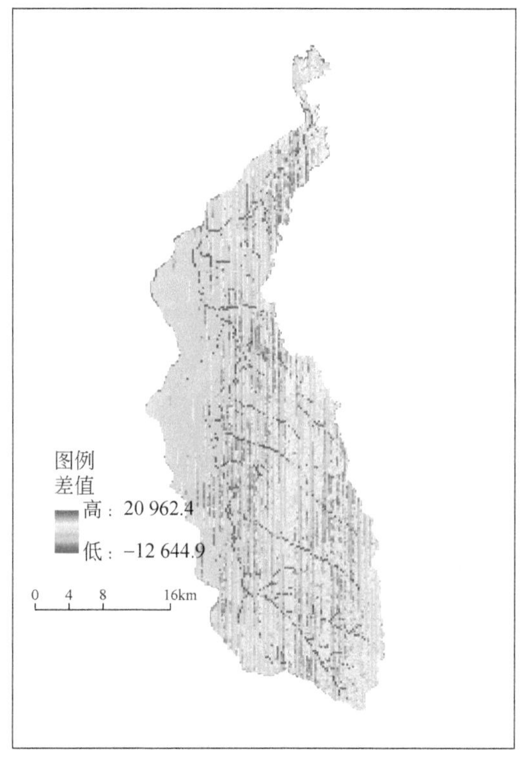

(d) 毛不拉孔兑2016年

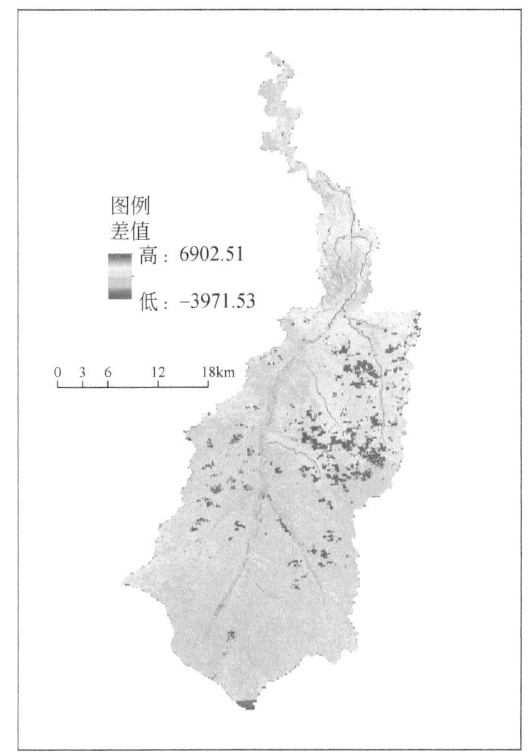

(e) 西柳沟1989年

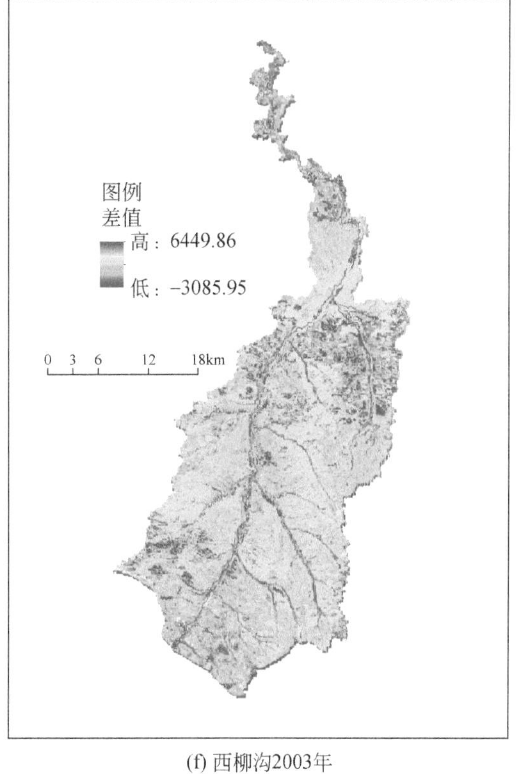

(f) 西柳沟2003年

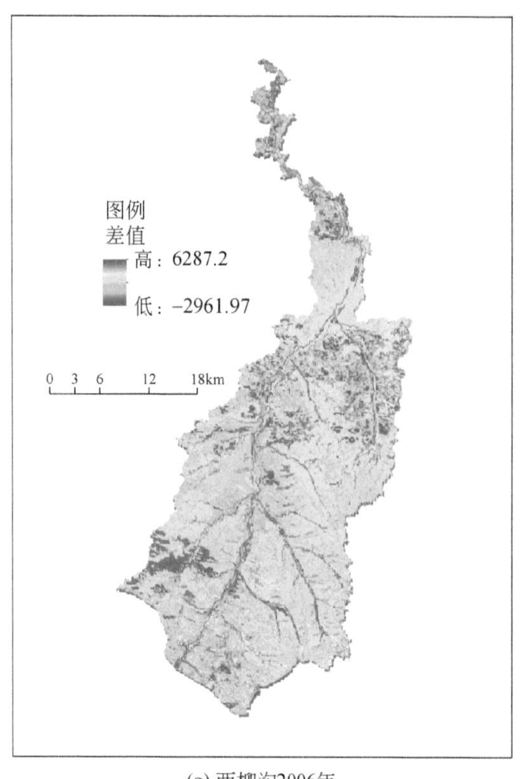

(g) 西柳沟2006年

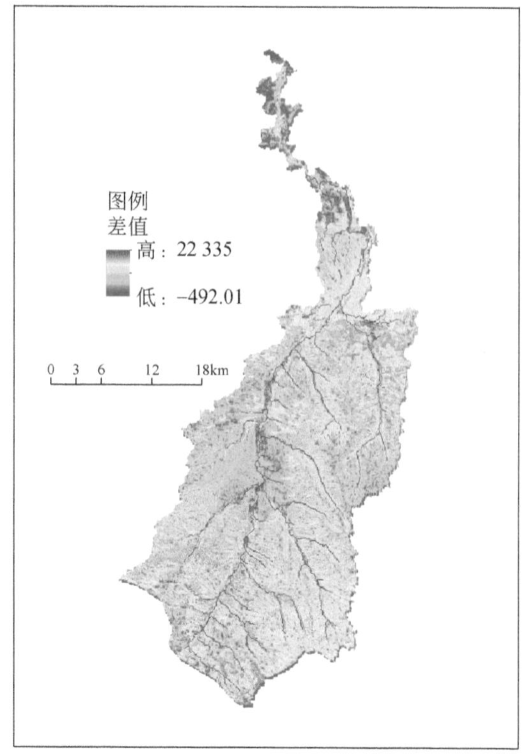

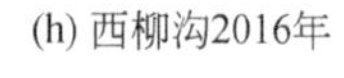

(h) 西柳沟2016年

(i) 罕台川1989年

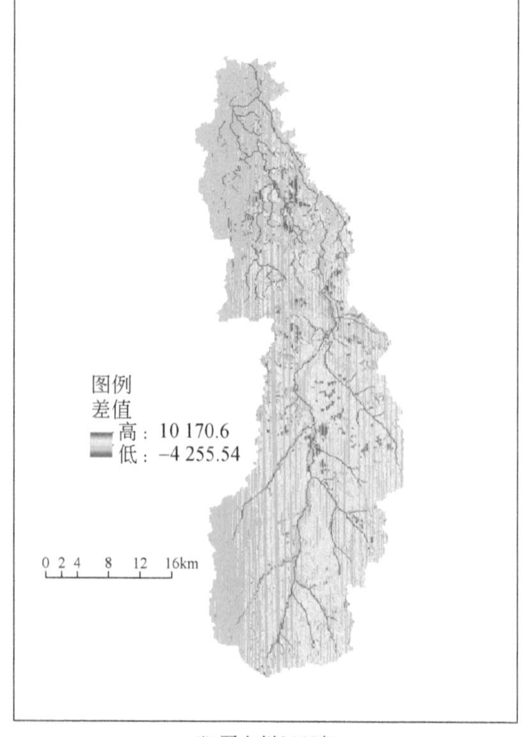

(j) 罕台川2003年

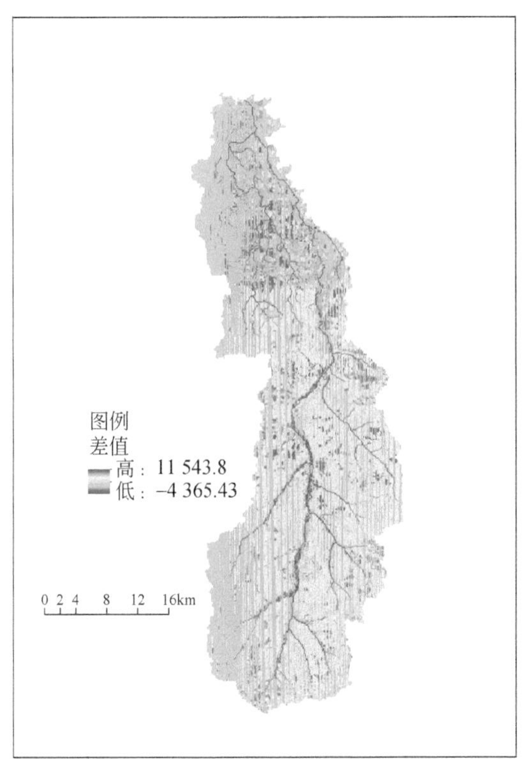

(k) 罕台川2006年

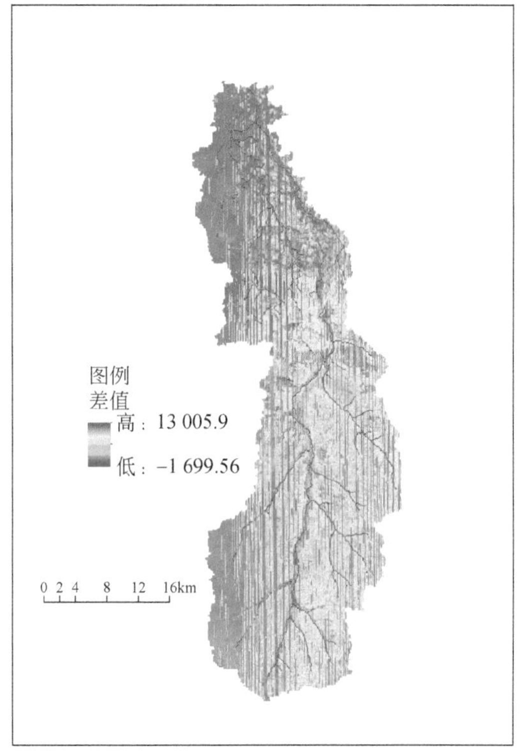

(l) 罕台川2016年

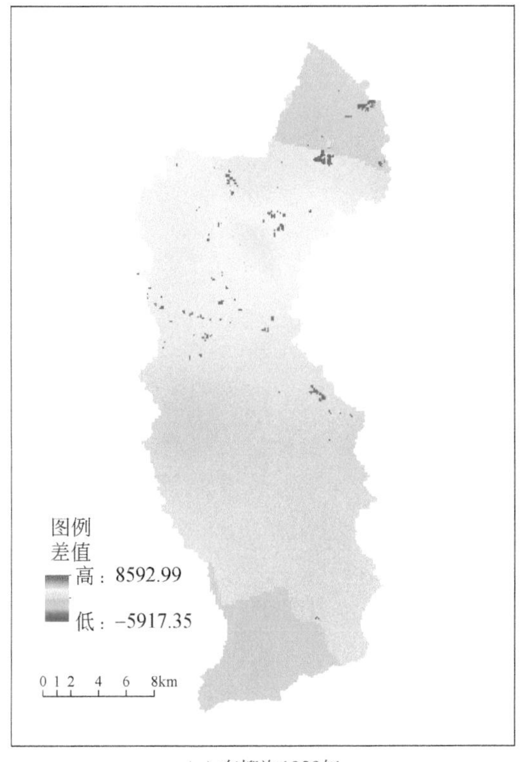

(m) 东柳沟1989年

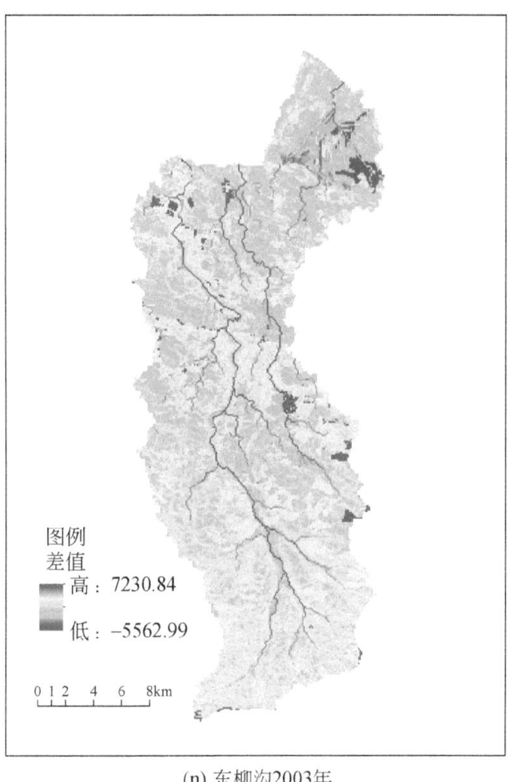

(n) 东柳沟2003年

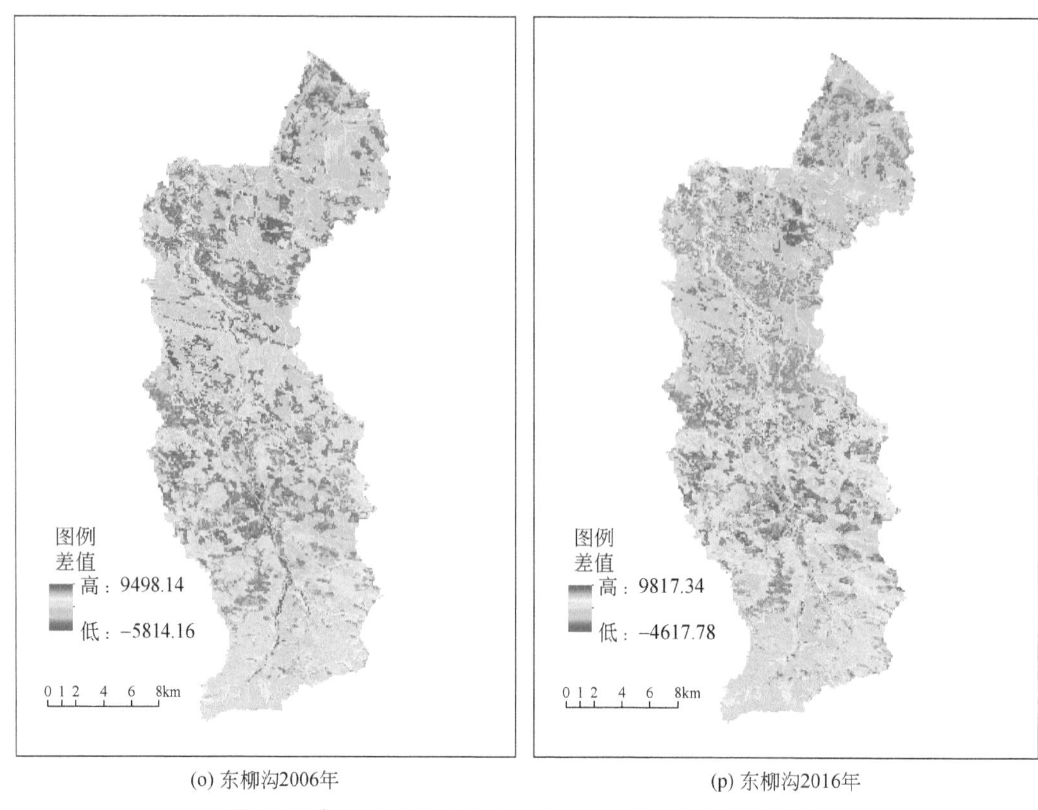

(o) 东柳沟2006年　　(p) 东柳沟2016年

图 6-6　典型孔兑大水年份治理前后侵蚀产沙差异空间分布

6.3　典型孔兑河道冲淤变化对河流水沙变化的响应

6.3.1　河道输沙模型及计算方法

基于 Landsat 及高分卫星资料，确定孔兑河道水平尺度计算范围，特别是确定最大可能漫滩范围的计算区域外包线，在满足多年计算工况的同时，提升计算效率；考虑到卫星资料在垂向反演中的误差，孔兑河道计算区域内的高程主要以控制性测量断面和航测无人机获取的高程数据为主。孔兑数值模拟的范围整体上以孔兑支流汇总位置下游约 2km 处作为孔兑干流河道计算的上游开边界位置，以黄河干流作为孔兑干流河道计算的下游控制边界（图 6-7）。

考虑到典型孔兑河道具备水沙资料的水文站大多位于孔兑中下游河道上，其距离入黄口存在 24 ~ 36km 的无观测未控区，且由于水沙混合数值模拟的主要目标范围为孔兑干流河道上游至孔兑入黄口，而入黄口在干支流交汇处，无法提供不存在数值反射效应的边界条件，即无法在孔兑河道单独建立符合控制泥沙入黄计算过程的水沙动力数学模型，因此

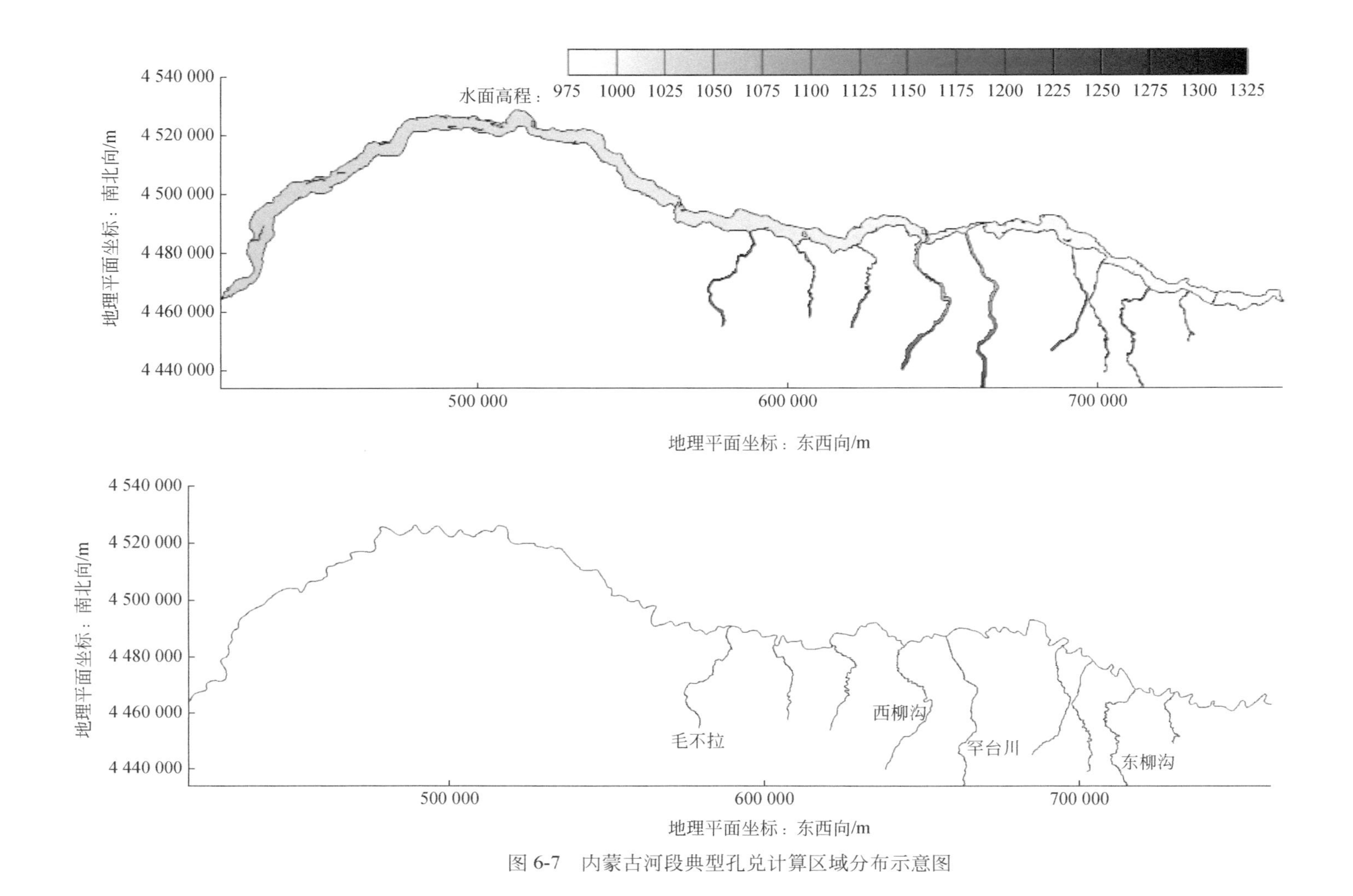

图 6-7　内蒙古河段典型孔兑计算区域分布示意图

需要考虑将孔兑下游的水沙边界控制条件后退至黄河干流。鉴于计算时间为 1986 ~ 2018 年的 33 年长系列水沙序列，而昭君坟水文站受限于数据时间长度而不满足水沙控制条件，故最终选取黄河干流巴彦高勒水文站和头道拐水文站作为干流的控制边界条件，建立长系列河道一维水沙动力数学模型。

（1）模型结构介绍

从模型构架上来讲，一维水沙动力数学模型由一维水动力数学模块和一维泥沙模块组成，考虑到推移质计算的非必要特性，将推移质作为附加边界条件与悬移质和床面界面通量交换的中间介质，无推移质时，则悬移质直接与床面进行水沙界面通量的交换计算（图 6-8）。

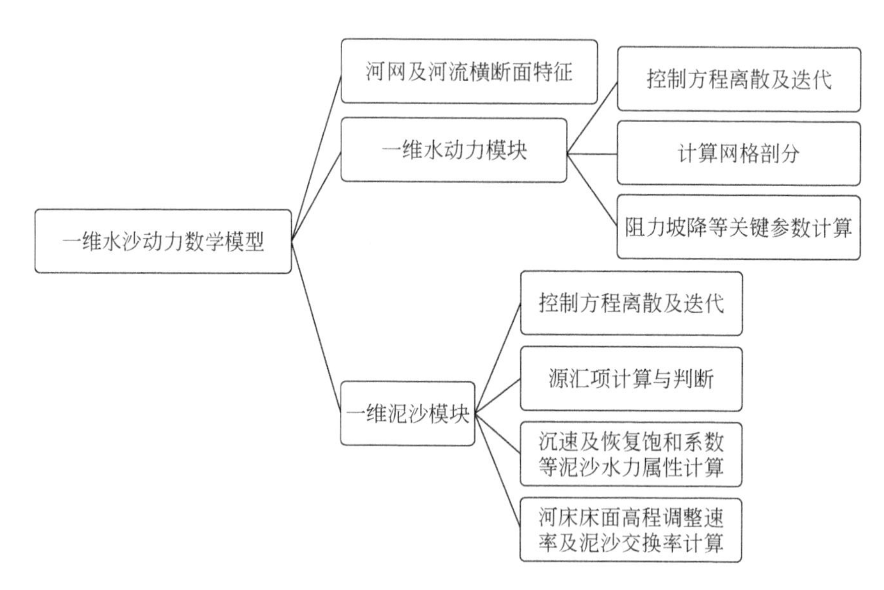

图 6-8　一维水沙动力数学模型结构示意图

一维水动力模块由一维水流连续方程和一维水流运动方程组成，一维泥沙模块由一维悬沙运动方程和河床变形方程组成。

1）一维水动力模块控制方程：

第一，水流连续方程。

$$\frac{\partial A}{\partial t}+\frac{\partial Q}{\partial x}=0 \tag{6-32}$$

第二，水流运动方程。

$$\frac{\partial Q}{\partial t}+\frac{\partial}{\partial x}\left(\beta\frac{Q^2}{A}\right)+gA\frac{\partial H}{\partial x}+g\frac{n^2Q^2}{AR^{4/3}}=0 \tag{6-33}$$

在进行一维水动力数值模拟过程中，将水流运动控制方程中的时变项、对流项、扩散项及耗散项建立计算子程序，并以主程序进行计算调用。河道干流及支流地形以河网和断面进行表述，并以流量和水位组成的网格特征点进行隐式有限差分计算；按照时间变量通过时间步长迭代，完成水动力中流量、水位及流速的传播计算。其中，水流阻力采用综合河道糙率给定，并依据主槽和边滩率定后的结果进行给入。

2）一维泥沙模块控制方程：

第一，悬沙运动方程。

$$\frac{\partial AC}{\partial t}+\frac{\partial QC}{\partial x}=-\alpha B\omega(C-C_{*}) \tag{6-34}$$

第二，河床变形方程。

$$\frac{\partial AC}{\partial t}+\frac{\partial(QC+G_b)}{\partial x}+\rho B\frac{\partial Z}{\partial t}=0 \tag{6-35}$$

式中，A 为过水断面面积（m^2）；Q 为流量（m^3/s）；R 为水力半径（m）；n 为曼宁糙率系数（$m^{-1/3}s$）；β 为动量修正系数；C_{*} 为断面平均挟沙力（kg/m^3）；G_b 为推移质输沙率（kg/s）；B 为河宽（m）；Z 为平均河底高程（m）；ω 为悬沙沉速（m/s）；α 为悬沙恢复饱和系数。

在进行一维泥沙模块计算过程中，离散方式及迭代方法与一维水动力模块类似，并以伪一相流思想假定泥沙运动速度与对应的水流一致，在泥沙模块计算过程中，采用水动力的结果作为悬沙的输移速率。在进行泥沙计算过程中，需先完成以式（6-34）为代表的悬沙运动过程，并通过悬沙的断面平均含沙量源汇项的计算结果进行式（6-35）河床变形特征的冲淤判断，并以此确定床面高程的调整趋势。悬沙沉速的确定可通过张瑞瑾或沙玉清公式计算单颗粒泥沙沉速，并考虑悬沙群体碰撞引起的降速修正；或采用室内固定含沙量条件下的颗粒群体沉速试验结果进行修正，本次计算采用 R-Z 方程进行群体沉速修正；考虑到沙质河床床面处沙波运动对推移质过程的影响，模型计算过程中采用实测资料分析和水槽试验结果，确定推移质在孔兑河段与悬移质运动强度的关系；恢复饱和系数的选取对计算结果的影响也是十分显著的，考虑到现有计算公式对级配资料及床沙级配资料的需求较高，此处数学模型采用实测资料率定的方式，对典型冲刷过程和典型淤积过程对应的恢复饱和系数进行多场次算数平均方式给定，并以源汇项判断结果进行逻辑语句赋值。

建立的一维水沙动力数学模型主要完成了水位、流量、含沙量及地形的数值模拟，在挟沙水流的输沙能力数值模拟过程中，除了含沙量对挟沙水流沉速的影响和含沙量对水流黏性的影响外，最为重要的是输沙平衡状态的确定和表达。无论是一维河道水沙运动数学模型还是二维河道水沙运动数学模型，其方程中源汇项的确定一直是悬沙分布和河床冲淤模拟的关键物理量之一。已有理论研究表明，源汇项的切应力方法与挟沙力方法在物理过程中的本质是一样的，为了便于对高含沙水流的数值模拟进行分析和率定，本次研究计算工作中源汇项将采用挟沙力方法进行计算。

（2）模型计算下边界

基于孔兑水文站分布和孔兑典型性的考虑，野外测量工作以有图格日格水文站的毛不拉孔兑、龙头拐水文站的西柳沟、响沙湾水文站的罕台川和原有孔兑下垫面特征保持较完善的东柳沟作为孔兑实地观测的区域。测量过程以库布齐沙漠为参照物，对孔兑沙漠段、孔兑沙漠段上游、孔兑沙漠段下游进行独立编号和断面测量。以卫星图为基础进行放线设计，并在实际现场测量过程中进行坑堆的调整，完成每条断面的测量；同时采用行业无人机对布设断面所在区域进行1km河长范围内的精度航测，后期通过噪声处理、空三加密等方式对航测数据进行处理，获取统一基面的高程点云数据。

考虑到包头附近机场60km范围内的禁飞区域，采用手持IRTK5定位系统和M210-RTK型航测无人机相结合的方式，对影响河道水沙输移和直接影响数值模拟计算精度的地形数据进行实地测量。在进行现场野外测量之前，课题组对相关的TM卫星高程资料进行了对比分析，其与黄河固定断面高程存在较大的误差。考虑到现场观测的孔兑断面资料需要与原有河道地形和堤防高程资料衔接和对比，因此对无人机航测和TM卫星高程资料均采用了WGS-1984-UTM-ZONE-49N坐标系统。为了方便后期数据汇总和基面统一，将IRTK5和已有测绘数据投影至该坐标系，并将此作为此次计算数据初步汇总的水平坐标系。考虑到参考坐标物的稳定性，选用位于黄河大堤的黄断81起点处进行高程系统标定，即最终采用国家85高程进行数据汇总。根据测量数据，得到的西柳沟和东柳沟处典型断面和高程见图6-9。

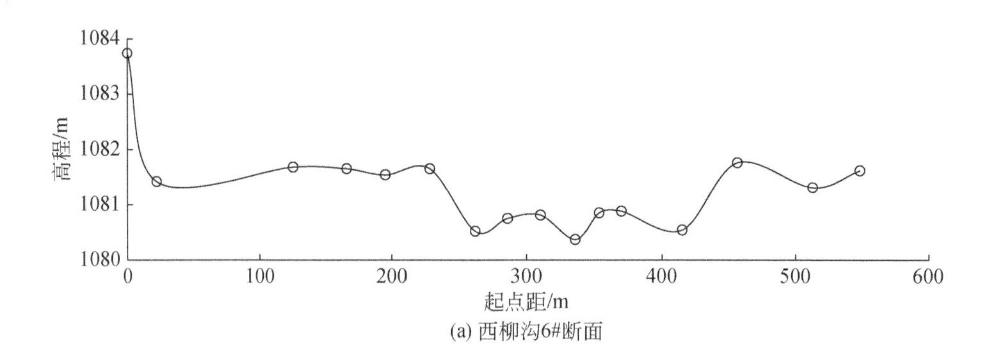

(a) 西柳沟6#断面

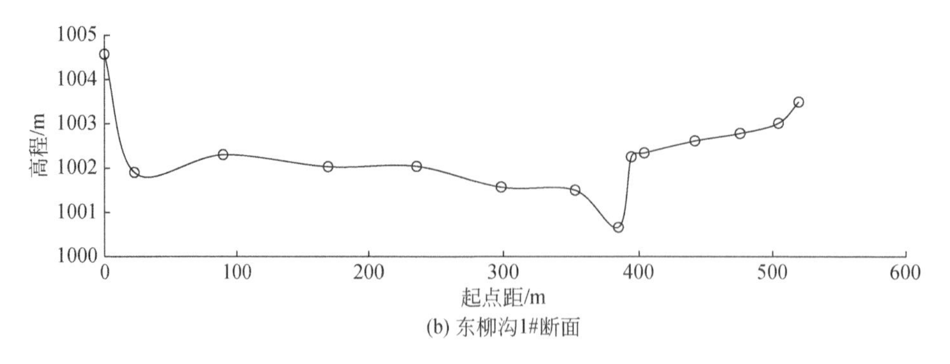

(b) 东柳沟1#断面

图6-9　西柳沟和东柳沟实测典型断面

采用无人机航测后期图形解译和分析软件，对按照固定航线测定的图像资料进行拼接和去噪，完成空三加密后，生成三维点云和正射影像，获得数字表面模型，如图6-10所示。根据IRTK5实测的断面位置，提取对应的点云散点高程，进行断面数据对比和校正，最终得到该区域的地形点云数据，为后续数值模拟不同空间步长要求的计算网格剖分插值提供基础地形数据。

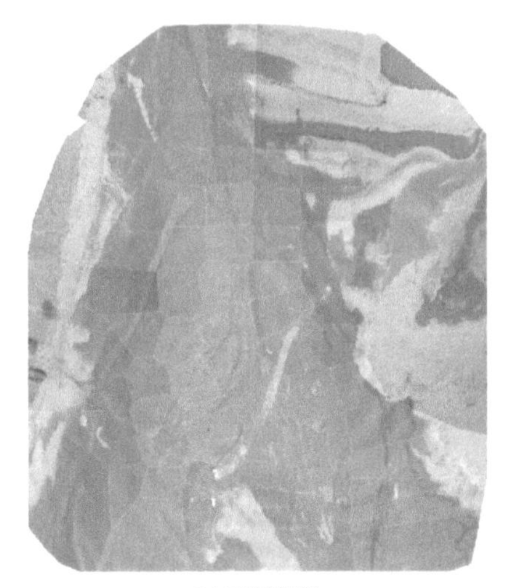

(a) 正射影像

(b) 高程

图 6-10　西柳沟典型航测无人机空三加密后正射影相及高程图

而后，对毛不拉孔兑和罕台川进行了地形补充测绘，采用手持 RTK 与航测无人机相结合的方式，完成了孔兑干流河道地形及断面的测量。

(3) 试验研究模型关键参数

孔兑泥沙的输送形式为高含沙和一般含沙水流两种，不同形式的输沙方式直接受泥沙组成的制约，考虑到西柳沟上游主要来沙类型为砒砂岩和黄土，需要改进这两大类泥沙对应的数学模型泥沙模块。在泥沙模块中，高含沙和一般含沙水流挟沙力的统一型公式的计算涉及黏性系数的确定，为了提出合理的黏性系数表达式，开展定量实验研究。另外，红色砒砂岩和白色砒砂岩对水流黏性影响差异明显，因此将两种砒砂岩分开进行对比研究，以便更好地改进模型。

使用激光粒度仪分析在西柳沟上游砒砂岩区和黄土区采集的土体样本级配（图 6-11）。由典型土样的级配曲线可以看到，红色砒砂岩和黄土的中值粒径分别为 0.055mm 和 0.03mm，说明砒砂岩较黄土粗；二者的表征泥沙非均匀度 D_{85}/D_{15} 分别为 85.7 和 20.1。红色和白色砒砂岩的级配差异也较为明显，白色砒砂岩更粗，中值粒径达到 0.3mm，且白色砒砂岩 D_{85}/D_{15} 约为 12.5，远小于红色砒砂岩。

采用电动筛分机、多目土工筛网、利于超细颗粒泥沙过筛网的负压机、0.45μm 生物滤膜过滤器、恒温烘干机、电子分析天平、旋转式黏度计等设备（图 6-12），配置 5 ~ 600kg/m³ 的不同含沙量的挟沙水流共计 23 组，在恒温水箱内开展水体黏性测验，研究不同类型泥沙组成对挟沙水流黏性的影响实验研究。试验结果表明，随含沙量增大砒砂岩区的挟沙水流的水体黏性不断增强，即输沙能力在黏性影响下将显著增大（图 6-13），程度远高于黄土区泥沙。红色砒砂岩和白色砒砂岩的黏性差异明显（图 6-14），在高含沙水流

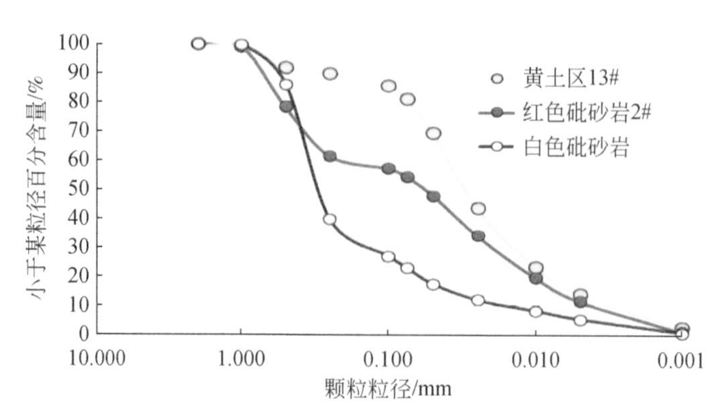

图 6-11　砒砂岩区和黄土区典型土样级配曲线对比

条件下含沙量 800kg/m^{3}的切应力随剪切速率变化，白色砒砂岩的切应力至少小于红色砒砂岩一个数量级。

(a) Brookfield黏度计

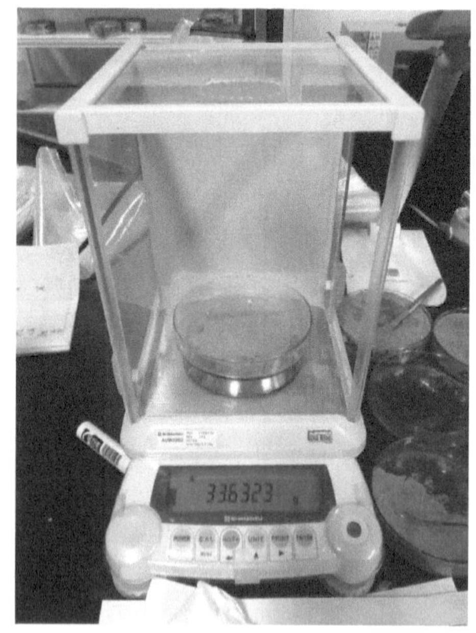

(b) 岛津电子分析天平

图 6-12　部分室内试验设备

试验结果表明，在西柳沟上游河道，如果以红色砒砂岩为主的坡面泥沙在雨水或洪水的驱动下进入干沟，将能够极大提升水流的黏性特征，进而大幅提升水流的输沙能力，能够将类似沙漠沙的粗颗粒泥沙以极高的含沙量带入下游，甚至能够将其直接送到黄河干流。

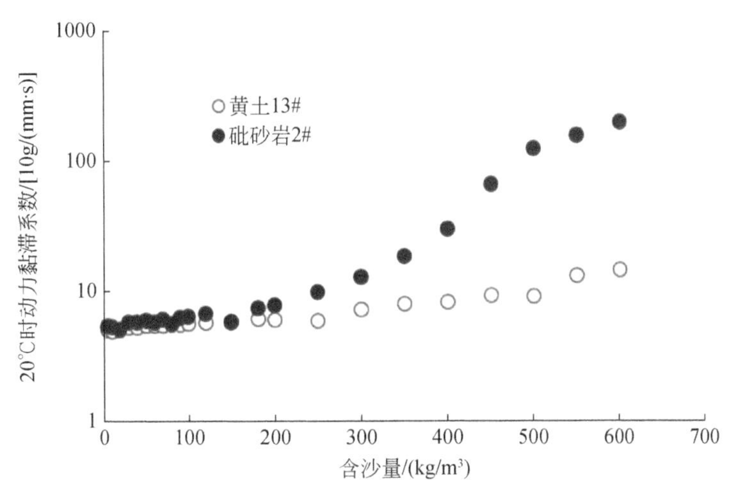

图 6-13 砒砂岩区和黄土区典型土样含沙量与黏滞系数的关系

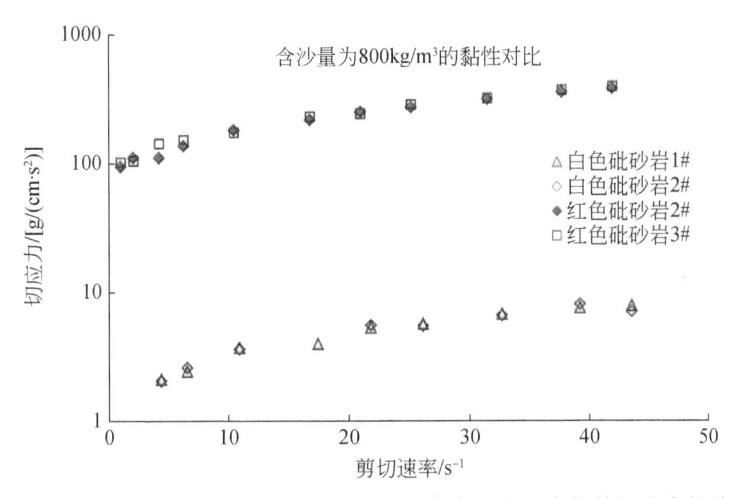

图 6-14 红色砒砂岩和白色砒砂岩在高含沙条件下切应力与剪切速率的关系

6.3.2 典型孔兑河道入黄水沙量计算

根据建立的典型孔兑河道水沙数学模型，选取水沙特征较为典型的孔兑对河道水沙数学模型关键系数进行率定和验证，而后开展分析年日均水沙过程的数值模拟和以 1985 年为基准年的日均水沙过程数值模拟。

以 1989 年水沙资料和 2016 年水沙资料分别作为高含沙水流和一般含沙水流典型孔兑洪水水沙输运过程，对所建立的孔兑河道一维水沙动力数学模型进行率定，主要对水动力模块的动量交换系数函数的待定参数和泥沙模块源汇项中的相关参数进行了率定，率定部分结果见图 6-15 ~ 图 6-18。

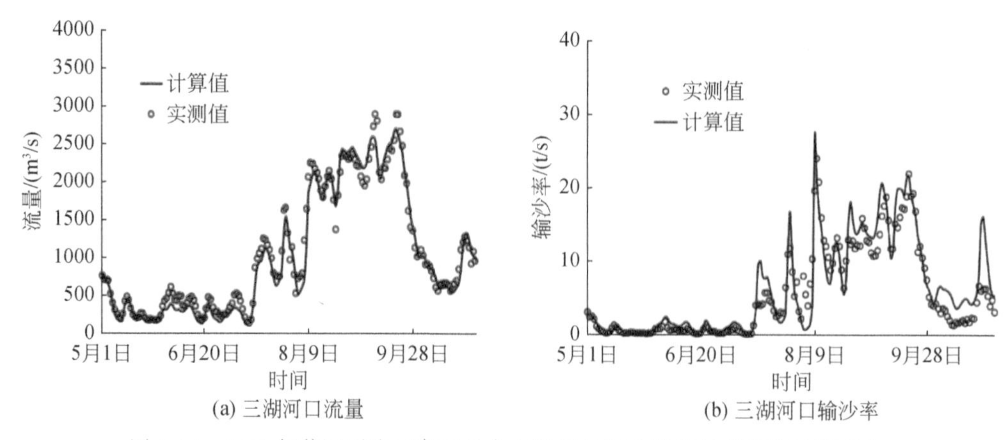

(a) 三湖河口流量　　(b) 三湖河口输沙率

图 6-15　1989 年黄河干流三湖河口水文站流量与输沙率过程率定计算对比

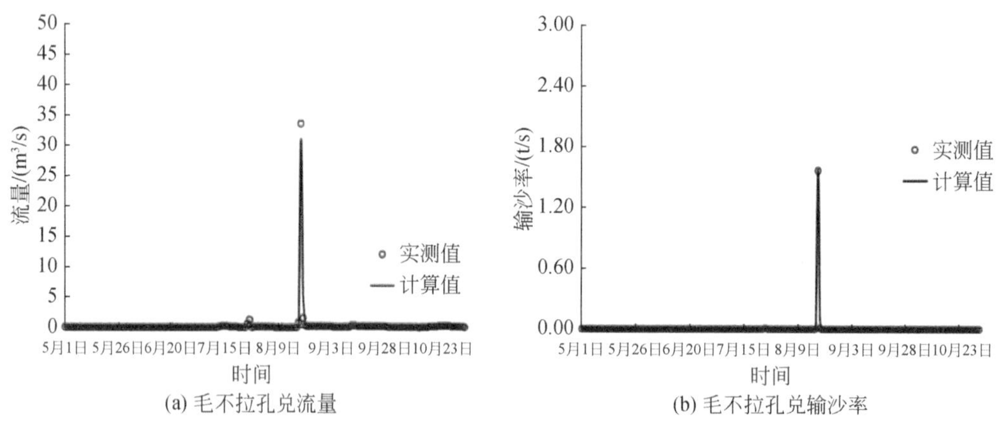

(a) 毛不拉孔兑流量　　(b) 毛不拉孔兑输沙率

图 6-16　2016 年毛不拉孔兑图格日格水文站流量与输沙率过程率定计算对比

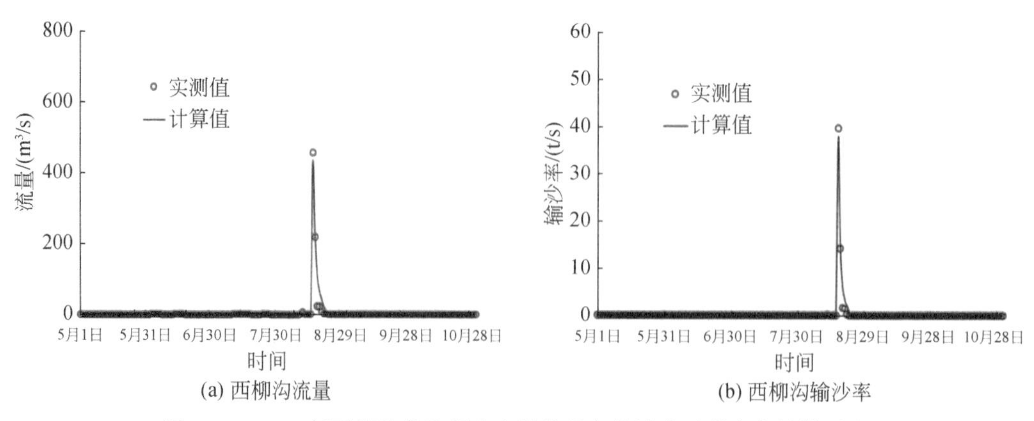

(a) 西柳沟流量　　(b) 西柳沟输沙率

图 6-17　2016 年西柳沟龙头拐水文站流量与输沙率过程率定计算对比

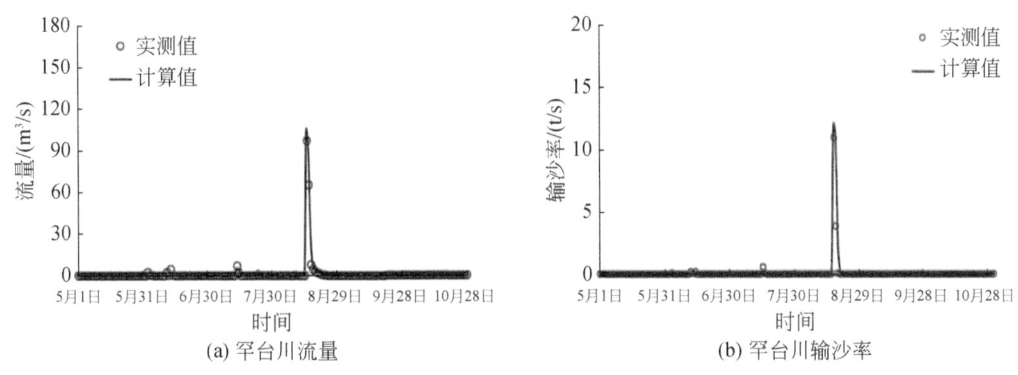

图 6-18　2016 年罕台川响沙湾水文站流量与输沙率过程率定计算对比

根据率定后的孔兑河道一维水沙动力数学模型，对 1998 年、2003 年、2008 年、2012 年等年份的典型孔兑河段水沙输运过程进行了验证，限于篇幅，此处仅列举部分水沙过程的数值模拟计算结果（图 6-19 ~ 图 6-21）。由于在各孔兑数值模拟过程中采用的泥沙组成为相对固定的泥沙类型，未考虑不同年份随水流进入计算区域内泥沙组成和级配特征的差异，因此会引起部分计算结果误差。计算值与实测值对比表明，建立的孔兑河道一维水沙动力数学模型满足预测孔兑水沙输运规律的精度要求。

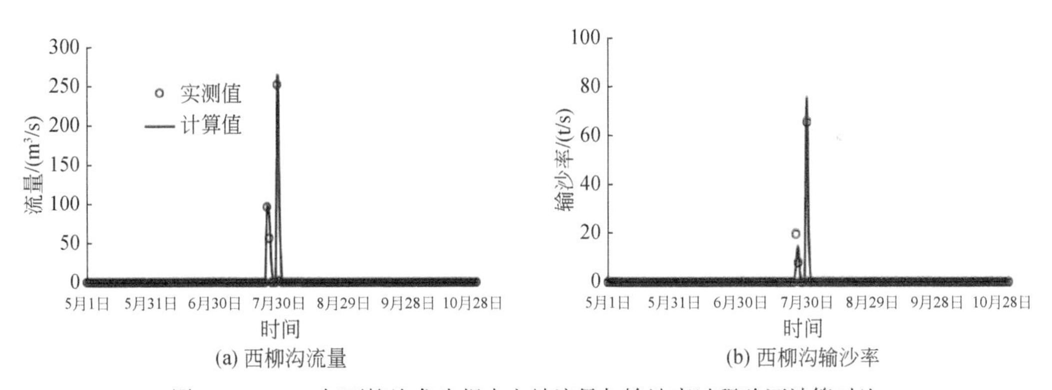

图 6-19　2003 年西柳沟龙头拐水文站流量与输沙率过程验证计算对比

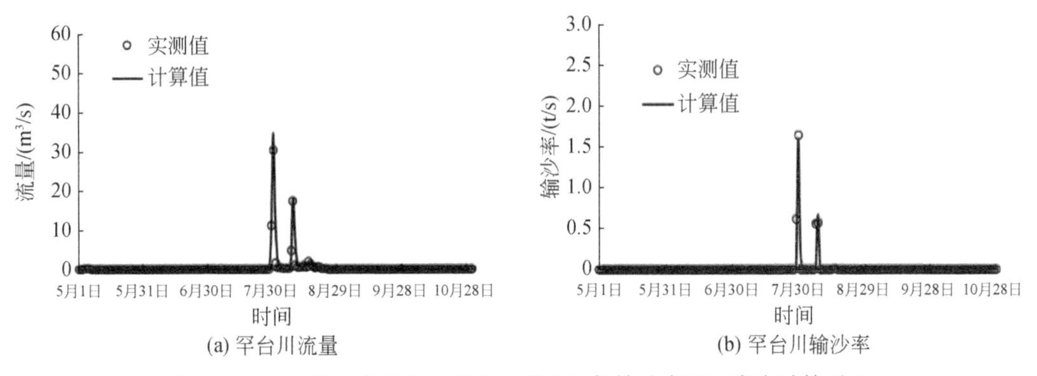

图 6-20　2008 年罕台川响沙湾水文站流量与输沙率过程率定计算对比

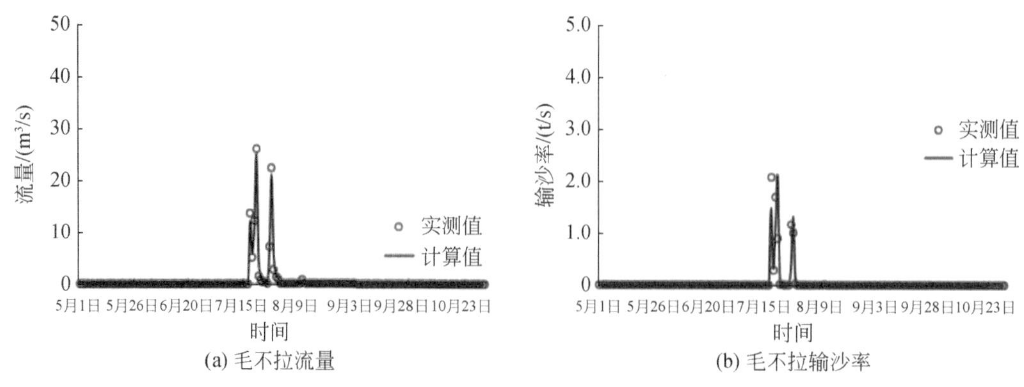

(a) 毛不拉流量　　(b) 毛不拉输沙率

图 6-21　2012 年毛不拉孔兑图格日格水文站流量与输沙率过程验证计算对比

为了反映孔兑河道进入黄河沙量的变化，特选取孔兑下游临近黄河干流且不受黄河干流洪水期倒灌影响的位置作为典型孔兑的入黄统计特征断面，各孔兑下游河道弯曲系数存在差异，具体的入黄特征站位距离黄河干流主流线和孔兑水文站的河道长度见表 6-13。

表 6-13　典型孔兑入黄特征站位距黄河干流主流线和孔兑水文站的河道长度

孔兑名称	入黄特征站位与黄河主流线的孔兑河道长度/m	入黄特征站位与孔兑水文站的孔兑河道长度/km
毛不拉孔兑	650	36.0
西柳沟	710	24.0
罕台川	1100	32.0
东柳沟	430	40.7

根据河道一维水沙动力数学模型计算结果进行统计，并按照典型时间段进行汇总，典型孔兑治理后和未治理下垫面条件下水文站及入黄口沙量数值模拟结果见表 6-14～表 6-17。毛不拉孔兑 1986～2018 年入黄减沙量 2739.82 万 t，西柳沟 1986～2018 年入黄减沙量 3690.27 万 t，罕台川 1986～2018 年入黄减沙量 3862.88 万 t，东柳沟 1986～2018 年入黄减沙量 1036.26 万 t。

表 6-14　毛不拉治理后和未治理条件下水文站及入黄口沙量数值模拟结果　（单位：万 t）

时段	治理后		未治理条件下		对比	
	水文站沙量	入黄沙量	水文站沙量	入黄沙量	水文站减沙量	入黄减沙量
1986～1999 年	11 684.83	9 573.81	12 490.18	10 184.72	805.35	610.91
2000～2009 年	2 199.52	1 860.30	3 249.36	2 721.83	1 049.84	861.53
2010～2018 年	110.90	98.50	1 610.42	1 365.88	1 499.52	1 267.38
1986～2018 年	13 995.25	11 532.61	17 349.96	14 272.43	3 354.71	2 739.82

表 6-15　西柳沟治理后和未治理条件下水文站及入黄口沙量数值模拟结果（单位：万 t）

时段	治理后		未治理条件下		对比	
	水文站沙量	入黄沙量	水文站沙量	入黄沙量	水文站减沙量	入黄减沙量
1986 ~ 1999 年	9 242.66	7 475.71	10 240.49	8 279.12	997.83	803.41
2000 ~ 2009 年	1 316.29	1 211.43	2 582.38	2 295.95	1 266.09	1 084.52
2010 ~ 2018 年	541.87	502.19	2 526.13	2 304.53	1 984.26	1 802.34
1986 ~ 2018 年	11 100.82	9 189.33	15 349.00	12 879.60	4 248.18	3 690.27

表 6-16　罕台川治理后和未治理条件下水文站及入黄口沙量数值模拟结果（单位：万 t）

时段	治理后		未治理条件下		对比	
	水文站沙量	入黄沙量	水文站沙量	入黄沙量	水文站减沙量	入黄减沙量
1986 ~ 1999 年	1898.72	1520.77	3396.38	2706.71	1497.66	1185.94
2000 ~ 2009 年	412.75	360.66	1590.74	1373.53	1177.99	1012.87
2010 ~ 2018 年	369.42	301.90	2394.86	1965.97	2025.44	1664.07
1986 ~ 2018 年	2680.89	2183.33	7381.98	6046.21	4701.09	3862.88

表 6-17　东柳沟治理后和未治理条件下水文站及入黄口沙量数值模拟结果（单位：万 t）

时段	治理后		未治理条件下		对比	
	水文站沙量	入黄沙量	水文站沙量	入黄沙量	水文站减沙量	入黄减沙量
1986 ~ 1999 年	1085.70	871.11	1372.47	1100.25	286.77	229.14
2000 ~ 2009 年	212.92	192.73	581.91	515.87	368.99	323.14
2010 ~ 2018 年	190.56	161.31	779.31	645.29	588.75	483.98
1986 ~ 2018 年	1489.18	1225.15	2733.69	2261.41	1244.51	1036.26

参考文献

王协康，敖汝庄，喻国良，等 . 1999. 泥沙输移比问题的分析研究 [J]. 四川水力发电，(2)：16-20.

杨吉山，张晓华，宋天华，等 . 2020. 宁夏清水河流域淤地坝拦沙量分析 [J]. 干旱区资源与环境，34 (4)：122-127.

姚文艺，汤立群 . 2001. 水力侵蚀产沙过程与模拟 [M]. 郑州：黄河水利出版社 .

Fecan F, Marticorena B, Bergametti G. 1999. Parameterization of the increase of the aeolian erosion threshold wind friction velocity due to soil moisture for arid and semi- arid areas [J]. Annales Geophysicae, 17: 149-157.

Owen R P. 1964. Saltation of uniform grains in air [J]. Journal of Fluid Mechanics, 20: 225-242.

Raupach M R, Gillette D A, Leys J F. 1993. The effect of roughness elements on wind erosion threshold [J]. Journal of Geophysical Research, 98 (D2): 3023-3029.

Shao Y P. 2001. A model for mineral dust emission [J]. Journal of Geophysical Research, 106 (20): 239-254.

Shao Y P. 2008. Physical and Modeling of Wind Erosion [M]. Berlin: Springer Press.

第7章 十大孔兑综合治理减沙效益分析

7.1 典型孔兑综合减沙效益

7.1.1 典型孔兑减沙量

孔兑流域面上侵蚀产沙经过河道输送后进入黄河。根据水沙动力数学模型计算结果（表7-1），4条典型孔兑中，罕台川和西柳沟减沙量较大，其水文站以上区域1986～2018年实施的综合治理措施减沙总量分别达到4701.1万t和4248.2万t，年均142.5万t和128.7万t；其次为毛不拉孔兑，水文站减沙总量和年均值分别为3354.7万t和101.7万t；最少的为东柳沟，水文站减沙总量和年均值仅分别为1244.5万t和37.7万t。从不同时期看，各孔兑减沙量均呈现逐渐增大的特点，近期时段（2010～2018年）罕台川、西柳沟、毛不拉孔兑和东柳沟水文站减沙量分别达到2025.4万t、1984.3万t、1499.5和588.8万t。

对孔兑河道输沙模型进行模拟计算，入黄减沙量约占水文站控制站泥沙减少量的76%～91%（表7-1）。入黄泥沙减少量仍为罕台川和西柳沟最大，毛不拉孔兑和东柳沟其次。

表7-1 典型孔兑河道输送泥沙减少量计算结果 （单位：万t）

时段	水文站减沙量				入黄减沙量			
	毛不拉孔兑	西柳沟	罕台川	东柳沟	毛不拉孔兑	西柳沟	罕台川	东柳沟
1986～1999年	805.4	997.8	1497.7	286.8	610.9	803.4	1185.9	229.1
2000～2009年	1049.8	1266.1	1178.0	369.0	861.5	1084.5	1012.9	323.1
2010～2018年	1499.5	1984.3	2025.4	588.8	1267.4	1802.3	1664.1	484.0
1986～2018年	3354.7	4248.2	4701.1	1244.5	2739.8	3690.3	3862.9	1036.3

7.1.2 孔兑面上治理和沟道治理减蚀贡献率分析

分布式风水复合侵蚀模型计算的是典型孔兑（毛不拉孔兑、西柳沟、罕台川、东柳沟）水文站以上措施面积，然后再根据模型计算和水保指标的研究结果，计算得出水文站未控制面积内各措施的减沙模数，从而计算出孔兑完整区域治理措施减沙量和各类措施贡献率（表7-2）。

表 7-2　典型孔兑不同时段综合治理减沙总量及措施类型贡献率

孔兑	时段	坡面措施/万 t					沟道工程/万 t	禁牧天然林草地/万 t	总减沙量/万 t	贡献率/%		
		乔木林	灌木林	封育	梯田	小计				坡面治理	沟道治理	禁牧天然林草地
毛不拉孔兑	1986～1999 年	146.3	160.6			307.0	2.1	513.7	822.8	37.3	0.3	62.4
	2000～2009 年	87.0	104.0	105.6		296.6	202.4	557.6	1 056.6	28.1	19.1	52.8
	2010～2018 年	120.7	322.2	318.5		761.4	152.5	611.3	1 525.2	49.9	10.0	40.1
	1986～2018 年	354.1	586.8	424.1		1 365.0	357.0	1 682.6	3 404.6	40.1	10.5	49.4
西柳沟	1986～1999 年	136.1	30.2		0.01	166.3	149.3	404.7	720.3	23.1	20.7	56.2
	2000～2009 年	80.9	108.5	84.3	0.74	274.4	628.6	235.7	1 138.7	24.1	55.2	20.7
	2010～2018 年	240.2	615.6	539.3	3.9	1 399.0	584.2	970.9	2 954.1	47.3	19.8	32.9
	1986～2018 年	457.2	754.3	623.6	4.6	1 839.6	1 362.2	1 611.3	4 813.1	38.2	28.3	33.5
罕台川	1986～1999 年	16.1	15.8		1.0	32.9	541.3	1 150.6	1 724.8	1.9	31.4	66.7
	2000～2009 年	16.2	215.4	97.3	4.0	332.9	249.9	821.7	1 404.5	23.7	17.8	58.5
	2010～2018 年	37.1	540.2	246.8	24.4	848.5	353.6	928.2	2 130.3	39.8	16.6	43.6
	1986～2018 年	69.3	771.5	344.0	29.4	1 214.3	1 144.7	2 900.6	5 259.6	23.1	21.8	55.1
东柳沟	1986～1999 年	41.3	121.6			163.0		187.0	350.0	46.6		53.4
	2000～2009 年	43.8	130.4	18.8		193.0		223.3	416.3	46.4		53.6
	2010～2018 年	46.1	233.1	141.0		420.2		294.1	714.3	58.8		41.2
	1986～2018 年	131.2	485.2	159.8		776.2		704.3	1480.5	52.4		47.6
四大孔兑	1986～1999 年	339.8	328.3	0.0	1.0	669.1	692.8	2 256.0	3 617.9	18.5	19.1	62.4
	2000～2009 年	227.9	558.4	305.9	4.7	1 096.9	1 080.8	1 838.4	4 016.1	27.3	26.9	45.8
	2010～2018 年	444.1	1 711.1	1 245.6	28.3	3 429.1	1 090.3	2 804.5	7 323.9	46.8	14.9	38.3
	1986～2018 年	1 011.8	2 597.8	1 551.6	34.0	5 195.2	2 863.9	6 898.8	14 957.9	34.7	19.2	46.1

从1986～2018年来看，毛不拉孔兑治理总减沙量为3404.7万t，禁牧天然林草地贡献率最大为49.4%，其次为坡面治理贡献率，为40.1%，沟道治理贡献率为10.5%；西柳沟总减沙量为4813.1万t，3种措施贡献率相差不大，坡面治理贡献率为38.2%，沟道治理贡献率为28.3%，禁牧天然林草地贡献率为33.5%；罕台川总减沙量为5259.6万t，坡面治理贡献率为23.1%，沟道治理贡献率为21.8%，禁牧天然林草地贡献率为55.1%；东柳沟没有沟道工程，坡面治理和禁牧天然林草地贡献率分别为52.4%和47.6%。四条孔兑在1986～2018年总减沙量为14 957.9万t，年均达到453.3万t，其中禁牧天然林草地贡献率最高为46.1%，坡面治理贡献率为34.7%，沟道治理贡献率为19.2%。

具体分析各条孔兑1986～1999年、2000～2009年、2010～2018年的坡面治理和沟道治理减沙量及减蚀贡献率（表7-2）。毛不拉孔兑在1986～1999年减沙总量为822.8万t，其中禁牧天然林草地贡献率最大，为62.4%，坡面治理贡献率为37.3%，沟道工程拦截贡献率最小，仅为0.3%。毛不拉孔兑2000～2009年减沙总量为1056.6万t，其中坡面治理贡献率为28.1%，沟道治理贡献率较上一时段有所增加，为19.1%，禁牧天然林草地贡献率最大，占52.8%。2010～2018年，毛不拉孔兑减沙量增大到1525.2万t，其中坡面治理贡献率最大，为49.9%，沟道治理贡献率最小为10%，禁牧天然林草地贡献率减小到40.1%。

西柳沟在1986～1999年减沙总量为720.3万t，其中禁牧天然林草地贡献率最大，占56.2%，坡面治理贡献率为23.1%，沟道治理贡献率最小，为20.7%。2000～2009年，西柳沟减沙总量增加到1138.7万t，其中沟道治理贡献率最大为55.2%；坡面治理贡献率为24.1%，禁牧天然林草地贡献率占20.7%。2010～2018年，西柳沟减沙量进一步增大到2954.1万t，其中坡面治理贡献率最大，为47.4%，沟道治理贡献率最小，为19.8%，禁牧天然林草地贡献率减小到32.9%。

罕台川1986～1999年减沙总量为1724.8万t，其中坡面治理贡献率最小为1.9%，沟道治理贡献率为31.4%，禁牧天然林草地贡献率最大，占66.7%。2000～2009年，罕台川减沙总量减少到1404.5万t，其中坡面治理贡献率为23.7%，沟道治理贡献率为17.8%，禁牧天然林草地贡献率最大，占58.5%。2010～2018年，罕台川减沙量增大到2130.3万t，其中坡面治理和禁牧天然林草地贡献率相近，分别为39.8%和43.6%，沟道治理贡献率为16.6%。

东柳沟1986～1999年、2000～2009年和2010～2018年减沙量呈增加趋势，由350.0万t增加到416.3万t和714.3万t。坡面治理贡献率随时间呈现增加的特点，由46.6%增加到58.8%，相反禁牧天然林草地贡献率呈现减少的特点，由53.4%减少到41.2%。

总体来看，1986～1999年4条孔兑禁牧天然林草地减沙贡献率最大，为62.4%；坡面和沟道治理合计贡献率仅为37.6%；而2000～2009年和2010～2018年两个时段禁牧天然林草地减沙贡献率明显减小，分别仅为45.8%和38.3%，坡面和沟道治理合计治理却显著增加，分别达到54.2%和61.7%，逐渐超过了禁牧天然林草地。

7.2 无水文资料孔兑治理减沙效益

7.2.1 典型孔兑与无资料孔兑主要特征对比分析

7.2.1.1 孔兑位置

在10条孔兑中只有3条孔兑有水文站，即毛不拉孔兑图格日格站（官长井）、西柳沟（龙头拐站）、罕台川红塔沟站（瓦窑、响沙湾）。从十条孔兑所处位置上看，无资料的布日嘎斯太沟和黑赖沟位于毛不拉孔兑和西柳沟两条典型孔兑之间，其他5条无资料孔兑位于罕台川以东。

7.2.1.2 水文气候特征

十大孔兑区域属于典型大陆性气候，冬季严寒而漫长，夏季炎热而短暂，温差极大。从气象站与雨量站30多年的降雨与风速等观测资料分析，区域气候特征并没有发生本质上的改变，各孔兑水文气候特征基本相同。孔兑降雨条件相似，局地或大范围仍可能发生短历时强降雨天气，从而引发支、干流大洪水。具体表现为全年干旱少雨，多年平均降水量自东而西逐渐减少。降水主要以暴雨形式出现，多集中于汛期，连续最大4个月降水量占全年75%～80%，黑赖沟、西柳沟、罕台川上游可占80%以上。暴雨又以7月、8月为最盛，降水量可占全年的50%～60%。每年的暴雨多发生于这两个月。由于降水量少，气候干旱，风沙大，常有沙暴出现，年平均大风日数为24d，风速达17m/s，最大风速可持续3d，瞬间最大风速可达28m/s，相当于10级大风；一般大风天气集中在3～5月，正是春耕播种的季节，植被条件很差，特别是库布齐沙带附近，黄沙滚滚，大量风沙送入河道。

7.2.1.3 地貌特征

10条孔兑地貌特征一致，即上游为丘陵区，中游为风沙区，下游为平原区，具体地貌类型见表7-3。其中，毛不拉孔兑、黑赖沟、西柳沟、罕台川、哈什拉川、母花沟、呼斯太河七大孔兑地貌以丘陵沟壑区为主，占总面积的50.8%～79.9%；其次占比较大的是风沙区，占总面积15.1%～57.3%，平原区占比最小，范围在1.4%～19.8%。布日嘎斯太沟、东柳沟、壕庆河地貌主要以风沙区为主，占总面积的一半，范围在52.5%～57.3%；另外，布日嘎斯太沟、东柳沟两个孔兑丘陵区占到总面积的33.3%、36.2%，平原区所占比例最小，约为10%；而壕庆河与前两个孔兑相反，除沙漠区外，冲积平原区占比例较大为32.1%，丘陵区所占比例最小，仅占15.4%。

表 7-3 十大孔兑地貌分区特征

孔兑	面积/km²				占比/%		
	丘陵区	风沙区	平原区	合计	丘陵区	风沙区	平原区
毛不拉孔兑	659	405	15	1079	61.1	37.5	1.4
布日嘎斯太沟	177	305	50	532	33.3	57.3	9.4
黑赖沟	520	368	16	904	57.5	40.7	1.8
西柳沟	917	173	58	1148	79.9	15.1	5.0
罕台川	762	231	245	1238	61.6	18.7	19.7
哈什拉川	723	195	166	1084	66.7	18.0	15.3
母花沟	230	142	56	428	53.7	33.2	13.1
东柳沟	333	495	92	920	36.2	53.8	10.0
壕庆河	73	250	153	476	15.4	52.5	32.1
呼斯太河	190	159	25	374	50.8	42.5	6.7

分析十大孔兑不同坡度条件下面积占总面积比例（表7-4），其中毛不拉孔兑、黑赖沟、西柳沟、罕台川、哈什拉川、母花沟、呼斯太河七大孔兑地貌面积主要集中在5°～15°坡度，占总面积的30%～53.1%；其次面积占比较大的是15°～25°坡度，约占总面积的17.4%～32.0%；坡度大于25°的面积占总面积的12%～20%；小于5°的面积占总面积最小，范围在11.3%～19.3%。布日嘎斯太沟、东柳沟地貌面积主要集中在小于5°和5°～15°这两个坡度，面积分别占到总面积的32.4%～33.3%和36.7%～40.9%；其次面积占比较大的是15°～25°坡度，这个坡度的面积占总面积的15.8%～20.8%；两条孔兑大于25°坡度面积占比最小，仅占10%。壕庆河地貌面积主要集中在小于5°这个坡度，面积占总面积的57.3%；其次面积占比较大的坡度为5°～15°，占到总面积22.5%；坡度大于25°的面积占总面积比例最小，仅占8%。

表 7-4 十大孔兑不同坡度面积及占比

孔兑	不同坡度条件下面积/km²					占比/%			
	<5°	5°～15°	15°～25°	>25°	合计	<5°	5°～15°	15°～25°	>25°
毛不拉孔兑	161.5	424.1	277.6	215.8	1079	15.0	39.3	25.7	20.0
布日嘎斯太沟	177.2	217.4	84.2	53.2	532	33.3	40.9	15.8	10.0
黑 赖 沟	148.0	429.6	190.8	135.6	904	16.4	47.5	21.1	15.0
西柳沟	206.8	344.6	366.8	229.9	1148.1	18.0	30.0	32.0	20.0
罕台川	158.4	656.6	236.9	186.1	1238	12.8	53.1	19.1	15.0
哈什拉川	122.2	497.7	247.2	216.9	1084	11.3	45.9	22.8	20.0

续表

孔兑	不同坡度条件下面积/km²					占比/%			
	<5°	5°~15°	15°~25°	>25°	合计	<5°	5°~15°	15°~25°	>25°
母花沟	53.2	194.6	107.4	72.9	428.1	12.4	45.5	25.1	17.0
东柳沟	298.3	338.0	191.7	92.0	920	32.4	36.8	20.8	10.0
壕庆河	272.8	107.0	58.2	38.1	476.1	57.3	22.5	12.2	8.0
呼斯太河	72.0	191.9	65.1	45.0	374	19.3	51.3	17.4	12.0

7.2.1.4 土壤特性

十大孔兑土壤分布主要以栗钙土、风沙土为主，土壤地带性分布特征明显，由于降水量由东南部向西北部逐渐减少，东南部的淋溶作用及腐殖质积累过程较强，向西北逐渐减弱，从东南向西北形成了栗钙土、淡栗钙土、棕钙土、淡棕钙土和灰漠土5个亚地带，共有5个土类，13个亚类，28个土属，51个土种。南部丘陵区以黄土、栗钙土为主，砂岩、砂砾岩、泥质砂岩等残积、坡积物为成土母质。由于强烈的风蚀、水蚀作用，丘陵顶部多为粗骨性栗钙土和砒砂石土；丘陵中、下部多为侵蚀黄土、风沙土和栗钙土；一些平缓低凹的坡梁地为覆沙栗钙土，部分地段有砂岩、砂砾岩、泥质砂岩出露。该区土壤有机质含量低，约为0.61%，生产性能不良。中游风沙区多为流动、固定半固定风沙土，有机质平均含量仅0.36%。下游冲积平原区土壤以灌淤土、盐土、碱土、草甸土为主，草甸土的有机质含量为0.79%~0.82%，盐土的有机质含量为0.31%~1.14%。

7.2.1.5 植被情况

统计2018年十大孔兑不同盖度条件下植被面积比例（表7-5），总体上看十大孔兑植被面积主要集中在中低盖度，比例为32.1%，其次为中盖度，植被面积比例为26%，中高盖度及高盖度面积比例基本相近，约占总面积的20%。具体分析各孔兑植被情况，罕台川以西的5条孔兑，低盖度条件下的植被面积占各孔兑流域面积比例范围为4.2%~10.5%，中低盖度植被面积比例为30.5%~59.5%，中盖度植被面积比例为21.5%~36.2%，中高盖度、高盖度植被面积比例为9.0%~16.6%、2.6%~19.7%。罕台川以东的5条支流，低盖度（<15%）条件下的植被面积很小，中低盖度植被面积比例也不大，在3.9%~23.3%，而中盖度植被面积比例较高，为20.6%~34.3%，中高盖度面积比例最高，在23.2%~50.9%，高盖度植被面积比例也较高，约为14.1%~42.5%；与罕台川以西的5条孔兑相比，中高盖度和高盖度植被的面积比例显著较高。

表7-5 十大孔兑2018年不同盖度条件下植被面积占流域面积比例 （单位:%）

孔兑名称	低覆盖度	中低覆盖度	中覆盖度	中高覆盖度	高覆盖度
毛不拉孔兑	4.8	59.5	24.0	9.0	2.7

续表

孔兑名称	低覆盖度	中低覆盖度	中覆盖度	中高覆盖度	高覆盖度
布日嘎斯太沟	8.2	47.4	21.5	12.7	10.2
黑赖沟	4.7	50.5	23.5	13.9	7.4
西柳沟	10.5	30.5	22.8	16.6	19.6
罕台川	4.2	31.2	36.2	15.0	13.4
壕庆河	1.4	12.4	20.6	23.2	42.4
哈什拉川	1.1	23.3	34.3	27.1	14.2
母花沟	0.2	20.6	30.0	26.0	23.2
东柳沟	0.8	7.0	27.9	32.7	31.6
呼斯太河	0.1	3.9	24.3	50.9	20.8
十大孔兑	4.9	32.1	26.0	19.8	17.2

7.2.1.6 河道情况

十大孔兑河道上游为丘陵区，中游为风沙区，下游为平原区。河道内床沙粒径相对较粗。以西柳沟为例，对河床取样进行颗粒分析，结果表明，西柳沟河床组成沿程可分为3段，即丘陵区、风沙区和平原区，中值粒径从上游的2mm以上减少到下游的平均0.157mm，沙漠区及以上河段由粗到细衰减过程比较明显，平原区河段组成相对稳定。从床沙分组来看，丘陵区河床组成以大于0.5mm的特粗沙和卵石为主，平原区河床组成以0.1~0.25mm的泥沙为主，大于0.5mm的泥沙很少；中游风沙区为过渡段，大于0.5mm的泥沙含量减小，0.1~0.25mm的泥沙含量增大。从床沙输移情况看，丘陵区大于0.5mm的特粗砂难以进入平原区；粒径为0.10~0.25mm的泥沙在水流与河床相互作用自动调整的过程中在沙漠区得到补给，到平原区大量落淤，平均含量为62%；0.05~0.1mm的泥沙含量从上游向下游沿程增大，从2%增大到20%左右。沙漠区泥沙组成均匀，粒径0.1~0.5mm的泥沙占96%，砒砂岩的颗粒组成极不均匀，大于0.5mm和小于0.1mm的泥沙均各占21%，平原区河床泥沙颗粒的不均匀性与沙漠沙接近，砒砂岩中小于0.05mm的泥沙能够被水流挟带通过西柳沟下游进入黄河干流。孔兑洪水挟带的泥沙沿程分选细化，大砾石主要落淤在上游丘陵区，部分经过风沙区进一步调整，进入下游平原区的泥沙受沙漠沙影响较大。

7.2.1.7 水土保持治理情况

十大孔兑实施的坡面治理工程包含有乔木林、灌木林、封育、梯田，沟道治理工程包括淤地坝、谷坊、引洪淤地、水库，其中毛不拉孔兑、布日嘎斯太沟、黑赖沟和东柳沟未实施梯田措施；东柳沟未实施沟道治理工程，壕庆河2000年之后开始实施沟道治理工程；

布日嘎斯太沟和黑赖沟2000年开始实施灌木林工程；另外所有孔兑均从2000年开始实施禁牧政策，天然林草地得到修复。

7.2.2 无水文资料孔兑减沙效益计算

7.2.2.1 计算方法

（1）输沙量计算方案

十大孔兑中，毛不拉孔兑、西柳沟从20世纪60年代开始有水文泥沙观测资料，罕台川从20世纪80年代开始有观测资料，其他孔兑无观测资料。由于十大孔兑所处的地理位置不同，依据地貌、土壤、植被和降雨情况由典型孔兑就近相邻无资料孔兑分片分别推算无实测资料孔兑的输沙量。

毛不拉孔兑与西柳沟之间的布日嘎斯太沟和黑赖沟输沙量的推算，采用毛不拉孔兑和西柳沟相应各年的平均输沙模数推算两孔兑逐年的输沙量（赵业安等，2008；林秀芝等，2014）。

罕台川1979年以前年输沙量的推算采用距罕台川最近的西柳沟的实测资料，建立西柳沟与罕台川1980～2010年实测年输沙量关系，分析可知，罕台川与西柳沟存在如下的回归关系：

$$当\ W_{s西}>30\ 万\ t\ 时，W_{s罕}=0.25\times W_{s西}^{1.09} \tag{7-1}$$

$$当\ W_{s西}\leqslant 30\ 万\ t\ 时，W_{s罕}=2.57\times W_{s西}^{0.43} \tag{7-2}$$

式中，$W_{s西}$和$W_{s罕}$分别为西柳沟和罕台川的年输沙量（万t）。

罕台川以东各孔兑年输沙量推算。罕台川以东各孔兑流域的植被、土壤和降雨等条件比较相近，因此一般年份直接采用罕台川输沙模数和各孔兑流域面积推求其余孔兑的年输沙量；对于丰沙年，根据已有实测孔兑暴雨和产沙的对比分析，较大暴雨产沙一般都发生在局部地区，且各孔兑在丰沙年的关联度并不十分密切，考虑到所有的孔兑同时发生大面积强暴雨和同时产生较大的暴雨产沙的可能性很小，所以对罕台川来沙非常大的个别年份（1961年、1981年、1989年等），在推算其他孔兑的产沙时，其他孔兑的输沙模数采用支俊峰和时明立（2002）的调查资料成果，比例系数见表7-6。

表7-6 罕台川以东孔兑与罕台川的输沙模数比例

项目	各孔兑与罕台川输沙模数比例					
	罕台川	壕庆河	哈什拉川	母花沟	东柳沟	呼斯太河
推算方法	1	0.68	0.69	0.67	0.62	0.79

（2）减沙量计算方案

根据已计算得到的毛不拉孔兑、西柳沟、罕台川及东柳沟四条典型孔兑的减沙量及各类治理措施贡献率，其他6条孔兑减沙量根据各自所处的地理位置、基本特征及孔兑治理情况，选取与之相似的已有减沙量的4条典型孔兑进行推算，推算无资料孔兑减沙量所借用的典型孔兑见表7-7。具体做法是：首先计算出毛不拉孔兑、西柳沟、罕台川及东柳沟的各项坡面措施的减沙模数（各项措施单位面积的减沙量），即乔木林、灌木林、封育、梯田和天然林草地的减沙模数；其次采用1985年、1990年、1995年、2000年、2005年、2010年、2015年和2018年下垫面空间数据资料，提取出布日嘎斯太沟、黑赖沟、壕庆河、哈什拉川、母花沟和呼斯太河的各项措施治理面积。由于东柳沟没有实施梯田措施，因此借用该孔兑的壕庆河、母花沟和呼斯太河孔兑梯田的减沙模数采用罕台川梯田的减沙模数。无水文资料孔兑各项措施治理面积与借用孔兑各项措施减沙模数相乘，即推算孔兑的各项措施的减沙量，进而得到面上措施减沙量。

表7-7　无资料孔兑借用孔兑情况

项目	孔兑名称					
无资料孔兑	布日嘎斯太沟	黑赖沟	壕庆河	哈什拉川	母花沟	呼斯太河
借用孔兑	毛不拉孔兑	西柳沟	东柳沟	罕台川	东柳沟	东柳沟

7.2.2.2　无资料孔兑年输沙量计算结果

采用前述输沙量推算方法，得到无实测资料的6条孔兑不同时段的输沙量（表7-8），1960~2018年年均输沙量为819.1万t，其中1960~1969年年均输沙量为1056.2万t，比长时段1960~2018年偏多28.9%；1970~1979年有所减少，为904.7万t，仍比长时段偏多10.5%；1980~1989年年均输沙量最多，之后年均输沙量持续减少，1990~1999年年均输沙量为854.5万t，与长时段相差不大，略偏多4.3%；2000年以后年均输沙量进一步减少，2000~2009年和2010~2018年两个时段年均输沙量分别减少到312.8万t和144.0万t，与长时段年均输沙量相比分别减少61.8%和82.4%。

表7-8　无资料孔兑治理条件下不同时段输沙量　　（单位：万t）

孔兑	年均输沙量						
	1960~1969年	1970~1979年	1980~1989年	1990~1999年	2000~2009年	2010~2018年	1960~2018年
布日嘎斯太沟	120.0	158.1	363.5	172.1	78.0	16.4	153.6
黑赖沟	325.5	273.3	537.4	297.6	134.9	28.3	270.2
壕庆河	60.6	47.7	66.3	38.8	10.1	10.0	39.4
哈什拉川	311.3	243.7	341.9	198.1	51.4	51.1	202.1
母花沟	114.7	91.0	125.1	74.0	19.2	19.1	74.8
呼斯太河	124.1	90.9	140.9	73.9	19.2	19.1	79.0
合计	1056.2	904.7	1575.1	854.5	312.8	144.0	819.1

同法推算河道一维水沙动力数学模型计算的无资料6条孔兑水文站未治理条件下逐年输沙量（表7-9），可见治理后的年均输沙量明显小于未治理条件下的输沙量，说明治理措施有较大的减沙作用。

表7-9 六大孔兑未治理条件下不同时段输沙量 （单位：万t）

孔兑	未治理条件下年均沙量			
	1986～1999年	2000～2009年	2010～2018年	1986～2018年
布日嘎斯太沟	360.3	129.3	102.9	220.1
黑赖沟	557.4	223.6	177.9	352.7
壕庆河	54.6	38.8	64.9	52.6
哈什拉川	279.3	198.0	331.2	268.8
母花沟	103.8	74.0	123.7	100.2
呼斯太河	106.9	73.8	123.5	101.4
合计	1462.3	737.5	924.1	1095.8

7.2.2.3 无资料孔兑减沙量计算结果

（1）无资料孔兑减沙量

根据推算得出的治理和未治理条件下的孔兑输沙量，得到孔兑不同时段的减沙量（表7-10）。无资料的6条孔兑1986～2018年因综合治理共减沙15 699.1万t，其中1986～1999年、2000～2009年和2010～2018年减沙量分别为5061.9万t、3702.9万t和6934.6万t，2010～2018年减沙量最大。各条孔兑在1986～1999年减沙量范围为327.8～1914.7万t，在2000～2009年减沙量范围为247.9～1111.6万t，2010～2018年的减沙量范围为438.7～1875.8万t。

（2）无资料孔兑面上治理和沟道治理减沙贡献率计算

分析以上无资料6条孔兑面上治理和沟道治理贡献率（表7-10），1986～1999年，天然林草地面积占比大，其贡献率最大，为46.7%；其次为沟道治理贡献率，为41.8%；坡面治理贡献率最小，为11.5%。2000～2009年，虽然天然林草地面积占比减小，但贡献率仍为最大，为46.8%，坡面治理贡献率增大到39.2%，沟道治理贡献率最小，为14%。2010～2018年，随着人工治理力度加大，坡面治理贡献率达到最大，为58.7%；天然林草地贡献率减小到34.1%，沟道治理贡献率最小为7.2%。

不同时段各类治理措施贡献率分孔兑又有所不同，壕庆河1986～1999年没有沟道治理工程，因此该时段坡面治理和天然林草地贡献率分别为41.8%和58.2%；到2000～2009年，沟道治理贡献率增加到33.3%，坡面治理贡献率减小到27.5%，天然林草地贡献率减小到39.2%；2010～2018年，坡面治理贡献率增大到47.9%，沟道治理贡献率为6.3%，天然林草地贡献率为45.8%。其他5条孔兑在1986～1999年，坡面治理贡献率范围在1.7%～24.4%，沟道治理贡献率为30.8%～59.1%，天然林草地贡献率为23.4%～

表 7-10　不同时段无资料孔兑不同治理措施减沙量及比例

孔兑名称	时段	坡面治理措施/万 t					沟道治理工程/万 t	禁牧天然林草地/万 t	总减沙量/万 t	不同治理类型贡献率/%		
		乔木林	灌木林	封育	梯田	小计				坡面治理	沟道治理	天然林草地
布日嘎斯太沟	1986 ~ 1999 年	227.6				227.6	490.7	737.1	1 455.4	15.7	33.7	50.6
	2000 ~ 2009 年	272.4	218.0	35.0		525.4	58.3	386.3	970.0	54.2	6.0	39.8
	2010 ~ 2018 年	458.1	569.6	464.3		1 492.0	2.8	381.1	1 875.8	79.5	0.2	20.3
	1986 ~ 2018 年	958.1	787.6	499.3		2 245.0	551.7	1 504.6	4 301.3	52.2	12.8	35.0
黑赖沟	1986 ~ 1999 年	6.3				6.3	101.0	220.5	327.8	1.9	30.8	67.3
	2000 ~ 2009 年	4.2	51.7	37.7		93.6	26.1	128.2	247.9	37.8	10.5	51.7
	2010 ~ 2018 年	14.7	415.2	268.7		698.6	151.7	514.2	1 364.5	51.2	11.1	37.7
	1986 ~ 2018 年	25.1	466.9	306.5		798.5	278.8	863.0	1 940.3	41.2	14.3	44.5
壕庆河	1986 ~ 1999 年	102.5	37.9		0.02	140.4		195.8	336.2	41.8		58.2
	2000 ~ 2009 年	98.0	48.3	21.7	0.10	168.1	203.0	239.4	610.5	27.5	33.3	39.2
	2010 ~ 2018 年	142.8	92.8	96.5	1.7	333.8	44.3	319.0	697.1	47.9	6.3	45.8
	1986 ~ 2018 年	343.2	179.0	118.2	1.8	642.2	247.3	754.2	1 643.7	39.1	15.0	45.9
哈什拉川	1986 ~ 1999 年	16.1	15.8		0.5	32.4	960.9	921.5	1 914.8	1.7	50.2	48.1
	2000 ~ 2009 年	16.2	215.4	97.3	1.9	330.8	121.2	659.6	1 111.6	29.8	10.9	59.3
	2010 ~ 2018 年	37.1	540.2	246.8	11.6	835.7	183.3	745.3	1 764.3	47.4	10.4	42.2
	1986 ~ 2018 年	69.3	771.5	344.0	13.9	1 198.7	1 265.4	2 326.3	4 790.4	25.0	26.4	48.6

续表

孔兑名称	时段	坡面治理措施/万 t					沟道治理工程/万 t	禁牧天然林草地/万 t	总减沙量/万 t	不同治理类型贡献率/%		
		乔木林	灌木林	封育	梯田	小计				坡面治理	沟道治理	天然林草地
母花沟	1986～1999 年	4.1	16.4		0.1	20.6	234.8	141.9	397.3	5.2	59.1	35.7
	2000～2009 年	14.6	56.2	12.3	0.2	83.3	20.3	168.6	272.2	30.6	7.4	62.0
	2010～2018 年	24.0	97.1	87.5	1.4	210.0	7.1	221.6	438.7	47.9	1.6	50.5
	1986～2018 年	42.7	169.8	99.8	1.7	314.0	262.2	532.2	1 108.4	28.3	23.7	48.0
呼斯太河	1986～1999 年	78.4	74.4		0.9	153.7	329.3	147.3	630.3	24.4	52.2	23.4
	2000～2009 年	89.3	148.3	8.1	4.6	250.2	88.1	152.3	490.6	51.0	18.0	31.0
	2010～2018 年	127.9	243.6	99.2	28.4	499.0	108.5	186.6	794.1	62.8	13.7	23.5
	1986～2018 年	295.5	466.3	107.3	33.9	903.0	525.8	486.2	1 915.0	47.2	27.5	25.3
6 条孔兑共计	1986～1999 年	434.9	144.5	0.0	1.5	581.0	2 116.7	2 364.1	5 061.7	11.5	41.8	46.7
	2000～2009 年	494.6	737.9	212.2	6.8	1 451.4	516.9	1 734.6	3 702.9	39.2	14.0	46.8
	2010～2018 年	804.5	1 958.6	1 263.0	43.0	4 069.1	497.7	2 367.8	6 934.6	58.7	7.2	34.1
	1986～2018 年	1 734.0	2 841.1	1 475.1	51.3	6 101.4	3 131.2	6 466.5	15 699.1	38.9	19.9	41.2

67.3%；2000～2009年坡面治理贡献率范围在29.8%～54.2%，沟道治理贡献率为6.0%～18.0%，天然林草地贡献率为31.0%～62.0%；2010～2018年坡面治理贡献率范围在47.4%～79.5%，沟道治理贡献率为0.2%～13.7%，天然林草地贡献率为20.3%～50.5%。

7.3 综合治理减沙效益分析

7.3.1 水土保持综合治理减沙效益评估

7.3.1.1 水文站控制点以上区域治理措施减沙量

根据模型计算和推算的成果，可得到水文站控制点以上区域1986～2018年综合治理措施减沙量为28 298.4万t，年均857.5万t（表7-11）。

从时间来看，减沙量最大的是2010～2018年，减沙量为13 119.7万t，年均1457.7万t，占总减沙量的46.3%；1986～1999年和2000～2009年减沙量分别为7066.5万t和8112.0万t，年均分别为504.8万t和811.2万t，分别占总减沙量的25.0%和28.7%。

从空间上来看，减沙量较大的主要是治理度较高的西柳沟、罕台川和哈什拉川，减沙量均占到总减沙量的15%以上；其次为毛不拉孔兑和黑赖沟，占总减沙量的比例在10%左右；其他几条孔兑减沙量较小，占比在3.6%～6.9%。

表7-11 十大孔兑水土保持治理措施减沙量

孔兑	减沙量/万t				孔兑占比/%
	1986～1999年	2000～2009年	2010～2018年	1986～2018年	
毛不拉孔兑	805.4	1 049.8	1 499.5	3 354.7	11.9
西柳沟	997.8	1 266.1	1 984.3	4 248.2	15.0
罕台川	1 497.7	1 178	2 025.4	4 701.1	16.6
东柳沟	286.8	369	588.8	1 244.5	4.4
布日嘎斯太沟	399.6	513.5	778.8	1 692.0	6.0
黑赖沟	684.9	887.8	1 346.5	2 919.2	10.3
壕庆河	240.8	287.3	493.9	1 022.0	3.6
哈什拉川	1 230.4	1 466.0	2 520.7	5 217.2	18.4
母花沟	458.5	547.7	941.7	1 948.0	6.9
呼斯太河	464.6	546.8	940.1	1 951.5	6.9
合计	7 066.5	8 112.0	13 119.7	28 298.4	100.0
时段占比/%	25.0	28.7	46.3	100	

7.3.1.2 十大孔兑全域治理减沙量

根据前述4条典型孔兑减沙量计算和6条无资料孔兑减沙量推算，可得到十大孔兑全域在1986～2018年实施治理措施后的减沙总量为30 657.1万t（其中，水文站控制点以上区域治理减沙量为28 298.3万t），年均929万t。不同时段治理减沙量见表7-12。

表7-12 十大孔兑全域不同时段治理减沙量 （单位：万t）

时段	坡面措施					沟道治理工程	天然林草地	总减沙量
	乔木林	灌木林	封育	梯田	小计			
1986～1999年	774.7	472.8		2.5	1 250	2 809.5	4 620	8 679.5
2000～2009年	722.4	1 296.4	518.1	11.5	2 548.4	1 597.7	3 573	7 719.1
2010～2018年	1 248.7	3 669.7	2 508.6	71.3	7 498.3	1 588	5 172.3	14 258.6
1986～2018年	2 745.8	5 438.9	3 026.7	85.3	11 296.7	5 995.1	13 365.3	30 657.1

7.3.2 面上治理、沟道治理及修复天然林草地减蚀贡献率分析

研究区1986～2018年综合治理后减沙总量为30 657.1万t，其中坡面治理和修复天然林草地贡献率较大，分别为36.8%和43.6%，沟道治理工程拦截贡献率为19.6%，见表7-13。

从时期变化来看，减沙效益增加明显，年均减沙量从1986～1999年的620.0万t增加到2010～2018年的1584.3万t。减沙效益的增加主要得益于坡面治理措施的加大，坡面治理减沙贡献率随时间不断增大，由14.4%增加到52.6%；沟道治理工程和修复天然林草地贡献率在逐渐减少，沟道治理工程贡献率由32.4%降低到11.1%，天然林草地贡献率由53.2%降低到36.3%

表7-13 十大孔兑不同治理措施、不同时段减沙总量及比例

项目	时段	坡面治理措施/万t					沟道工程/万t	修复天然林草地/万t	总减沙量/万t	贡献率/%		
		乔木林	灌木林	封育	梯田	小计				坡面治理	沟道工程	修复天然林草地
时段总量	1986～1999年	774.7	472.8		2.5	1 250.0	2 809.5	4 620.0	8 679.5	14.4	32.4	53.2
	2000～2009年	722.4	1 296.4	518.1	11.5	2 548.4	1 597.7	3 573.0	7 719.1	33.0	20.7	46.3
	2010～2018年	1 248.7	3 669.7	2 508.6	71.3	7 498.3	1 588.0	5 172.3	14 258.6	52.6	11.1	36.3
	1986～2018年	2 745.8	5 438.9	3 026.7	85.3	11 296.7	5 995.2	13 365.3	30 657.2	36.8	19.6	43.6
年均	1986～1999年	55.3	33.8	0.0	0.2	89.3	200.7	330.0	620.0			
	2000～2009年	72.2	129.6	51.8	1.2	254.8	159.8	357.3	771.9			
	2010～2018年	138.7	407.7	278.7	7.9	833.1	176.4	574.7	1 584.2			
	1986～2018年	83.2	164.8	91.7	2.6	342.3	181.7	405.0	929.0			

7.3.3 水土保持措施减少入黄泥沙量效益评估

根据河道一维水沙动力数学模型对毛不拉孔兑、西柳沟、罕台川、东柳沟的输沙计算，入黄泥沙量占水文站输沙量的比例为79% ~91%。因此，按照平均值85%的比例计算减少的入黄沙量。孔兑水文站控制点以上区域1986 ~2018 年治理总减少进入黄河的泥沙量为24 053.5 万 t，年均728.9 万 t。1986 ~1999 年、2000 ~2009 年和2010 ~2018 年减沙量分别为6006.5 万 t、6895.2 万 t 和 11 151.9 万 t，年均分别为429.0 万 t、689.5 万 t 和1239.1 万 t，2010 ~2018 年减沙效益最大。

十大孔兑全域1986 ~2018 年总减沙量为30 657.1 万 t，年均929 万 t。按进入黄河泥沙量占整个输沙量平均值85%的比例计，由此推算出十大孔兑全域因综合治理减少进入黄河的泥沙量为26 058.6 万 t，年均789.7 万 t。

7.4 计算成果合理性分析

7.4.1 基本资料合理性分析

7.4.1.1 资料来源的可靠性分析

资料的可靠性是对原始资料的可靠程度的鉴定，包括资料的来源、测验和整编方法等部分。本次研究毛不拉孔兑（图格日格水文站）、西柳沟（龙头拐水文站）、罕台川（响沙湾水文站）采用的径流、泥沙、洪水、降雨资料，其中1956 ~1990 年与2006 ~2015 年资料来源于《中华人民共和国水文年鉴——黄河流域水文资料》，该年鉴涉及内容全面、统计范围完整，数据基本可靠。1991 ~2005 年、2016 ~2018 年时段的资料来源于三个水文站实测资料项目，该项目典型年份资料与《黄河流域水文资料年鉴》刊印的已有资料进行核验，结果基本相同，因此1991 ~2005 年、2016 ~2018 年时段采用资料也是可靠的。

西柳沟断面地形资料采用实地测量数据，通过无人机航拍与手持智能测量系统相结合的测量方法，辅以反演的TM卫星高程资料进行了流域尺度的补充，并以临近干流区域已有的测绘数据进行了高程校核，断面数据资料基本可靠。

7.4.1.2 资料代表性分析

资料的代表性，是指样本系列的统计特性能否很好地反映总体的统计特性，样本代表性的高低，很大程度上决定着设计成果的精度。采用长短系列统计参数对比法对选取的基准年水沙资料进行代表性分析，以离势系数（C_v）来表征，离势系数即为均方差与均值之比，衡量系列相对的离散程度。C_v 越大表示样本系列分布比较分散，越小表示样本分布比较集中。

$$C_v = \frac{\sigma}{\bar{x}} = \frac{1}{\bar{x}}\sqrt{\frac{\sum (x_i - \bar{x})^2}{n}} = \sqrt{\frac{\sum (K_i - 1)^2}{n}} \tag{7-3}$$

其中，

$$\sigma = \sqrt{\frac{\sum (x_i - \bar{x})^2}{n}} \tag{7-4}$$

式中，σ 为均方差，均值相同的两个系列，σ 值越大，离散程度越大，反之离散程度越小；$\bar{x}$ 为样本系列平均值；$K_i = \frac{x_i}{\bar{x}}$为模比系数。

以西柳沟龙头拐站为例，龙头拐水文站 1960～1990 年、1993 年和 1995～2018 年共有 56 年降雨资料，径流资料 1960～2018 年具有 59 年径流资料，径流资料长于降雨资料。本书选取 1960～1985 年和 1960～1995 年为基准期，为分析径流系列及其代表性，根据该地区降雨与径流具有直接相关性的特点，通过分析同步雨量系列的代表性，进一步分析评价选取的基准期径流系列的代表性。

对龙头拐站降雨观测资料进行长短系列年统计参数对比分析，用以分析雨量同步系列的代表性，长短系列参数对比见表 7-14。由于实测资料的缺失，因此 1960～1995 年仅能分析 1960～1990 年的参数值。从表 7-14 可以看出，1960～1985 年系列、1960～1990 年系列 C_v 值分别为 0.351 和 0.341，与 1960～2018 年长系列的统计参数 0.328 比较接近，说明本次选用的 1960～1985 年、1960～1990 年径流系列的代表性较好。

表 7-14　三个水文站降水量长短系列统计参数对比

水文站	系列年限	年数	C_v
龙头拐（西柳沟）	1960～1985 年	26	0.351
	1960～1990 年	31	0.341
	1960～1990 年 +1999～2018 年	51	0.328
图格日格（毛不拉孔兑）	1960～1985 年	26	0.672
	1960～1990 年	31	0.610
	1958～1975 年 +1982～1990 年 +1999～2018 年	47	0.484
响沙湾 罕台川	1980～1990 年	11	0.313
	1980～1990 年 +1999～2018 年	31	0.322

7.4.1.3　资料一致性分析

由于该地区径流与降雨具有相关性的特点，点绘西柳沟龙头拐站不同年代径流量与降水量的关系可以看到（图 7-1），2010 年以前，径流量与降水量呈正相关关系，即随着降水量的增加，年径流量也呈明显增加趋势。进一步分析发现，在相同降雨条件下，20 世纪 80 年代以后实测径流量呈明显减少的趋势，主要由于 20 世纪 80 年代以后流域上游用水增加。若消除人类活动对径流的影响，径流与降水量之间的关系能够基本反映径流变化的自然规律，系列具有一致性。

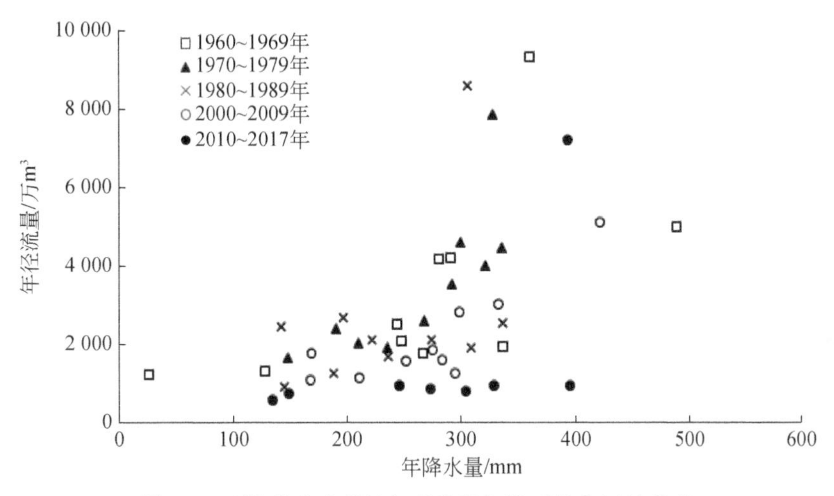

图 7-1　西柳沟龙头拐站年径流量与降雨量之间的关系

综上所述，资料来源、同步降雨系列的代表性、不同年代的降雨径流关系等方面的分析说明，西柳沟龙头拐站基准期 1960 ~ 1985 年的年径流系列具有较好的代表性，依据该系列分析的流域径流成果合理，可靠性强。

7.4.2　评价方法的科学合理性

基于孔兑流域水文地质特征及水沙输移特性，在流域及孔兑干支流等不同泥沙驱动力来源区分别采用不同的水沙运动物理机制进行了深入的分析计算。对拥有水文站、雨量站控制范围内的孔兑的下垫面水沙运动规律采用历史资料和原型补充观测实测数据进行了多种统计方法的对比分析；对无水文站、雨量站的孔兑的下垫面区域采用理论研究成果进行了合理推算，并与黄河干流水沙资料进行了论证对比。

为了进一步分析不同孔兑之间不同类型下垫面不同输沙驱动力的差异，以典型小区试验为基础，与多次现场调研结果进行对比，采用水保法对孔兑不同类型下垫面产水产沙能力进行了定量研究，并提出了复杂动力耦合条件下的产沙计算模式。

鉴于流域面上计算尺度、水沙驱动及运移机制在孔兑干沟的差异，建立了流域-孔兑-入黄三重嵌套水沙输运数学模型，并在深入分析发现孔兑入黄口水沙边界控制反射区不易嵌套后，构建了流域-孔兑+黄河宁蒙段干流河道大尺度二重嵌套水沙输运数学模型。模型采用典型年份水沙资料进行了关键系数的率定，并对水沙条件显著的年份进行了验证。结果表明，所建立的流域-孔兑+黄河宁蒙段干流河道大尺度二重嵌套水沙输运数学模型能够较合理地反映十大孔兑区域水沙驱动及输移规律，能够用于该地区水沙输运的预测及工况计算。在保证水文模型法所需资料精度要求的前提下，对典型孔兑的产水产沙规律进行了计算分析，并对水沙搭配规律特殊的年份进行了理论分析和室内试验研究工作。

综上可知，项目实施过程中采用的研究方法主要包括数据统计分析和数学模型计算，每种方法都紧紧依托孔兑实测资料和室内试验数据，实测资料为国家水文站经过论证上报的资料，室内试验数据为多组试验反复进行并剔除白噪声后的结果，符合当前国内外河流泥沙学科主流研究方法，满足研究工作方法的科学性与合理性要求。

7.4.3 评价结果可靠性

7.4.3.1 多种方法计算结果相互印证

采用水保法计算研究区 1986 ~ 2018 年综合治理累计总减沙量，为 30 666.30 万 t（表 7-15），与数学模型计算的研究区治理减沙量 30 657.2 万 t 基本一致。同时水保法计算面上治理、沟道治理和修复天然林草地三种治理类型减沙贡献率分别为 39.50%、19.55% 和 40.95%，与数学模型计算的 36.8%、19.6% 和 43.6% 也比较接近。

表 7-15 水保法计算研究区治理减沙量及不同治理贡献率

时段	减沙量/万 t				贡献率/%		
	面上治理	沟道治理	修复天然林草地	合计	面上治理	沟道治理	修复天然林草地
1986 ~ 1999 年	2 899.0	2 809.4	4 631.4	10 339.8	28.04	27.17	44.79
2000 ~ 2009 年	2 985.4	1 597.7	3 814.5	8 397.6	35.55	19.03	45.42
2010 ~ 2018 年	6 230.3	1 588.0	4 110.6	11 928.9	52.23	13.31	34.46
1986 ~ 2018 年	12 114.7	5 995.1	12 556.5	30 666.3	39.50	19.55	40.95

7.4.3.2 各孔兑减沙程度合理性分析

对比各孔兑的治理情况，治理减沙模数与治理度相关性较好（表 7-16）。治理度较高的孔兑减沙模数大，治理度最高的罕台川减沙模数为 1554.2t/(km^2 · a)。治理度在 40% 以上的孔兑减沙模数基本都超过 1000t/(km^2 · a)；相反治理度越低减沙模数越小，减沙模数达不到 1000t/(km^2 · a) 的孔兑，治理度都在 30% 以下。

表 7-16　各孔兑减沙效果与治理情况对比

孔兑	流域面积/km^2	减沙量/万 t	减沙模数/[t/(km^2·a)]	治理度/%
毛不拉孔兑	1141.74	3404.7	903.6	30
西柳沟	2107.05	4813.1	692.2	26.50
罕台川	1025.47	5259.6	1554.2	61.80
东柳沟	856.85	1480.5	523.6	12.20
布日嘎斯太沟	1434.45	4301.3	908.7	25.50
黑赖沟	1133.04	1940.2	518.9	17.70
壕庆河	891.04	1643.8	559.0	25.20
哈什拉川	1229.85	4790.5	1180.7	41
母花沟	450.36	1108.3	745.7	35
呼斯太河	497.16	1915	1167.2	40

7.4.3.3　利用黄河干流资料论证计算成果的合理性

基于输沙平衡原理分析减沙效益评价的合理性。所谓输沙平衡原理，就是对于某一河段，泥沙输入量应当等于该河段的输出泥沙量与该河段河道的冲淤量之和。其中，泥沙输入量包括由河段上游来的泥沙量、河段之间支流进入的泥沙量；河段河道冲淤量由断面法计算。如果知道了河段上游来沙量、河段输出泥沙量及河段河道冲淤量，就可推算出河段之间支流进入的泥沙量，进而就可评价所估算的减沙效益是否合理。

根据十大孔兑在黄河干流的空间分布，选择三湖河口到头道拐为分析河段，三湖河口、头道拐均为干流水文站，有系统规范的长期水沙因子观测资料。

由输沙平衡原理，可推算孔兑泥沙量的泥沙平衡公式为

$$W_{s孔兑}=\Delta W_s+(W_{s出}+W_{s引})-(W_{S进}+W_{s风沙}+W_{s退}) \tag{7-5}$$

式中，$W_{s孔兑}$ 为孔兑沙量（亿 t）；ΔW_s 为断面法计算的三湖河口到头道拐河段冲淤量（亿 t）；$W_{S进}$ 为河段进口三湖河口站沙量（亿 t）；$W_{s风沙}$ 为河段区间风沙量（亿 t）；$W_{s引}$ 为河段引沙量（亿 t）；$W_{s出}$ 为河段出口头道拐站沙量（亿 t）；$W_{s退}$ 为河段退沙量（亿 t）。

黄河干流内蒙古河段完整的大断面观测次数较少，1962 年至今共观测了 1962 年、1982 年、1991 年、2000 年、2004 年、2008 年、2012 年 7 次，其中观测精度较高、可靠性较强从而能满足河道冲淤计算的有 1962 年、1982 年和 2012 年，因此采用这 3 次观测资料计算 1962～1982 年和 1982～2012 年三湖河口—头道拐河段冲淤量（表 7-17）。该河段 1962～1982 年平均引水量 1.16 亿 m^3，1983～2012 年平均引水量 3.43 亿 m^3，据此，根据河段平均含沙量计算引沙量（表 7-17）。三湖河口—头道拐河段退水很少，因此可不予以计算退沙量。根据研究，该河段由风蚀直接进入黄河的风沙量相对较少，作为粗略平衡计算，可不予以考虑。另外，由孔兑洪水带入黄河的风沙量已计入孔兑水文站输沙量，不应重复计算。

利用实测资料由式（7-5）计算出河段区间十大孔兑加入泥沙量（称之为实测泥沙量），与计算的十大孔兑泥沙量（简称计算泥沙量）进行对比（表 7-17），1962 ~ 2012 年计算孔兑总输沙量为 12.19 亿 t，计算的为 9.49 亿 t，较前者偏小 22.1%；其中两个时期分别偏少 15.5% 和 26.6%。由于断面观测资料不完整且观测断面密度低，加之输沙量平衡法和断面法计算的冲淤量本来就有差异，因此两者之间有一定差异，但最大误差在 30% 以下，根据水文泥沙测验等相关规范，结果仍具有参考价值，说明本次计算结果基本合理。

表 7-17　利用干流资料推算十大孔兑沙量合理性分析结果

时段 （年. 月）	断面法河道冲淤量/亿 t	三湖河口输沙量/亿 t	头道拐输沙量/亿 t	引沙量/亿 t	实测泥沙量/亿 t	计算泥沙量/亿 t	差别/%
1962. 10 ~ 1982. 10	1. 74	24. 47	27. 52	0. 13	4. 91	4. 15	-15. 5
1982. 10 ~ 2012. 10	8. 33	18. 00	16. 66	0. 29	7. 28	5. 34	-26. 6

7.4.3.4　十大孔兑减沙效益计算合理性分析

据此，可利用 3 条支流实测资料推算的 1986 ~ 2018 年在未治理条件下产沙量的合理性。根据十大孔兑地区水土保持综合治理实际情况，以 1960 ~ 1985 年实测沙量作为未治理时期的泥沙量。依据前述分析方法，推算 1960 ~ 1985 年未治理条件下的泥沙量为 2179.3 万 t（表 7-18），而由数学模型计算出的 1986 ~ 2018 年未治理条件下年均泥沙量为 2393.3 万 t，与前者差别仅 9.8%，从而也说明了计算的减沙量是相对合理的。

表 7-18　计算未治理条件下年输沙量合理性分析结果

时段	未治理条件下计算的年均泥沙量/亿 t	与 1960 ~ 1985 年实测泥沙量差别/%
1960 ~ 1985 年	2179. 3（实测推算）	0
1986 ~ 2018 年	2393. 3（数学模型计算）	9. 8

参 考 文 献

林秀芝，郭彦，侯素珍. 2014. 内蒙古十大孔兑输沙量估算［J］. 泥沙研究，4（2）：15-19.

赵业安，曾茂林，熊贵枢，等. 2008. 黄河干流水库调水调沙关键技术研究与龙羊峡、刘家峡水库运用方式调整研究［R］. 郑州：黄河水利科学研究院.

支俊峰，时明立. 2002. “89. 7. 21” 十大孔兑区洪水泥沙淤堵黄河分析［A］//汪岗，范昭. 黄河水沙变化研究（第一卷）［C］. 郑州：黄河水利出版社：460-471.

第8章 成果应用与展望

8.1 成果应用

8.1.1 孔兑水沙动力数学模型应用

孔兑水沙动力数学模型应用，即内蒙古河段十大孔兑未控区水力驱动入黄沙量水沙动力数学模型应用。鉴于内蒙古河段十大孔兑相关水文站位于孔兑中上游沙漠段北部边缘，在水文站至孔兑入黄口出现长度24～36km的未控区，同时孔兑河道水沙条件具有高、低含沙量级变幅极大且洪水短历时传播的特征，因此为实现水动力数学模型在该条件下的应用，以河流动力学与浑水水力学边界层理论为基础，推导并建立了能够满足高含沙水流和一般含沙水流的源汇项计算模式，通过室内水力试验的方式确定了考虑泥沙黏性矿物制约的浑水水流黏滞系数定量表达式；在定量分析孔兑地区历史洪水水沙资料异步特征的基础上，对比研究了不同孔兑之间泥沙级配调整过程对该区域季节性流量和脉冲式含沙量序列响应规律的差异。根据孔兑河道上游丘陵区、中游风沙区和下游平原区的床沙组成和阻力调整机制的不同，基于理论研究所建立的泥沙模块，构建了孔兑地区包含高含沙洪水演进输送机制的输沙模式，与浑水动力模块组成了能够实现高含沙水流与一般含沙水流水沙输送模拟的孔兑区域水沙动力数学模型。基于上游水文模型支沟和叉沟水沙模拟结果，应用建立的孔兑水沙动力数学模型，以水文站提供的水沙资料为控制点，进行了不同下垫面条件下典型孔兑20世纪80年代末至2018年入黄水量和沙量的数值模拟计算。

8.1.2 鄂尔多斯丘陵区土壤水蚀遥感解译强度级别的应用

在丘陵区，缺乏实测资料，通过遥感解译和GIS手段，提取丘陵区流域沟壑长度与流域面积，可以快速评估与判断研究区任意范围内的土壤侵蚀强度级别。采用沟壑长度和流域面来判定所在区域土壤水力侵蚀级别具有较高的准确度与可信性（$P < 0.001$），沟壑长度和流域面积与土壤水蚀模数的关系为：不同水力侵蚀模数级别具有相同的规律，即沟壑长度和流域面积与土壤水力侵蚀呈极显著正线性相关（$P<0.001$）。丘陵区基于二级支流的沟壑长度和流域面积判定土壤水力侵蚀强度级别，计算公式见表8-1。经10个孔兑随机抽样验证评估，土壤水蚀强度总体准确率为62.50%，其中≤2000t/(km^2·a)侵蚀强度级别的准确率最高，为92.86%；3000～5000t/(km^2·a)侵蚀强度级别的准确率为

71.43%；2000~3000t/(km² · a) 级别和≥5000t/(km² · a) 级别的准确率均为42.86%。

表8-1　不同水力侵蚀强度级别预测模型

侵蚀模数级别	预测模型	说明
≤2000t/(km² · a)	$Y=195.495-1360.261X_1+2695.649X_2$	在所有预测模型中，X_1为沟壑长度(km)；X_2为流域面积(km²)；Y为流域土壤侵蚀量(t/a)。所有自变量系数都通过了t检验，$P<0.001$；常数项P值变化在0.621~0.843
2000~3000t/(km² · a)	$Y=507.392-2566.038X_1+4811.326X_2$	
2000~3000t/(km² · a)	$Y=-923.854-3919.05X_1+7015.687X_2$	
≥5000t/(hm² · a)	$Y=-686.713-11122.506X_1+16965.824X_2$	

8.1.3　鄂尔多斯丘陵区基于遥感数据的土壤水蚀模数简易计算技术应用

利用这一技术，基于遥感数据的条件下，可快速计算研究区任意范围内的土壤水力侵蚀模数。土壤水蚀模数计算采用TSLE模型$A=R\times K\times C\times T_{sle}$计算完成，其中$R$为降雨侵蚀力，可用研究区临近气象站日降雨量≥12mm累积降水量，用公式$R=0.188x+63.159$计算获得（x为日降雨量≥12mm累积降水量），如果研究区具备研究时段降雨侵蚀力数据，可直接应用，无须转化；K为土壤可蚀性因子，为常数0.0283t/(MJ · mm · h)；C为植被，用公式$C=122.69x-16.198$对Landsat NDVI和MOD 13Q1进行融合计算获得（x为植被盖度）。T_{sle}为地形指数，由研究区DEM数据用公式CTI=Focal［STD（$DEM_{n\times n}$）］计算获得。

8.1.4　水土保持单项治理工程减沙指标及不同治理类型贡献率应用

在分析孔兑水土流失传统治理现状与水平的基础上，分析单项措施减沙指标及减沙贡献率，可为孔兑后续开展不同水土流失类型区水土保持高质量治理，以及在降水资源约束下的措施合理配置等方面提供应用平台。

8.2　展　　望

8.2.1　将十大孔兑治理列入黄河流域重点工程

十大孔兑位于黄河上游沙漠宽谷河段，是泥沙淤积导致河道抬高最严重的河段。十大孔兑具有地貌、植物、气候、土壤等多元过渡的特征，其上游属于鄂尔多斯高原丘陵区，且砒砂岩在沟谷出露，中游为我国八大沙漠之一的库布齐沙漠，下游为冲洪积平原；植物群落由东南部的半旱生植物占优势逐渐演变到西北部的以沙生植物占优势；气候由半干旱过渡到干旱，既有鄂尔多斯高原风大沙多的特点，又有黄土高原大陆性气候暴雨年内集中且强度大的特点，是黄河上游高含沙洪水的发源地。十大孔兑荒漠化、沙漠化和水土流失等多重危害并存发生，生态承载力极其低下。十大孔兑在黄河流域所处的地理区位特殊，又是我国北方生态屏障的关键带，因此，在黄河流域生态保护和高质量发展国家战略实施中，将十大孔兑综合治理列为生态治理重点工程势在必行，这对于有效减少黄河泥沙、促进区域经济社会发展、构筑我国北方生态安全屏障具有十分重要的意义。

长期以来，虽然对十大孔兑先后实施了多项重点治理工程，但是由于十大孔兑属于极度生态脆弱区，目前的治理仍相当薄弱，治理度较低，治理效果并非十分明显，其植被盖度远低于黄土高原区多数地区 60% 左右的植被盖度，生态环境退化的趋势仍没有从根本上遏制。为此，建议遵循黄河流域生态保护和高质量发展国家战略目标，树立总体黄河流域生态安全观，提出十大孔兑生态治理规划，并将其列入黄河流域生态保护和高质量发展的国家规划，从战略层面确定该区水土保持与生态治理的目标与愿景；从技术层面提出补强十大孔兑生态治理短板的科学途径、模式与对策；从政策层面制定实现十大孔兑治理目标要求的保障对策和举措。十大孔兑治理既是黄河流域生态保护的重点也是难点，需要较其他区域有更大的投资强度，增加更多投资，确保十大孔兑生态环境得到根本改善，筑牢我国北方生态安全屏障中这一最关键也是最薄弱的生态带。

随着极端天气现象的增多，在现有技术手段及条件下无法控制暴雨洪水的发生，也无法阻止中游河岸沙丘堆积至河道，也就是无论丘陵区洪水泥沙，还是风沙区入河风沙，对下游淤积的贡献率均很高，建议采用以孔兑为治理单元的上、中、下游同时治理方式。争取用 5 年时间全面遏制十大孔兑水土流失和生态退化局面，初步形成丘陵-沙漠-平原山水林田湖草沙综合治理体系，阻控生态退化逾越阈限；用 10 年时间，确保十大孔兑水土流失得到明显控制，生态环境得到根本好转，治理质量和成效明显提高，“绿水青山”提质增效显著，生态系统功能得到很大恢复，生态、经济、民生基本实现高效协同发展，形成黄河流域水蚀-风蚀-冻融复合侵蚀剧烈中心、暴雨中心、黄河高含沙洪水来源中心相叠合的生态极度脆弱区山水林田湖草沙综合治理的特色方案。

8.2.2 优化量化水土保持措施配置，加大重点孔兑淤地坝建设

水土保持综合治理是一项系统工程，合理、科学的措施配置对于有效减少入黄泥沙、改善生态环境是十分重要的。然而，目前十大孔兑地区水土保持措施配置的单一化、零散化问题突出，还没有形成有效的综合治理措施体系。一是生物措施缺乏分区优化配置，林灌草措施配置不能充分反映十大孔兑地貌、侵蚀、土壤、气候在上中下游空间分异性大的特点，生物措施类型、配置模式单一，局部人工生态系统出现退化现象；二是淤地坝工程建设比较薄弱，截至 2018 年底十大孔兑保存的大中小淤地坝总计有 354 座，对十大孔兑减沙的贡献率不高，仅占 20% 左右，明显低于黄土高原淤地坝减沙 30% 左右的贡献率，且现状运行的淤地坝（或拦沙坝）多以防范 5 ~ 10 年一遇的洪水标准建设，多数坝没有建溢洪道，在超标准洪水情况下存在垮坝风险。研究表明，沟道治理工程是应对突发强降雨对土壤迁移出境进入黄河的关键保障性措施，具有很大的拦沙减蚀作用，是丘陵沟壑区重

要的水土保持工程措施，尤其是对于天然植被自然修复能力相对较低的孔兑，淤地坝对于减少入黄泥沙起着更为重要的作用。因此，建议配置足够规模的淤地坝，并科学设置高质量的大中小淤地坝的坝系结构，量化优化水土保持措施配置体系，有效拦截洪水泥沙。

8.2.3 孔兑下游河道清淤与泥沙资源化利用

十大孔兑下游为黄河冲洪积平原区，是鄂尔多斯市现代农牧业建设优化发展区，又是开发项目集中建设区，集中了区域65%的人口和70%的耕地。孔兑在下游平原区属游荡性河势，罕台川、东柳沟、母花沟下游的地上悬河老问题尚未彻底解决，哈什拉川、布日嘎斯太沟也趋于悬河状态，目前孔兑下游平原区洪水威胁仍存在，居民生活与生产安全仍受到洪水威胁。

建议有序开展孔兑下游河道清淤工程，并结合国土与水利部门的土地整治、风沙土改良、矿山土地复垦等工程，将河道清出的泥沙作为资源进行综合利用。根据清淤工程实施进度与周边土地整治工程所需情况作出具体实施措施。河道清淤与泥沙资源化利用，既解决了孔兑悬河问题，也解决了矿山土地复垦、土地整治填料短缺问题。

8.2.4 提升孔兑水土保持技术生态服务功能

十大孔兑水土流失依然严重，上游丘陵区地形破碎，沟壑纵横，地表覆盖层较薄、颗粒粗，下伏地层为砒砂岩出露，在水力、风力与重力的作用下，土壤侵蚀严重，水土流失问题依然突出。中游为库布齐沙漠，沙漠横贯孔兑东西，西部多为流动沙丘，东部多为半固定沙地，在风力作用下，流沙堆积在孔兑河沟两侧，遇洪水即随水流下泄。现状治理仍未突破传统的治理模式，造成治理面积大，保存率低（1986～2018年实施的林草措施保存率只有50%左右）的问题，经多年治理，局部地区水土流失得到了有效控制，但孔兑整体水土流失依然严重，尤其表现在孔兑整体治理度低（34.2%）、植被盖度不高（平均35%）。“重建轻管”的管理局面依然没有彻底改变，十大孔兑区域建设的水利水保工程未形成统一管理的格局，不利于综合治理功能的整体发挥。

建议加大水土保持治理与运行管理投入标准低，建立兼顾上下游、左右岸的山水林田湖草沙综合防治技术体系，提高水土保持技术生态服务功能，满足新时期水土保持生态保护与高质量发展的要求。

8.2.5 加强十大孔兑水土保持生态治理科学研究工作

十大孔兑目前最重要的问题是洪水泥沙关系极不协调仍然突出、下游河道淤积严重、沙多水少与生态环境脆弱，防洪形势严峻，故需要通过科学研究，解决孔兑不同地貌类型区对入黄泥沙的贡献率；不同地貌类型区适宜的水土流失治理程度（即区域的水土保持率）；基于水沙调控作用最大的分类型区综合治理模式。

目前，由于缺乏水沙、生态、侵蚀等水文观测和科学试验资料，对十大孔兑的风水复合侵蚀规律、生态承载力、植被格局演替特征等方面的研究相当薄弱，不能满足新时期黄河治理国家战略对水土保持提出的新使命、新任务的科技支撑需求。为此，迫切需要针对十大孔兑特殊的自然、社会条件，进一步研究十大孔兑丘陵-风沙-平原多地貌侵蚀分异特征及其泥沙产输链耦合关系、十大孔兑植被群落空间稳定格局与调控、水土保持措施体系空间优化布局、水土流失精确预测预报和十大孔兑生态治理与经济协同发展模式，以及优化土壤风蚀计算的植被盖度因子等。进而整体解决十大孔兑治理的相关基础理论、关键技术等问题，提升十大孔兑治理的科技水平。

8.2.6 进一步优化监测站点空间布局

孔兑水土流失监测、入黄泥沙监测、风沙入河量与输移量监测、敏感河道监管、山洪灾害预警等监测基础设施仍然薄弱，监测站点布局缺乏统一规划，信息共享机制不完善，信息化基础及业务融合应用还存在短板。在政府决策、经济社会发展和社会公众服务中难以发挥重要作用，更难以满足水利行业“补短板”“强监管”的发展新要求。

十大孔兑处于集丘陵、风沙、平原于一体的复杂地貌区域，加之为下伏砒砂岩地质区，因气候、土壤与植被等自然环境的特殊性，形成了世界上典型的水力、风力、重力、冻融等多动力复合侵蚀，在时间上交错、空间上叠加，土壤侵蚀规律极为复杂，是黄河流域乃至世界上的复合侵蚀生态极度脆弱区，开展水土流失科学监测是对复合侵蚀规律研究及区域生态治理技术创新的基础性工作，建议优化监测站点空间布局。

1）完善丘陵区水蚀、风蚀与重力侵蚀监测：目前，罕台川一级支流合同沟内设置有 1 处国家级水土保持监测站，为丘陵地貌。对不同类型的沟坡重力侵蚀、全自然坡面水力与风力侵蚀的观测内容处于空白状态，不能满足准确掌握区域不同侵蚀类型状况、优化防治措施的需求。建议增加现有合同沟土壤侵蚀监测内容，扩大观测试验区，以弥补水土流失监测内容的短板；增加相应观测设施、完善并提高监测技术手段与水平。

2）增加风沙区监测站：针对罕台川（含）以西的孔兑左岸流动沙丘区因风沙流进入河道的沙量，岸线沙丘进入河道的沙量，因塌岸使沙丘进入河道被洪水冲走发生位移的沙量，以及单位面积沙障林草固沙量等数据的监测需要，同时考虑到区域风日数据观测点空间分布不足，以及现有气象站发布数据无法统计到分钟，也无法获得>5m/s 风速的日数，建议在典型孔兑左右岸线各类风沙地貌区布设风沙流与风日监测站，以获取进入孔兑河道的风沙量资料。监测点分别布设在西柳沟与毛不拉孔兑中部风沙区左岸 1000m 范围内。

3）增加入黄泥沙监测点：孔兑水少沙多、水沙关系不协调，是复杂难治的症结所在。目前缺乏孔兑入黄河泥沙的监测数据，增加设置监控孔兑入黄泥沙情况点位，对于防止黄河内蒙古河段河床持续抬高、保护黄河下游防洪安全、保护两岸经济社会发展和人民生命财产安全十分必要，可更好为孔兑治理与黄河水资源合理配提供决策依据。

建议在西柳沟、哈什拉川河道入黄口各设置1处监测点位。监测入黄径流与泥沙量，研究孔兑入黄泥沙规律。

8.2.7 水土保持综合治理生态衍生产业化、高效化

推动水土保持综合治理生态衍生产业化、高效化，落实乡村振兴战略。

通过30多年的水土保持综合治理，十大孔兑上中游形成大面积的柠条、沙柳与沙棘种植林，还有一定量的经济林果。沙棘、沙柳、柠条有枝条平茬的生物学特性，将平茬下来的枝条进行饲料加工，解决禁牧后的牲畜饲料问题；沙棘叶、果可加工开发成产品，增加经济效益。目前，沙棘枝叶果加工、灌木枝条饲料加工等产业因采摘与灌木平茬困难及产品销售不畅等问题，难以形成规模，效益不显著，使区域经济条件落后的现状未发生根本性改变。应充分依托鄂尔多斯治理后丰富的生物质资源优势，结合高质量发展要求，将治理与生态衍生开发相结合，引进龙头企业和科研成果，提升农牧民生产条件和生活品质，以推动综合治理产业化、高效化，实现综合治理的可持续发展之路。

充分挖掘区域水土保持综合治理后的产品优势和特色，在顶层设计和运营管理上大胆探索和创新，围绕“产业兴旺、生态宜居、生活富裕”的要求，把区域综合治理与农牧业综合生产能力提高、产业结构调整、农民增产增收和生活生态质量提升结合起来，与农村河道水系整治、乡村人居环境改善、生态产业发展等有机结合起来，切实精准配置各项治理措施，创造更多的优质生态产品和更优美的生态环境，有效衔接脱贫攻坚和乡村振兴战略，进而形成相互支撑、相互配合的良性互动格局，既能为决战决胜脱贫攻坚提供强大支撑，也能从根本上解决好发展不平衡不充分的问题。